工业和信息化精品系列教材

物联网技术

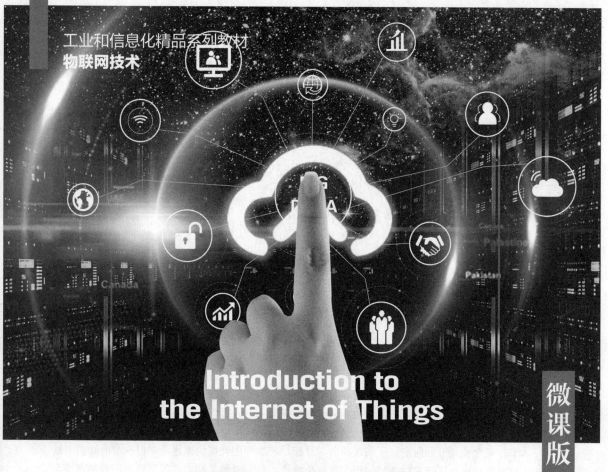

Introduction to
the Internet of Things

微课版

物联网

概论

U0196225

叶云 赵小娟 卜新华 ◎ 主编
郭艾寅 符气叶 罗移祥 ◎ 副主编

人民邮电出版社
北京

图书在版编目（CIP）数据

物联网概论：微课版 / 叶云，赵小娟，卜新华主编
. -- 北京 ：人民邮电出版社，2023.8
工业和信息化精品系列教材. 物联网技术
ISBN 978-7-115-61719-4

Ⅰ. ①物… Ⅱ. ①叶… ②赵… ③卜… Ⅲ. ①物联网
－概论－教材 Ⅳ. ①TP393.4②TP18

中国国家版本馆CIP数据核字(2023)第079572号

内 容 提 要

本书采用模块化教材编写思路，由 6 个模块构成，分别从智慧城市、智慧物流、智慧农业、智能家居、智能安防和智慧医疗 6 个典型的物联网行业应用入手，以物联网的 3 个层次为主线，较为全面地介绍了物联网所涵盖的相关知识与技术。

本书在每个模块开始时制订了清晰的学习目标、思维导图及模块概述，在每一节的知识中结合职业能力培养要求引入了丰富的拓展知识，在每个模块的最后提供了知识巩固习题和拓展实训练习。

本书可作为高校物联网、计算机和通信等相关专业的教材，也可作为其他专业的选修课教材，亦适合对物联网感兴趣的各类读者参考阅读。

◆ 主　编　叶　云　赵小娟　卜新华
　副主编　郭艾寅　符气叶　罗移祥
　责任编辑　鹿　征
　责任印制　王　郁　焦志炜

◆ 人民邮电出版社出版发行　　北京市丰台区成寿寺路 11 号
　邮编　100164　电子邮件　315@ptpress.com.cn
　网址　https://www.ptpress.com.cn
　大厂回族自治县聚鑫印刷有限责任公司印刷

◆ 开本：787×1092　1/16
　印张：15　　　　　　　　　2023 年 8 月第 1 版
　字数：381 千字　　　　　　2024 年 12 月河北第 4 次印刷

定价：59.80 元

读者服务热线：(010)81055256　印装质量热线：(010)81055316
反盗版热线：(010)81055315
广告经营许可证：京东市监广登字 20170147 号

前　　言

物联网是对新一代信息技术的高度集成和综合运用，被国家列为五大新兴战略性产业之一。物联网技术是支撑"网络强国"等国家战略的重要基础，在推动国家产业结构升级和优化过程中发挥着重要作用。党的二十大报告指出，加快发展物联网，建设高效顺畅的流通体系，降低物流成本；加快发展数字经济，促进数字经济和实体经济深度融合，打造具有国际竞争力的数字产业集群。在国家"十四五"发展规划中，明确划定了云计算、大数据、物联网、工业互联网、区块链、人工智能、虚拟现实和增强现实 7 个数字经济重点产业。

物联网是一门多学科交叉和融合的技术，涉及的知识与技术繁杂。本书作为一本物联网技术的导论性教材，创新性地从 6 个典型的物联网行业应用切入，以物联网的感知、网络、应用 3 个层次为主线，通俗易懂地介绍了物联网的基础知识、识别技术、感知技术、通信技术、安全体系，以及物联网与前沿技术的关系。

本书综合考虑学生素质和能力的培养、实际工作的需求和模块化教材的编写要求，内容由 6 个模块构成。模块 1"通过智慧城市进入物联网的世界"以综合性的智慧城市为例，介绍了物联网的概念、发展和技术概述。模块 2"通过智慧物流认识物联网识别技术"以运用大量识别技术的智慧物流为例，介绍了电子产品代码以及自动识别、RFID 等技术。模块 3"通过智慧农业认识物联网感知技术"以运用大量感知技术的智慧农业为例，介绍了传感器、3S、视频监控、嵌入式系统等感知技术。模块 4"通过智能家居认识物联网通信技术"以运用大量通信技术的智能家居为例，介绍了有线接入网、无线接入网、移动通信网络、量子通信等技术。模块 5"通过智能安防认识物联网安全"以智能安防为例，介绍了信息安全、物联网安全等知识。模块 6"通过智慧医疗认识物联网与前沿技术的关系"以智慧医疗为例，介绍了物联网与云计算、大数据、人工智能的关系。

本书提供配套的电子课件、习题答案等资源，读者可在人邮教育社区（https://www.ryjiaoyu.com）网站注册、登录后下载。同时，本书配有重点知识的微课视频，读者扫描书中二维码即可观看。

本书由叶云、赵小娟、罗移祥负责统稿。模块 1 及 2.1 节、3.1 节、4.1 节、5.1 节、6.1 节由叶云编写，模块 2（2.1 节除外）由赵小娟编写，模块 3（3.1 节除外）、模块 4（4.1 节除外）由卜新华编写，模块 5（5.1 节除外）由郭艾寅编写，模块 6（6.1 节除外）由符气叶编写。

由于物联网技术发展迅速，以及编者的水平所限，书中难免有不当之处，敬请读者批评指正。

编者
2023 年 4 月

目　录

模块 5

通过智能安防认识物联网安全 ············ 172

模块 6

通过智慧医疗认识物联网与前沿技术的关系 …………… 201

模块1
通过智慧城市进入物联网的世界

01

【学习目标】

1. 知识目标
（1）学习物联网的概念，了解物联网与互联网的区别。
（2）了解物联网的起源、现状与趋势。
（3）学习物联网的技术特征和层次划分。
（4）了解物联网的关键技术。

2. 技能目标
（1）能够描述物联网的概念、发展进程及未来趋势。
（2）能够熟练列举物联网的各种关键技术。
（3）能够陈述物联网的"12字"技术特征和3个层次。

3. 素质目标
（1）培养信息时代下的与时俱进的信息素养。
（2）培养基于物联网的万物互联的创新思维。

【思维导图】

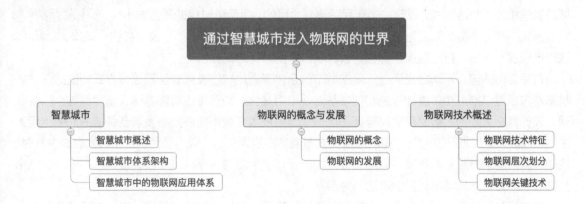

【模块概述】

物联网是在互联网概念的基础上，将其用户端延伸和扩展到任何物品，进行信息交换和通信的一种网络概念。互联网时代，人与人之间的"距离"变小了。而继互联网之后的物联网时代，则是人与物、物与物之间的"距离"变小了。

本模块主要介绍智慧城市、物联网的概念与发展、物联网技术概述等基础知识。

1.1 智慧城市

【情景导入】

"交通出行，手机会自动推荐最便利的公交、地铁等交通工具，而且这些交通工具都是自动驾驶的；购物逛街，在家通过虚拟现实（Virtual Reality，VR）技术就能享受到在商场购物的喜悦；不知道晚饭吃什么，打开冰箱，其系统面板会根据库存给出最佳菜谱推荐；看病就医，不用出门就能联系到最合适的医生，远程诊断后自动将药物送到家里。未来我们的生活与工作，大部分事情都可以交给'城市数据大脑'来自动运行……"

这些小时候天马行空的想象，这些经常出现在电影中的场景，在过去十多年的时间里，在众多新技术、新产品的不断发明和实现之下，正在不断地从梦想走向现实，现在让我们一起来认识智慧城市。

【思考】

（1）什么是智慧城市？

（2）智慧城市在技术方面的体系架构包括哪些部分？

1.1.1 智慧城市概述

V1-1 智慧城市概述

智慧城市是当前城市发展的新理念和新模式，以改善城市人居环境质量、优化城市管理和生产生活方式、提升城市居民幸福感为目的，是信息时代的新型城市化发展模式，对城市实现以人为本、全面协调可持续的科学发展具有重要意义。加强城市基础设施建设，打造宜居、韧性、智慧城市是新时代的新要求。

智慧城市的核心驱动力是通过深度的城市信息化来满足城市发展转型和管理方式转变的需求。其基本内涵是以推进实体基础设施和信息基础设施相融合、构建城市智能基础设施为基础；以物联网、云计算、大数据、移动互联网等新一代信息通信技术在城市经济社会发展各领域的充分运用为主线；以最大限度地开发、整合和利用各类城市信息资源为核心；以为居民、企业和社会提供及时、互动、高效的信息服务为手段；以全面提升城市规划发展能力、提高城市公共设施水平、增强城市公共服务能力、激发城市新兴业态活力为宗旨。

通过智慧的应用和解决方案，实现智慧感知、建模、分析、集成和处理，以更加精细和动态的方式提升城市运行管理水平、政府行政效能、公共服务能力和市民生活质量，推进城市科学发展、跨越发展、率先发展、和谐发展，从而使城市达到前所未有的高度"智慧"状态。

智慧城市建设以城市基础设施管理的智能化、精准化，城市经济和社会组织的高效化、协作化，城市社会服务的普惠化、人性化为重点，更加强调城市信息的全面感知、城市生活的智能决策和处理及能为城市居民提供多样化、多层次的服务。

从技术角度看，智慧城市包括 4 个层面。一是通过深层感知全方位地获取城市系统数据；二是通过广泛互联将孤立的数据关联起来，把数据变成信息；三是通过高度共享将智能分析后的信息变成知识；四是把知识与信息技术融合并应用到各行各业实现智慧应用。智慧城市的 4 个层面如图 1-1 所示。

图 1-1　智慧城市的 4 个层面

（1）深层感知。利用任何可以随时随地感知、测量、捕获和传递信息的设备、系统或流程实现深层感知，如城市中的监控摄像头、传感器、射频识别（Radio Frequency Identification，RFID）设备、移动和手持设备、计算机和多媒体终端、全球定位系统（Global Positioning System，GPS）、数据中心、数据挖掘和分析工具等。通过使用这些设备和系统，包括人在内的城市的任何信息都可以被快速获取并分析，便于立即采取应对措施和进行长期规划。

（2）广泛互联。通过各种形式的高速、高带宽的通信网络工具，如有线网、无线网等，发挥"三网融合"的优势，将传感器、个人电子设备等智能设备连接并进行交互，实现互联互通、实时监控。

（3）高度共享。利用面向服务的体系结构（Service-Oriented Architecture，SOA）、云计算、大数据等技术手段，通过将资源"服务"化、集中存储、共享计算等方式，对整个城市的信息资源进行汇集、存储、分类、整合，将全社会信息系统中收集和储存的分散的信息及数据关联起来，多方共享，使得工作和任务可以通过多方协作，远程完成。共享视频监控、地理信息、通信调度等平台，平时用于城市管理和部门间业务联动，突发事件发生时由政府统一指挥，协同处置。

（4）智慧应用。通过使用传感器、先进的移动终端，可以实时收集城市中的所有信息，采用高速分析工具和集成信息技术（Information Technology，IT）处理复杂的数据分析、汇总和计算工作，把数据变成信息，把信息变成知识，把知识变成智慧，从全局的角度分析形势并实时解决问题，以便政府及相关机构及时做出决策并采取适当的措施。

1.1.2 智慧城市体系架构

2017 年，中国国家标准化管理委员会发布《智慧城市 技术参考模型》（GB/T 34678—2017）。该标准从城市信息化整体建设层面考虑，以信息与通信技术（Information and Communication Technology，ICT）为视角，规定了 ICT 视角下的智慧城市技术参考模型，如图 1-2 所示。基于实际情况和自身需求，社会公众、企业、政府 3 类用户可通过多渠道接入相关智慧应用，使用相关服务或产品。

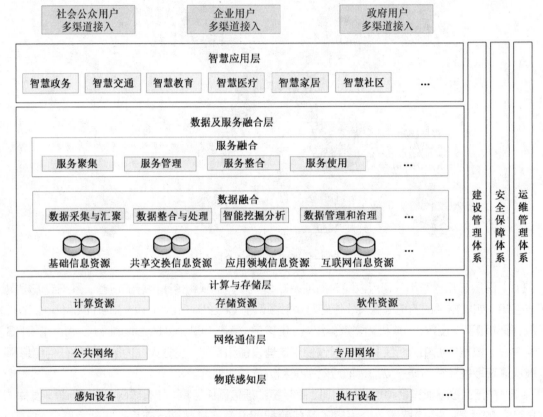

图 1-2 ICT 视角下的智慧城市技术参考模型
图片来源：智慧城市 技术参考模型（GB/T 34678—2017）

该模型中的横向层次要素和纵向支撑体系分别描述如下。

（1）智慧应用层：在数据及服务融合层、计算与存储层、网络通信层、物联感知层的基础之上建立的各种基于行业或领域的智慧应用及应用整合，如智慧政务、智慧交通、智慧教育、智慧医疗、智能家居、智慧社区等，为社会公众用户、企业用户、政府用户等提供整体的信息化应用和服务。

（2）数据及服务融合层：通过数据和服务的融合支撑，承载智慧应用层中的相关应用，提供应用所需的各种服务，为构建上层各类智慧应用提供支撑。本层处于智慧城市总体参考模型的中上层，具有重要的承上启下作用。

（3）计算与存储层：包括计算资源、存储资源和软件资源。为智慧城市提供数据存储和计算及相关软件环境的资源，满足上层对于数据的相关需求。

（4）网络通信层：包括互联网、电信网、广播电视网及"三网融合"的公共网络，以及一些专用网络（如集群专网），为智慧城市提供大容量、高带宽、高可靠的由光网络和全城覆盖的无线宽带网络组成的网络通信基础设施。

（5）物联感知层：具有对环境空间的智能感知能力，通过感知设备及传感网实现对城市范围内基础设施、环境、建筑、安全等方面的识别、信息采集、监测和控制。

（6）建设管理体系：为智慧城市建设提供整体的建设管理要求，加强智慧城市建设管理机制，指导智慧城市相关建设，确保智慧城市建设的科学性和合理性。

（7）安全保障体系：为智慧城市建设构建统一的安全平台，实现统一入口、统一认证、统一授权、运行跟踪、应急响应等安全机制，涉及各横向层次。

（8）运维管理体系：为智慧城市建设提供整体的运维管理机制，涉及各横向层次，确保智慧城市整体的建设管理和长效运行。

在 ICT 视角下的智慧城市技术参考模型中，物联网是智慧城市相关应用与服务实现的重要技术要素之一，其相关设备、技术主要在物联感知层，为上层数据及服务融合发挥支撑作用。

1.1.3 智慧城市中的物联网应用体系

在智慧城市建设背景下，物联网应用涉及的领域很广，从简单的人类个人生活到工业的现代化和自动化控制，再到城市建设、军事、反恐等领域。物联网的应用涉及由传感器技术所推动的各产业链领域，包括社区、医疗、农业、物流、校园、旅游等。物联网的最终发展结果就是将现有的各种产业应用聚集成为一个新领域。国际电信联盟电信标准化部门（International Telecommunication Union-Telecommunication Standard Sector，ITU-T）提出的物联网应用领域，被广大学者和工程师普遍认可，如图 1-3 所示。

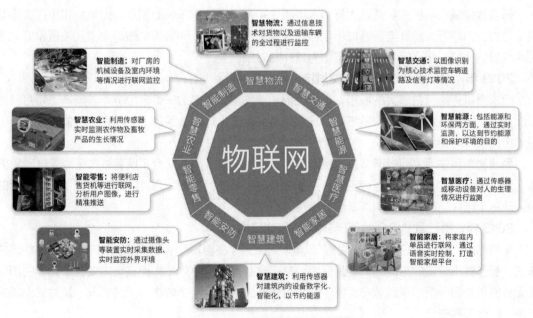

图 1-3　ITU-T 提出的物联网应用领域

  智慧城市能够多方面协调城市运行，全面感知城市动态，使城市运行做到随需应变，在物流、教育、医疗、安全、政府服务、交通、能源、居民生活等各社会服务方面实现智慧化。为实现愿景，物联网、云计算、移动技术、通信技术、新能源等技术必不可少。基于物联网的智慧城市建设，利用高新技术手段搞好城市治理，是提高政府的整体快速反应能力，提升城市建设与管理的现代化水平和社会经济效益的必要手段。

  物联网与智慧城市特征的高度重合，证明了智慧城市是物联网集中应用的平台，也是物联网技术综合应用的典范，是由多个物联网功能单元组合而成的更大的示范工程，承载和包含几乎所有的物联网、云计算等相关技术。通过传感技术，实现对城市管理各方面能源生产、运输、转换及消耗的监测和全面感知；实时智能识别、立体感知城市能源各方面情况。

1.1.4 拓展知识：全球智慧城市盘点，我国多城市陆续斩获世界智慧城市领域的"奥斯卡"

  近年来，智慧城市建设在全球范围内方兴未艾。在智慧城市的建设大潮中，中国各大城市近年来的成绩格外耀眼。2020 年世界智慧城市大奖（World Smart City Awards, WSCA）正式公布获奖名单，上海荣膺世界智慧城市大奖，成为首次获此殊荣的中国城市。2021 年，成都和武汉分别斩获 WSCA 的"宜居包容"奖与"复苏创新"奖。WSCA 是巴塞罗那全球智慧城市大会的重点活动之一，被誉为智慧城市行业领域的"奥斯卡"。从 2011 年到 2021 年，巴塞罗那全球智慧城市大会已连续举办了 10 届。接下来，我们一起来整体回顾一下历年来的 WSCA 获奖城市，看看它们在智慧城市建设方面都有哪些特色。

2011 年，第一届 WSCA，获奖城市：横滨

  横滨是国际港口都市，是仅次于东京、大阪的日本第三大城市。众所周知，日本是个资源相对匮乏，同时频繁遭受自然灾害侵袭的国家。在此背景下，横滨自然而然属于能源节约型的智慧城市。

  横滨智慧城市项目主要通过大量引入可再生能源与电动汽车，对家庭、建筑物和小区实施智慧能源管理。为呼吁家庭参与智慧城市项目、实施大规模节能行动实验，政府为市民设置家庭能源管理系统提供补贴，新建筑和已有建筑均为其补贴对象。

2012 年，第二届 WSCA，获奖城市：阿姆斯特丹

  阿姆斯特丹是荷兰最大的城市，世界上最重要的港口城市之一。2009 年，阿姆斯特丹就成了欧洲首批启动智慧城市项目的城市，目标在于完成经济、环境、管理、人居和出行的同步提升，智慧城市建设方向为"改善环境、节约能源、建设可持续公共空间"。

  为便利市民生活，阿姆斯特丹专门建设了一个超级数据库，整合了所有城市区域超过 12 万个数据集，囊括地址、地价、医疗卫生、交通和教育等各方面数据。2012 年还完成了该数据库的开源，让每个市民与创新者都能共享数据库带来的便利。

2013 年，第三届 WSCA，获奖城市：里约热内卢

  里约热内卢，巴西的"狂欢节之都"，奥运史上首个主办奥运会的南美洲城市。对于里约热内卢来说，智慧城市建设的方向之一便是保障公共安全。为此，里约热内卢在市内安置了大量的摄像头和无数的传感器设备，通过城市运营中心，可以清晰地掌控整个城市的运转情况，及时做出反应和回馈，保障公共安全。

2014 年，第四届 WSCA，获奖城市：特拉维夫

活跃、摩登、世界主义，是特拉维夫这座城市的特征。特拉维夫是以色列第二大城市、文化之都，也是以色列最为国际化的经济中心。

特拉维夫采用的是以城市高科技生态系统作为杠杆带动城市向智慧城市转型的策略，"参与"是贯彻智慧城市原则的关键价值观：特拉维夫积极地将居民融入都市体验和都市发展，同时着重将决策过程的参与和群众智慧作为新时代智慧市政管理的手段。

2015 年，第五届 WSCA，获奖城市：剑桥郡彼得伯勒

彼得伯勒，英国东部城市，英格兰的单一管理区、城市；以人口计算，是剑桥郡第一大城市。在第五届 WSCA 上，彼得伯勒先后击败了迪拜和布宜诺斯艾利斯，赢得世界智慧城市大奖。

彼得伯勒早在 2012 年就开始了智慧城市的历程，致力发展循环型经济、鼓励市民合作参与、打造环保之都。其智慧城市建设特色体现在支持数据开放、示范项目引领创新发展和鼓励城市的多元化探索。

2016 年，第六届 WSCA，获奖城市：纽约

提起纽约，你想到了什么？美国最大城市及最大商港，世界经济中心之一。事实上，纽约还是智慧城市建设的绝对先锋：21 世纪初，纽约便提出旨在促进城市信息基础设施建设、提高公共服务水平的"智慧城市"计划。

纽约智能交通信息服务系统可以及时跟踪、监测全市所有交通状态的动态变化，机动车驾驶员可以根据系统建议选择最佳行驶路线，相关部门可根据后台智能监控系统提供的路况信息进行交通疏通处理。

2017 年，第七届 WSCA，获奖城市：迪拜

看过《碟中谍 4》的朋友可能对迪拜的高楼、豪车印象深刻。其实，作为全球知名度很高的中东城市，迪拜不仅经济、旅游业发达，智慧城市建设也很有特色。

为建设智慧城市，迪拜政府建立了迪拜智慧城市办公室和智慧城市建设局，并且有一个区专门研究、测试他们的创新合作模式，同时还邀请全世界的企业到阿拉伯联合酋长国试验他们的产品和各种倡议。

2018 年，第八届 WSCA，获奖城市（国家）：新加坡

新加坡，著名的岛国，"亚洲四小龙"之一，国际金融中心、亚洲航运中心。新加坡早在 1992 年就提出了"智慧岛计划"，2006 年启动了"智慧国 2015"计划，2014 年公布了"智慧国家 2025"的 10 年计划。

为把新加坡打造成为"智慧国"，新加坡政府建设覆盖全岛数据收集、连接和分析的基础设施与操作系统，根据所获数据预测公民需求，提供更好的公共服务。现在，新加坡正将整个城市（国家）虚拟化，即在网络世界中呈现一个数字化的新加坡，这样，不同的城市管理部门可以根据该模型实现对城市的管理。

2019 年，第九届 WSCA，获奖城市：斯德哥尔摩

斯德哥尔摩，瑞典首都，瑞典的政治、文化、经济、交通中心，瑞典第一大城市。在可持续发展理念指导下，斯德哥尔摩市政府和私营机构联手打造智慧城市项目，形成能源、基础设施、交通出行等在内的 12 项智慧城市解决方案，满足了经济、社会和环境的可持续发展需求。现在，智能交通系统已经成为斯德哥尔摩的标签。

2020 年，第十届 WSCA，获奖城市：上海

在智慧城市建设中，上海率先建成"双千兆宽带城市"，全市千兆光纤覆盖率为 99%。上海拥有全球首个以第五代移动通信技术（5th Generation Mobile Communication Technology，5G）为主题的创新中心——华为上海 5G 创新中心，5G 也已覆盖上海全市核心区域。在华为等企业的积极支持下，上海有序推进电子政务外网建设，实现"一网通办"和"一网统管"，提高为民服务水平，提升政府现代治理能力。

与前面其他 9 个城市相比，上海的智慧城市建设正在走向更加高级的阶段，即携手华为及其他行业伙伴，把城市与 ICT 当成一个整体来谋篇布局，打造城市级的一体化智能协同系统——城市智能体，让城市"能感知""会思考""可进化""有温度"，提升城市综合治理水平，让居民的幸福感更强、让企业的生产效率更高、让行业更具创造力，迈向全场景智慧。

2021 年，第十一届 WSCA，获奖城市：布宜诺斯艾利斯

阿根廷首都布宜诺斯艾利斯素有"南美巴黎"之美誉，2013 年布宜诺斯艾利斯市政府启用全市的物联网计划，以此开展城市、网络、医疗、交通、教育等一系列的活动，推进以物联网为基础的智慧城市建设。

除此之外，在本届 WSCA 中，我国武汉市和成都市分获"复苏创新"奖和"宜居包容"奖。

武汉以打造智慧城市作为城市发展的新引擎，建立以数据驱动的治理体系，开启城市精细化管理模式。武汉以一网通办、一码互联、一网协同、一网统管、一网共治的理念，加快城市数字化转型，助力智慧公安、智慧交通、智慧能源等建设，打造安全高效的基础设施、泛在协同的物联感知、集约共享的数字底座、智能敏捷的处理响应和惠民优政的新型智慧城市。

成都作为一座拥有 4000 多年历史的文化名城，近年来大力推动智慧城市落地建设，以建设美丽宜居的公园城市为目标，创新运用 5G、大数据、人工智能、物联网等前沿技术，打造跨区域、跨系统的数字系统，打破传统城市管理中的"数据孤岛"痛点，让整座城市实现无缝智能、数字管理，努力提高城市宜居性、包容性、安全性。

（来源：中国网，有增改）

1.2 物联网的概念与发展

【情景导入】

V1-3　物联网的概念与发展

关于物联网的起源，业界有不同的说法，其中一种说法是现代的物联网起源于 1990 年施乐公司推出的一种在线可乐售卖机，说起来这还是一段"吃货"谱写的传奇。20 世纪 80 年代美国卡内基梅隆大学有一群程序员，他们喜欢喝冰可乐，却嫌上下楼累，有时候满怀希望下楼，想喝上一杯冰爽的可乐，却因为可乐售卖机内没货，或者可乐不够凉而沮丧不已。他们希望每次下楼都可以买到冰爽的可乐，于是这些人就"公器私用"，发挥程序员的专长，将可乐售卖机连接到网络上，同时还编写了一套程序监测可乐售卖机内的可乐数量和冰冻情况。

还有一种说法说，最早的物联网设备是 1991 年在英国剑桥大学诞生的"特洛伊咖啡壶"。1991年，英国剑桥大学特洛伊计算机实验室的科学家们，经常要下楼去煮咖啡，还要时刻关注咖啡煮好了没有，既麻烦又耽误工作，于是，他们编写了一套程序，在咖啡壶旁边安装了一个便携式摄像头，利用终端计算机的图像捕捉技术，将图像以 3fps 的速率传递到实验室的计算机上。这样，工作人员就可以随时查看咖啡是否煮好，这就是物联网最早的雏形。而物联网的概念最早出现在由比尔·盖茨于 1995 年创作的《未来之路》一书，在《未来之路》中，比尔·盖茨已经提及物联网概念，只是当时受限于无线网络、硬件及传感设备的发展，并未引起世人的重视。

让我们一起来认识物联网吧！

【思考】

（1）根据上文关于物联网起源的描述，你能否思考、总结物联网的特点？

（2）列举你身边可能存在的涉及物联网的事物或事件。

在物联网时代，人们可以做到"一部手机走天下"，现金甚至银行都可能会从人们的生活中逐渐消失。手机既可以实现出行预订、身份验证和购物付款，也可以遥控家里的智能电器，接收安防设备自动发送的报警信息。物联网提供了一个全球性的自动反映真实世界信息的通信网络，让人们可以无意识地享受真实世界提供的一切服务。

物联网有着广阔的应用前景，被认为是将对 21 世纪产生巨大影响的技术之一。物联网从最初的军事侦察等无线传感器网络，逐渐发展到环境监测、医疗卫生、智能交通、智能电网、建筑物监测等应用领域。随着传感器技术、无线通信技术、计算机技术的不断发展和完善，各种物联网将遍布我们的生活中。

1.2.1 物联网的概念

物联网的英文名称为 The Internet of Things，简称 IoT。由该名称可见，物联网就是"物与物相连的互联网"。这里有两层意思：第一，物联网的核心和基础仍然是互联网，是在互联网的基础之上延伸和扩展的一种网络；第二，其用户端延伸和扩展到了任何物品，人与物可以通过互联网进行信息的交换和通信。

物联网的定义：指通过信息传感设备，按照约定的协议，把任何物品与互联网连接起来，进行信息交换和通信，以实现智能化识别、定位、跟踪、监控和管理的一种网络。它是在互联网的基础上延伸和扩展的网络。

根据国际电信联盟（International Telecommunication Union，ITU）的描述，在物联网时代，通过在各种各样的物品上嵌入一种短距离的移动收发器，将物品智能化，使世界上所有的物品都可以通过互联网主动进行信息交换。物联网技术将对全球经济和个人生活产生重大影响。

物联网的概念打破了之前的传统思想。过去的思想一直是将物理基础设施和 IT 基础设施分开，一边是机场、公路、建筑物等物理基础设施，另一边是数据中心、个人计算机、宽带等 IT 基础设施。而在物联网时代，混凝土、电缆将与芯片、宽带整合为统一的基础设施，当把感应器嵌入电网、铁路、桥梁、大坝等真实的物体之后，人类梦寐以求的"将物体赋予智能"，在物联网时代将成为现实。物联网能够实现物品的自动识别，能够让物品"开口说话"，实现人与物的信息网络的无缝整合，进而通过开放性的计算机网络实现信息的交换与共享，从而达到对物体的透明管理。物联网描绘的是智能化的世界。在物联网的世界里，万物都将相连，信息技术已经上升为让整个物理世界更加智能的智慧世界的新阶段。

1.2.2 物联网的发展

1. 物联网的起源

物联网起源于两种技术：射频识别（RFID）和无线传感器网络（Wireless Sensor Networks，WSN）。

1999 年，美国麻省理工学院（Massachusetts Institute of Technology，MIT）的自动识别中心（Automatic Identification, Auto-ID Center）（2003 年改为实验室）在研究 RFID 时提出了物联网概念的雏形，最初是针对物流行业的自动监控和管理系统设计的，其设想是给每个物品都添加电子标签，通过自动扫描设备，在互联网的基础上，构造一个物–物通信的全球网络，目的是实现物品信息的实时共享。同年，中国科学院启动传感网项目，开始了中国物联网的研究，以便利用传感器组成的网络采集真实环境中的物体信息。2003 年，美国《技术评论》把传感网络技术评为未来改变人们生活的十大技术之首。

2005 年，国际电信联盟发布了《ITU 互联网报告 2005：物联网》，正式提出了物联网的概念。报告指出，世界上所有的物体，从轮胎到牙刷、从房屋到纸巾都可以通过互联网主动进行信息交换。ITU 扩展了物联网的定义和范围，不再只是基于 RFID 和 WSN，而是利用嵌入各种物品中的短距离移动收发器，把人与人的通信延伸到人与物、物与物的通信。

2009 年，国际商业机器公司（International Business Machines Corporation，IBM 公司）提出智慧地球的概念，认为信息技术（IT）产业下一阶段的任务是把新一代 IT 充分运用到各行各业中，具体来说，就是把传感器嵌入电网、铁路、桥梁、隧道、公路、建筑、供水系统、大坝和油气管道等各种物体中，并进行连接，形成新一代的智慧型基础设施——物联网。

2009 年，中国政府提出"感知中国"的战略。2011 年正式颁布的中国"十二五"规划纲要指出，在新兴战略性产业中，新一代信息技术产业的发展重点是物联网、云计算、三网融合和集成电路等。2016 年中国"十三五"规划纲要提出，实施"互联网+"行动计划，大力发展物联网技术和应用。

目前，物联网的发展如火如荼，验证了 IBM 前首席执行官路易斯·郭士纳（Louis V. Gerstner）提出的"15 年周期定律"，即计算模式每隔 15 年发生一次变革。该定律认为 1965 年前后发生的变革以大型机为标志，1980 年前后以个人计算机的普及为标志，而 1995 年前后则发生了互联网革命，2010 年前后物联网的兴起开始了一个新的周期。

2008 年，欧洲智能系统集成技术平台（the European Technology Platform on Smart Systems Integration，EPoSS）是一个国际性的合作平台，旨在促进智能系统和传感器系统的研发和应用。2008 年，在其《2020 年的物联网》报告中，对物联网的发展做了分析预测，认为未来物联网的发展将经历 4 个阶段：2010 年之前 RFID 被广泛应用于物流、零售和制药领域，2010～2014 年物体互联，2015～2020 年物体进入半智能化，2020 年之后物体进入全智能化。

物联网的发展最终将取决于智能技术的发展。要使物体具有一定的智能，起码要在每个物体中植入一个识别芯片。物体的种类、数量及芯片的成本和处理能力等，都是限制物联网全球普及的因素，因此真正步入理想的物联网时代还需要一个漫长的过程。

2. 物联网在国外的发展

物联网在国外发展较早，美国最先提出物联网的概念，2008 年 IBM 公司提出"智慧地球"理念后，得到美国政府的支持。《2009 年美国恢复和再投资法案》提出，要在电网、教育、医疗卫生等领域加大政府投资力度，以带动物联网技术的研发应用，发展物联网成为美国推动经济复苏和重塑国家竞争力的重点。

欧盟 2009 年在比利时首都布鲁塞尔向欧洲议会、欧洲理事会、欧洲经济与社会委员会和地区委员会提交了《物联网——欧洲行动计划》（Internet of Things——An action plan for Europe），希望构建物联网框架。

2001 年至 2009 年，日本相继制定了"e-Japan"战略、"u-Japan"战略、"i-Japan"战略等多项信息技术发展战略，从大规模信息基础设施建设入手，拓展和深化信息技术应用。

2006 年，韩国也提出了"u-Korea"战略，重点支持泛在网的建设。"u-Korea"战略旨在布建智能型网络，为民众提供无所不在的便利生活，扶持 IT 产业发展新兴技术，强化产业优势和国家竞争力。

近年来物联网产业保持着蓬勃发展的态势，在国外的发展主要包括以下方面。

（1）传统科技企业以物联网技术为抓手进行转型升级

随着传感技术、网络通信技术、大数据、云计算等的快速发展，物联网正不断向各个领域渗透融合，为企业的研发、生产、管理和服务等带来深刻变革。各类传统科技企业纷纷谋篇布局，从产业链的不同节点抢占行业制高点。具体而言，科技巨头通过外延并购或者内生研发的模式进入物联网行业。例如，在芯片产品方面，思科并购物联网平台提供商 Jasper Technologies 公司，并成立物联网事业部而发力物联网平台领域；在平台方面，微软公司收购意大利物联网平台 Solair，将物联网服务整合进微软的 Azure IoT 平台，用于增强微软公司的物联网和企业云服务能力；在终端方面，三星等公司在智能家居方面投入巨大。

（2）重视核心研发，赋能产业升级

英特尔公司针对物联网产业链不同环节的不同需求，重点研发 Quark、Intel Atom、酷睿、至强等系列物联网专用芯片，探索并使用英特尔配套硬、软件产品及技术，实现由各英特尔产品构建"由物到云"的一致架构，提供企业全方位物联网应用解决方案。英特尔试图以芯片设计领域的优势切入物联网应用领域，着眼贯通产业链的生态建设，占据物联网行业应用领域制高点。目前，英特尔公司以智能汽车产业为核心战略，快速完成外延并购，并重点研发车规级芯片 Apollo Lake，试图基于其强大的计算能力打破电子模块分立的格局，实现芯片和汽车操作系统的完美融合，成为智能汽车产业的核心企业。

（3）引领先进技术实践，拓展行业应用创新

全球行业领军企业积极谋划 5G 部署，5G 作为下一代通信技术，能支撑数百亿海量物联网设备连接，让一切设备激活互联。目前，国外龙头企业已率先涉足 5G 物联网领域，创新物联网应用，拓展应用场景。奥迪汽车和爱立信公司计划将 5G 技术应用于汽车生产，共同探索 5G 技术的潜力，以满足汽车生产的高需求。双方的专家将在德国盖默斯海姆的"奥迪生产实验室"技术中心开展外场测试。AT&T 公司与三星电子联手打造了美国第一个专注于生产线的 5G 测试台。

（4）欧美构建物联网应用产业联盟

欧美企业通过缔结联盟组织的方式将物联网行业带入良性发展的轨道，并极大促进了企业和组

织的合作。国际性物联网行业联盟和组织主要包括开放互联基金会（Open Connectivity Foundation，OCF）、工业互联网联盟（Industrial Internet Consortium，IIC）、物联网国际标准化组织"OneM2M"等，其中 OCF 由微软、思科、通用电气、高通、英特尔和三星等科技巨头联合成立。成立该联盟的目的之一在于创建物联网规范和协议，确保各制造商的设备能兼容共处。IIC 是一家新兴的企业联合会，以美国通用电气公司为发起人，联合 AT&T、思科、IBM 和英特尔 4 家行业巨头，目标是推动工业互联网发展与推广物联网应用实践知识。oneM2M 于 2012 年推出，是由来自中国、欧洲、美国、日本、韩国的 8 个标准制定组织自愿发起的伙伴组织，目标是为通用的 M2M（Machine-to-Machine，机器到机器）服务层开发技术规范，该服务层可以很容易地嵌入到各种硬件和软件中，并依靠该层将现场的无数设备与全球的 M2M 应用服务器连接起来。

3．物联网在中国的发展

自 2009 年 8 月时任总理温家宝提出"感知中国"以来，物联网被正式列为国家五大新兴战略性产业之一，写入政府工作报告，物联网在中国受到了全社会极大的关注，其受关注程度是欧盟以及其他各国不可比拟的。下面从应用、政策等方面进行介绍。

（1）金卡工程

早在 2004 年，我国就把射频识别作为"金卡工程"的一个重点，启动了 RFID 的试点。我国发展物联网，是以 RFID 的广泛应用作为形成全国物联网发展基础的。中华人民共和国工业和信息化部（以下简称工信部）介绍：RFID 是物联网的基础，先抓 RFID 的标准、产业和应用，把这些做好了，就自然而然地会从闭环应用到开环应用，形成我国的物联网。

2004 年以后，我国每年都推出新的 RFID 应用试点，项目涉及身份识别、电子票证、动物和食品追踪、药品安全监管、煤矿安全管理、电子通关与路桥收费、智能交通与车辆管理、供应链与现代物流管理、危险品与军用物资管理、贵重物品防伪、票务及城市重大活动管理、图书及重要文档管理、数字化景区及旅游等。

（2）RFID 行业应用

2008 年底，我国铁路 RFID 应用已基本涵盖铁路运输的全部业务，成为我国应用 RFID 最成功的案例。铁路车号自动识别系统（Automatic Train Identification System，ATIS）是我国最早应用 RFID 的系统，也是应用 RFID 范围最广的系统，并且拥有自主知识产权。采用 RFID 技术以后，铁路车辆管理系统实现了统计的自动化，降低了管理成本，可实时、准确、无误地采集机车的运行数据，如机车车次、车号、状态、位置、去向、到发时间等信息。

2010 年，上海世博会召开，为提高世博会信息化水平，上海市在世博会上大量采用了 RFID 系统。世博会使用了嵌入 RFID 技术的门票，用于对主办者、参展者、参观者、志愿者等各类人群的信息服务，包括人流疏导、交通管理、信息查询等。上海世博会期间，相关水域的船舶也安装了船舶自动识别系统（Automatic Identification System，AIS），相当于给来往船只设置了一个"电子身份证"，没有安装"电子身份证"的船舶将面临停航或改航。世博会在食品管理方面启用了"电子标签"，以确保食品的安全，只要扫描一下芯片，就能查到世博园区内任何一种食物的来源。事实上，RFID 技术在大型会展中的应用早已得到验证，在 2008 年的北京奥运会上，RFID 技术就已得到广泛应用，有效提高了北京奥运会的举办水平。

（3）我国掀起物联网浪潮

2006 年，《国家中长期科学和技术发展规划纲要（2006—2020 年）》将物联网列入重点研究领域。在 2009 年 12 月的国务院经济工作会议上，明确提出了要在电力、交通、安防和金融行业推进物联网的相关应用。2009 年 9 月，"传感器网络标准工作组成立大会暨'感知中国'高峰论坛"在北京举行。2010 年 3 月，教育部办公厅下发《关于战略性新兴产业相关专业申报和审批工作的通知》，我国高校开始创办物联网工程专业。2010 年 6 月，由工信部等相关组织组成的物联网标准联合工作组成立。2010 年 9 月，国务院通过《关于加快培育和发展战略性新兴产业的决定》，确定物联网等新一代信息技术为我国 7 个战略性新兴产业之一。2015 年 7 月，国务院发布《关于积极推进"互联网+"行动的指导意见》，"互联网+"将在创业创新、协同制造、现代农业、智慧能源、普惠金融、益民服务、高效物流、电子商务、便捷交通、绿色生态和人工智能（Artificial Intelligence，AI）方面开展重点行动，这进一步加快了我国物联网的发展。2021 年 9 月，工信部等 8 部门联合印发《物联网新型基础设施建设三年行动计划（2021—2023 年）》（下称《行动计划》），明确到 2023 年底，在国内主要城市初步建成物联网新型基础设施，物联网连接数突破 20 亿。业内人士表示，《行动计划》为物联网产业发展注入了"强心剂"。随着相关政策和技术不断完善，中国物联网产业有望实现持续、高效、有序发展。《行动计划》直面行业发展中的"痛点"，提出四大行动、12 项重点任务，包括创新能力有所突破，高端传感器、物联网芯片等关键技术水平和市场竞争力显著提升；物联网与 5G、人工智能、区块链等技术深度融合应用取得产业化突破；物联网新技术、新产品、新模式不断涌现等。《行动计划》明确，到 2023 年底，要突破一批制约物联网发展的关键共性技术，培育一批示范带动作用强的物联网建设主体和运营主体，催生一批可复制、可推广、可持续的运营服务模式，导出一批赋能作用显著、综合效益优良的行业应用，构建一套健全、完善的物联网标准和安全保障体系等。

（4）助力智慧城市建设

目前，智慧城市建设是全球城市化的新趋势，而物联网等相关技术的发展也将逐步推动城市"部件"之间实现"万物互联"。

在江苏省宿迁市泗阳县，依托 5G 物联网技术打造的基层防汛预报预警体系迎来"实战"考验。2021 年 7 月，台风"烟花"登陆江苏，台风预警和洪水预警双双高挂。在防汛预报预警体系的帮助下，泗阳县防汛工作人员通过屏幕实时监控该县主要河湖水位站、闸站的水位流量信息，第一时间做出防汛部署。

据介绍，该县应用的基层防汛预报预警体系在前端设置了 5G 物联网数据采集传感器，可将雨量、水位、积水等信息实时传回平台，同时将实时数据引入专网视频会商平台协助会商工作布置，提升防汛指挥人员预警预报、分析研判的准确性，从而迅速做出相关安排。在防汛预报预警平台的帮助下，防汛人员只要进入系统便可实时掌握水情和水位信息，省去大量人力耗费，一部手机或者一台计算机便能实现"云上治水"。

作为新型技术的重点发展方向，物联网产业蕴藏着巨大的创新发展空间。有专家表示，在诸多利好政策和技术经验的驱使下，物联网在各行业的应用会不断深化，更多新产品、新模式和新应用场景将陆续推出，物联网产业将以高增长态势持续发展。

1.2.3　拓展知识：比尔·盖茨的疯狂构想和前卫实践

1995 年，比尔·盖茨出版了洛阳纸贵的《未来之路》，其时 IT 界人士几乎人手一本。书中描述了一大堆令人眼花缭乱的新技术和发展前景，不过，盖茨在书中所描述的与物联网有关的观点被人们忽视了。

盖茨这样娓娓道来："当袖珍个人计算机普及之后，困扰着机场终端、剧院以及其他需要排队出示身份证或票据等地方的瓶颈路段就可以被废除了。比如，当你走进机场大门时，你的袖珍个人计算机与机场的计算机相联就会证实你已经买了机票。开门你也无须用钥匙或磁卡，你的袖珍个人计算机会向控制锁的计算机表明你的身份。""而遗失或遭窃的照相机将自动发回信息，告诉用户它现在所处的具体位置，甚至当它已经身处不同的城市的时候。"

这些话，现在读起来是不是觉得很熟悉？没错，他描述的场景，现在已逐步通过 RFID 智能手机的应用得到实现。而在当年，盖茨是通过他在自家地盘里的个人实践，来实现他的物联网梦想的。盖茨的豪宅位于美国的西雅图，从 1990 年开始修建，于 1997 年建成，共花了 7 年时间，费用高达 1 亿美金，成为数字技术前沿科技的结晶。时任国家主席胡锦涛在 2006 年首次访问美国时亲身体验了这所物联网豪宅并在其中享用晚宴。

这是一个智能建筑和智能家居最有代表性的范例。

在豪宅的大门处，设有气象感知器，计算机可根据传感器所测到的各项气象指标，对室内的温度和通风情况进行控制。室内所有的照明、温度、湿度、音响、防盗等系统都可以根据需要，通过计算机进行调节，这样一来，就可以预先设定你偏好的温度、湿度、灯光、音乐、画作等，将整个环境调整到一个令人最满意的状态。房内的所有电器设备连接成一个家庭网络。在感应到有人到时自动打开照明系统，并在人离去时自动关闭。

这座有 45 个房间的豪宅，挂在墙上的名画会根据不同的需要自动进行更换。不仅如此，就连厨房内所有的设备都是由位于中央系统的计算机控制的。在卫生间里，安装了一套检查身体的传感系统，可以对体温、血压、脉搏等人体的健康指标进行实时检测。当处理中心发现身体状况出现异常时，系统就会立即发出警报。如果一旦不幸发生火灾等意外，整个房间的自动消防系统将进入工作状态，系统将根据火势的分布情况分配供水，浇水灭火。还能够一面自动对外报警，一面显示最佳的营救方案，同时关闭有危险的电力系统等。

就连在智能豪宅院子里的一棵百年老树，也采用了智能化的养护方式，先进的浇灌系统能够通过传感器了解这棵老树对水的需求情况，从而实现及时、全自动浇灌。RFID 传感器能识别指定的身份，家里的数据处理中心随时可以知道室内每一位合法进入者的位置和动态，无论他走到哪里，RFID 跟踪器都会将他的行踪传送至 Windows 系统的中央计算机。

（摘自《物联网技术》，2012 年 05 期）

1.3 物联网技术概述

【情景导入】

阿里巴巴集团推出了专业的物联网服务平台——"阿里云物联网平台"，可以快速为各类企业需要联网的设备提供智能化、场景化的物联网管理与服务平台。

阿里云物联网平台为设备提供安全可靠的连接通信能力，向下连接海量设备，支撑设备数据采集上云；向上提供云端应用程序接口（Application Program Interface，API），服务端通过调用云端 API 将指令下发至设备端，实现远程控制。物联网平台也提供了其他增值能力，如设备管理、规则引擎、数据分析、边缘计算等，为各类 IoT 场景和行业开发者赋能。

阿里云物联网平台处处体现出"高大上"的技术，那么物联网在技术上的特征可以归纳为哪几方面？而物联网涉及的关键技术非常多，是典型的跨学科技术，这些众多的各类关键技术包括哪些？这些众多的技术又可以划分成哪几个层次？

【思考】

（1）请根据上文中关于阿里云物联网平台的描述，说一说物联网的技术特征。

（2）物联网涉及哪些关键技术？它们分别发挥什么作用？

（3）物联网的各种技术可以划分为哪些层次？

1.3.1　物联网技术特征

V1-4　物联网
技术特征

互联网是计算机之间的互相联接，而物联网是所有物体（包括计算机）的"互联网"。可以说物联网是互联网的超集，或者说物联网是扩大了的互联网。

互联网让人可以通过计算机去使用网络。海量的信息和知识通过人进行数字化，再通过计算机进入网络，人再通过计算机去使用这些进入了互联网的信息和知识。

物联网让生活中的普通物体也可以进入网络，使用网络上的信息。海量的物体（比计算机数量大得多）通过加装相应传感器来数字化自身的信息，再通过联网设备直接进入物联网。信息的来源、信息可到达的物体，比起互联网是几个数量级的增加。

在互联网时代，信息的生产者是通过人进入网络的，信息的使用者是人。在物联网时代，信息的生产者是所有的物体（包括人），信息的使用者是所有物体（包括人）。物联网是我们生活的世界走向 IT 化、智能化的进程中的重要基础架构。

物联网的技术特征来自同互联网的类比。物联网不仅对"物"实现连接和操控，它还通过技术手段的扩张，赋予网络新的含义。物联网的技术特征是全面感知、互通互联和智慧运行。物联网需要对物体具有全面感知的能力，对信息具有互通互联的能力，并对系统具有智慧运行的能力，从而形成一个连接人与物体的信息网络。在此基础上，人类可以用更加精细和动态的方式管理生产和生活，提高资源利用率和生产力水平，改善人与自然的关系，达到更加"智慧"的状态。

1. 全面感知

全面感知解决的是人类社会与物理世界的数据获取问题。全面感知是物联网的皮肤和五官，主要功能是识别物体、采集信息。全面感知是指利用各种感知、捕获、测量等的技术手段，实时对物体进行信息的采集和获取。

实际上，人们在多年前就已经实现了对"物"局域性的感知处理。例如，测速雷达对行驶中的车辆进行车速测量，自动化生产线对产品进行识别、组装等。

现在，物联网全面感知是指物联网在信息采集和信息获取的过程中追求的不仅是信息的广泛和透彻，而且强调信息的精准和效用。"广泛"描述的是地球上任何地方的任何物体，凡是需要感知的，都可以纳入物联网的范畴；"透彻"是通过装置或仪器，可以随时随地提取、测量、捕获和标识需要感知的物体信息；"精准和效用"是指采用系统和全面的方法，精准、快速地获取和处理信息，将特定的信息获取设备应用到特定的行业和场景，对物体实施智能化的管理。

在全面感知方面，物联网主要涉及物体编码、自动识别技术和传感器技术。物体编码用于给每一个物体一个"身份"，其核心思想是为每个物体提供唯一的标识符，实现对全球对象的唯一有效编码；自动识别技术用于识别物体，其核心思想是应用一定的识别装置，通过被识别物品和识别装置之间的无线通信，自动获取被识别物品的相关信息；传感器技术用于感知物体，其核心思想是通过在物体上植入各种微型感应芯片使其智能化，这样任何物体都可以变得"有感觉、有思想"，包括自动采集实时数据（如温度、湿度）、自动执行与控制（如启动流水线、关闭摄像头）等。

2. 互通互联

互通互联解决的是信息传输问题。互通互联是物联网的血管和神经，其主要功能是信息的接入和信息的传递。互通互联是指通过各种通信网与互联网的融合，将物体的信息接入网络，进行信息的可靠传递和实时共享。

互通互联是全面感知和智慧运行的中间环节。互通互联要求网络具有"开放性"，全面感知的数据可以随时进入网络，这样才能带来物联网的包容和繁荣。互通互联要求传送数据的准确性，这就要求传送环节具有更大的带宽、更高的传送速率、更低的误码率。互通互联还要求传送数据的安全性，由于无处不在的感知数据很容易被窃取和干扰，因此要求保障网络的信息安全。

互通互联会带来网络"神经末梢"的高度发达。物联网既不是互联网的翻版，也不是互联网的一个接口，而是互联网的一个延伸。从某种意义上来说，互通互联就是利用互联网的"神经末梢"将物体的信息载入互联网，它将带来互联网的扩展，让网络的触角伸到物体之上，网络将无处不在。在技术方面，建设"无处不在的网络"，不仅要依靠有线网络的发展，还要积极发展无线网络，其中光纤到路边（Fiber To The Curb，FTTC）、光纤到户（Fiber To The Home，FTTH）、无线局域网（Wireless LAN，WLAN）、全球定位系统（GPS）、短距离无线通信（如蜂舞协议、RFID）等技术都是组成"网络无处不在"的重要技术。有人预测，不久的将来，世界上"物物互联"的业务跟"人与人通信"的业务相比，将达到 30∶1。如果这一预测成为现实，物联网的网络终端将迅速增多，无所不在的网络"神经末梢"将真正改变人类的生活。

物联网建立在现有移动通信网和互联网等的基础上，通过各种接入设备与通信网和互联网相连。在信息传送的方式上，可以是点对点、点对面或面对点。广泛的互通互联使物联网能够更好地对工业生产、城市管理、生态环境和人民生活的各种状态进行实时监控，使工作和娱乐可以通过多方协作得以远程完成，从而改变整个世界的运作方式。

3. 智慧运行

智慧运行解决的是计算、处理和决策问题。智慧运行是物联网的大脑和神经中枢，主要包括网络管理中心、信息中心、智能处理中心等，主要功能是信息及数据的深入分析和有效处理。智慧运行是指利用数据管理、数据处理、模糊识别、大数据和云计算等各种智能计算技术，对跨地区、跨行业、跨部门的数据及信息进行分析和处理，以便整合和分析海量、复杂的数据信息，增强对物理世界、经济社会、人类生活各种活动和变化的洞察力，实现智能决策与控制，以更加系统和全面的方式解决问题。

智慧运行不仅要求物服从人，也要求人与物之间的互动。在物联网内，所有的系统与节点都有机地连成一个整体，起到互帮互助的作用。对物联网来说，通过智能处理可以增强人与物的一体化，能够在性能上对人与物的能力进行进一步扩展。例如，当某一数字化的物体需要补充电能时，物体可以通过网络搜索到自己的供应商，并发出需求信号；当收到供应商的回应时，这个数字化的物体能够从中寻找到一个优选方案来满足需求；而这个供应商，既可以由人控制，也可以由物控制。这类似于人们利用搜索引擎进行互联网查询，得到结果后再进行处理。具备了数据处理能力的物体，可以根据当前的状况进行判断，从而发出供给或需求信号，并在网络上对这些信号进行计算和处理，这是物联网的关键所在。

仅仅将物连接到网络，还远远没有发挥出物联网的最大能力。物联网的意义不仅是连接，更重要的是交互，以及通过互动衍生出来的种种可利用的特性。物联网的精髓是实现人与物、物与物之间的相融与互动、交流与沟通。在这些功能中，智慧运行是其核心与灵魂。

1.3.2　物联网层次划分

V1-5　物联网层次划分与关键技术

物联网是一个层次化的网络。大致可分为 3 层，分别为**感知层、网络层和应用层**。物联网的 3 个层次涉及的关键技术非常多，是典型的跨学科技术。物联网不是对现有技术的颠覆性革命，而是通过对现有技术的综合运用实现全新的通信模式。同时，在对现有技术的融合中，物联网提出了对现有技术的改进和提升要求，并催生出新的技术体系。

物联网的体系结构如图 1-4 所示，从下向上依次可以划分为感知层、网络层和应用层。各层之间，信息不是单向传递的，也有交互或控制。在所传递的信息中，主要是物的信息，包括物的识别码、物的静态信息和物的动态信息等。

1. 感知层

物联网要实现物与物的通信，其中"物"的感知是非常重要的。对人类而言，感知外部世界是使用五官和肢体，是通过视觉、味觉、嗅觉、听觉和触觉来感知的。而物联网的感知层就是物联网的五官和肢体，用于识别外界物体和采集信息。

亚里士多德曾对"物"给出了解释："物"即存在。"物"能够在空间和时间上存在和移动，可以被辨别，一般可以通过事先分配的数字、名字或地址进行编码，然后加以辨识。感知层利用最多的是射频识别（RFID）、传感器、全球定位系统等技术，感知层的目标是利用上述诸多技术形成对客观世界的全面感知。在感知层中，物联网的终端是多样性的，现实世界中越来越多的物理实体需要实现智能感知，这就涉及众多的技术层面。在与物联网终端相关的多种技术中，核心是要解决智能化、低功耗、低成本和小型化的问题。

感知层主要解决人类社会和物理世界数据获取及数据收集的问题，用于完成信息的采集、转换、收集和整理。感知层主要包含两个主要部分：其一是用于数据采集和最终控制的终端装置，这些终端装置主要由电子标签、传感器等构成，负责获取信息；其二是信息的短距离传输网络，这些短距离传输网络负责收集终端装置采集的信息，并负责将信息在终端装置和网关之间双向传送。实际上，感知层信息获取、信息短距离传输这两个部分有时交织在一起，同时发生，同时完成，很难明确区分。

2. 网络层

如果把物联网感知层比喻成人类的感官功能，那么网络层就相当于人的神经中枢系统，负责将感知层获取的信息，安全可靠地传输到应用层，然后根据不同的应用需求进行信息处理。

图1-4　物联网的体系结构

　　网络层是一个庞大的网络体系，用于整合和运行整个物联网。网络层包括接入网与互联网的融合网络、网络管理中心、信息处理中心等。接入网有无线接入网和有线接入网，通过接入网能将信息传入互联网。网络管理中心和信息处理中心是实现以数据为中心的物联网中枢，用于存储、查询和处理感知层获取的信息。

　　物联网的网络层是在现有的网络和互联网基础上建立起来的。网络层与目前主流的移动通信网、国际互联网、企业内部网、各类专网等网络一样，主要承担着数据传输的功能。此外，当三网融合后，有线电视网也能承担数据传输的功能。

　　物联网的网络层包括接入网和核心网。接入网负责用户的接入，核心网负责业务的处理。接入网是指骨干网络到用户终端之间的所有设备，其长度一般为几百米到几千米，因而被形象地称为"最后一公里"。接入网的接入方式包括铜线接入、光纤接入、同轴电缆接入和无线接入等。核心网通常是指除接入网和用户驻地网之外的网络部分。核心网是基于互联网协议（Internet Protocol，IP）的统一、高性能、可扩展的分组网络，支持移动性以及异构接入。

　　物联网的网络层要以多种方式为各类物联网终端提供广泛的互通互联。物体要随时随地都可以上网，这就要求接入网络具有覆盖范围广、建设成本低、部署方便、具备移动性等特点，因此无线接入网将是物联网网络层的主要接入方式。

3. 应用层

应用层位于物联网 3 层结构中的顶层，其功能为"处理"，即通过云计算平台进行信息处理。物联网应用层解决的是信息处理和人机交互的问题，网络层传输而来的数据在这层进入各种类型的信息处理系统，并通过各种设备与人进行交互。应用层与底端的感知层一起，是物联网的显著特征和核心所在，应用层可以对感知层采集的数据进行计算、处理和知识挖掘，从而实现对物理世界的实时控制、精确管理和科学决策。

相对于感知层和网络层，应用层对感知和传输来的信息进行分析，做出正确的控制和决策，解决信息处理和人机交互的问题。应用层主要基于软件技术和计算机技术实现，这其中大数据和云计算作为海量数据分析的平台，可以为用户提供丰富的特定服务。

物联网的应用领域十分广泛，并将逐渐普及所有领域。随着技术的不断进步，物联网将会成为日常生活的一部分。亿欧智库发布的《2018 物联网行业应用研究报告》整理了物联网产业的发展，其中总结了物联网在物流、交通、安防、能源、医疗、建筑、制造、家居、零售和农业中的十大应用领域。应用层的不断开发将会带动物联网技术的研发，带动物联网产业的发展，最终带来物联网的普及。

1.3.3　物联网关键技术

按照物联网的层次体系架构，每一层都有自己的关键技术。感知层的关键技术是感知和自动识别技术；网络层的关键技术是无线传输网络技术和互联网技术。应用层的关键技术是数据处理、数据融合技术和云计算技术，在此基础上是行业专用技术与物联网技术的集成。

欧洲物联网项目总体协助组 2009 年发布了《物联网战略研究路线图》报告，2010 年发布了《物联网实现的展望和挑战》报告。在这两份报告中，将物联网的支撑技术分为如下几种：识别技术、物联网体系结构技术、通信技术、网络技术、网络发现、软件和算法、硬件、数据和信号处理技术、发现和搜索引擎技术、网络管理技术、功率和能量存储技术、安全和隐私技术、标准化。

以下简要介绍物联网的几种关键技术。

1. RFID 自动识别技术

RFID（射频识别）是一种非接触式的自动识别技术，可以通过无线电信号识别特定目标并读写相关数据。它主要用来为物联网中的各物品建立唯一的身份标识。

RFID 利用射频信号及其空间耦合传输特性，实现对静态或移动待识别物体的自动识别，用于对采集点的信息进行"标准化"标识。一方面，鉴于 RFID 技术可实现无接触的自动识别，全天候、识别穿透能力强、无接触磨损，可同时实现对多个物品的自动识别等诸多功能，在物联网"识别"信息和近程通信的层面中，起着至关重要的作用，将这一技术应用到物联网领域，使其与互联网、通信技术结合，可实现全球范围内物品的跟踪与信息的共享。另一方面，电子产品代码（Electronic Product Code，EPC）采用 RFID 电子标签作为载体，大大推动了物联网的发展和应用。

在未来的几年中，RFID 技术将继续保持高速发展的势头。电子标签、读写器、系统集成软件、公共服务体系、标准化等方面都将取得新的进展。随着关键技术的不断进步，RFID 产品的种类将越来越丰富，应用和衍生的增值服务也将越来越广泛。

2. 传感器技术

信息采集是物联网的基础，而目前的信息采集主要是通过传感器、传感节点和电子标签等方式完成的。传感器是物联网中获得信息的主要设备，它利用各种机制把被测量的数据转换为电信号，然后由相应信号处理装置进行处理，并产生响应动作。常见的传感器包括温度、湿度、压力、光电传感器等。传感器作为一种检测装置，作为获取信息的关键器件，由于其所在的环境通常比较恶劣，因此物联网对传感器技术提出了较高的要求。一是其感受信息的能力，二是传感器自身的智能化和网络化，传感器技术在这两方面应当实现发展与突破。

传感器技术是半导体技术、测量技术、计算机技术、信息处理技术、微电子学、光学、声学、精密机械学、仿生学和材料科学等多学科综合的高新技术。

将传感器应用于物联网中可以构成无线自治网络，这种传感器网络技术综合了传感器技术、纳米嵌入技术、分布式信息处理技术、无线通信技术等，使各类能够嵌入任何物体的集成化微型传感器协作进行待测数据的实时监测、采集，并将这些信息以无线的方式发送给观测者，从而实现"泛在"传感。在传感器网络中，传感节点具有端节点和路由的功能：首先是实现数据的采集和处理，其次是实现数据的融合和路由，综合本身采集的数据和收到的其他节点发送的数据，转发到其他网关节点。传感节点的好坏会直接影响整个传感器网络是否能正常运转以及功能健全与否。

3. 网络和通信技术

物联网的实现涉及近程通信技术和远程传输技术。近程通信技术包括 RFID、蓝牙、蜂舞协议（ZigBee）、总线等，远程传输技术包括互联网的组网，如第三代移动通信技术（3rd Generation Mobile Networks，3G）、第四代移动通信技术（4th Generation Mobile Networks，4G）、第五代移动通信技术（5th Generation Mobile Networks，5G）、GPS 等技术。

作为为物联网提供信息传递和服务支撑的基础通道，通过增强现有网络通信技术的专业性与互联功能，以适应物联网低移动性、低数据率的业务需求，实现信息安全且可靠的传送，是当前物联网研究的一个重点。

M2M 技术也是物联网实现的关键。可以与 M2M 实现技术结合的远距离连接技术有全球移动通信系统（Global System for Mobile Communications，GSM）、通用分组无线服务（General Packet Radio Service，GPRS）、通用移动通信业务（Universal Mobile Telecommunications Service，UMTS）等，无线保真（Wireless Fidelity，Wi-Fi）、蓝牙、ZigBee、RFID 和超宽带（Ultra-Wideband，UWB）等近距离连接技术也可以与之结合，此外还有可扩展标记语言（eXtensible Markup Language，XML）和公共对象请求代理体系结构（Common Object Request Broker Architecture，CORBA），以及基于 GPS、无线终端和网络的位置服务技术等。M2M 可用于安全监测、自动售货机、货物跟踪领域，应用广泛。

5G 作为一种新型移动通信网络，不仅要解决人与人通信，为用户提供增强现实（Augment Reality，AR）、虚拟现实（VR）、超高清三维（Three Dimensions，3D）视频等更加身临其境的极致业务体验，更要解决人与物、物与物通信问题，满足移动医疗、车联网、智能家居、工业控制、环境监测等物联网应用需求。

4. 数据融合技术

从物联网的感知层到应用层，各种信息的种类和数量都成倍增加，需要分析的数据量也呈级数增加，同时还涉及各种异构网络或多个系统之间数据的融合问题，如何从海量的数据中及时挖掘出隐藏信息和有效数据的问题，给数据处理带来了巨大的挑战，因此怎样合理、有效地整合、挖掘和智能处理海量的数据是物联网的难题。结合对等计算（Peer-to-Peer computing）、云计算等分布式计算技术，是解决以上难题的一个途径。云计算为物联网提供了一种新的高效率计算模式，可通过网络按需提供动态伸缩的廉价计算，其具有相对可靠并且安全的数据中心，同时兼有互联网服务的便利、廉价和大型机的能力，可以轻松实现不同设备间的数据与应用共享，用户无须担心信息泄露、黑客入侵等棘手问题。云计算是信息化发展进程中的一个里程碑，它强调信息资源的聚集、优化和动态分配，节约信息化成本并大大提高了数据中心的效率。

1.3.4　拓展知识：中国近年物联网发展规划

我国一直非常重视物联网技术的发展，物联网相关政府文件如表 1-1 所示。早在 2006 年，国务院就提出要对传感网进行战略部署，2009 年时任总理温家宝在无锡发表"感知中国"讲话后物联网行业更是受到全社会的极大关注，2010 年物联网被正式列为国家首批培育的七大战略性新兴产业之一。2019 年，在科创板鼓励的创新企业类别中，物联网也榜上有名。

表 1-1　物联网相关政府文件

时间	主要政策文件	主要内容
2021	《物联网新型基础设施建设三年行动计划（2021—2023 年）》	明确到 2023 年底，在国内主要城市初步建成物联网新型基础设施，社会现代化治理、产业数字化转型和民生消费升级的基础更加稳固。突破一批制约物联网发展的关键共性技术，培育一批示范带动作用强的物联网建设主体和运营主体，催生一批可复制、可推广、可持续的运营服务模式，导出一批赋能作用显著、综合效益优良的行业应用，构建一套健全完善的物联网标准和安全保障体系
2019	《上海证券交易所科创板企业上市推荐指引》	重点推荐包括半导体和集成电路、电子信息、下一代信息网络、人工智能、大数据、云计算、新兴软件、互联网、物联网和智能硬件等领域的企业
2017	《信息通信行业发展规划物联网分册（2016—2020 年）》	提出大力发展物联网技术和应用，加快构建具有国际竞争力的产业体系，深化物联网与经济社会融合发展，支撑制造强国和网络强国建设
2016	《2016 年政府工作报告》	强调大力发展以物联网为主的战略新兴产业
2014	《工业和信息化部2014 年物联网工作要点》	部署物联网工作几大要点，加大对物联网产业的扶持力度
2013	《物联网发展专项行动计划》	规划了顶层设计、标准制定、技术研发、应用推广、产业支撑、商业模式、安全保障、政府扶持措施、法律法规保障、人才培养 10 个专项行动计划
2012	《"十二五"国家战略性新兴产业发展规划》	提出大力发展物联网等新一代信息技术高度集成和综合运用的产业，并给出相应规划

为促进产业发展，政策规划了 4 个国家级物联网产业发展示范基地（无锡、重庆、杭州、福州）及省级重点发展城市，目前全国已形成四大物联网产业集聚区，从产业规模看，排名依次为长三角、珠三角、环渤海与中西部地区。

【知识巩固】

1. 单项选择题

（1）物联网的英文名称是（　　）。

  A. Internet of Matters   B. Internet of Things

  C. Internet of Theories   D. Internet of Clouds

（2）物联网的概念雏形是在（　　）年由美国麻省理工学院的自动识别中心在研究 RFID 时提出的。

  A. 1999   B. 2005   C. 2009   D. 2010

（3）"智慧地球"是由（　　）公司提出的，并得到政府的支持。

  A. Intel   B. IBM   C. Apple   D. Google

（4）RFID 属于物联网的（　　）层。

  A. 应用   B. 网络   C. 业务   D. 感知

（5）物联网有 4 个关键性的技术，（　　）是物联网采集信息的主要技术。

  A. 电子标签技术 B. 传感技术   C. 智能技术   D. 纳米技术

（6）（　　）年 3 月，教育部办公厅下发《关于战略性新兴产业相关专业申报和审批工作的通知》，我国高校开始创办物联网工程专业。

  A. 2000   B. 2005   C. 2010   D. 2015

（7）3 层结构层次的物联网不包括（　　）。

  A. 感知层   B. 网络层   C. 应用层   D. 会话层

（8）以下不是物联网的支撑技术的是（　　）。

  A. 识别技术   B. 通信技术   C. 软件技术   D. 图像技术

（9）利用各种感知、捕获、测量等技术手段，实时对物体进行信息的采集和获取，指的是（　　）。

  A. 可靠传递   B. 全面感知   C. 智能处理   D. 互联网

（10）（　　）是指通过各种通信网与互联网的融合，将物体的信息接入网络，进行信息的可靠传递和实时共享。

  A. 全面感知   B. 互通互联   C. 信息融合   D. 智慧运行

2. 多项选择题

（1）物联网起源于两种技术，分别是（　　）。

  A. 射频识别（RFID）   B. 全球定位系统（GPS）

  C. 无线传感器网络（WSN）   D. 互联网（Internet，Inter-network）

（2）物联网主要涉及的关键技术包括（　　）。

  A. 射频识别技术 B. 纳米技术   C. 传感器技术   D. 网络通信技术

（3）2004 年以后，我国推出的 RFID 应用试点项目涉及（　　）。

  A. 电子票证   B. 药品安全监管 C. 电子通关   D. 路桥收费

（4）物联网的技术特征包括（　　）。

  A. 全面感知   B. 互通互联   C. 智能计算   D. 智慧运行

（5）感知层利用最多的技术包括（　　）。

    A．云计算　　　　　B．传感器　　　　　C．全球定位系统　　　D．射频识别（RFID）

3. 简答题

（1）物联网会给人们的生活带来什么便利？

（2）物联网的概念是什么？

（3）简述物联网的主要应用领域及应用前景。

（4）简述物联网与互联网的区别与联系。

（5）简述物联网的技术特征。

（6）说一说物联网包括哪些关键技术。

【拓展实训】

活动 1：探究物联网发展过程中的重大事件、奇闻趣事。

活动 2：探究物联网各项关键技术在各自领域的重大作用、重要应用。

（1）全班学生按照 4~6 人分组，每组选择一项活动开展探究；

（2）小组讨论，搜集资料；

（3）每组派代表进行资料成果展示；

（4）教师总结。

【学习评价】

课程内容	评价标准	配分	自我评价	老师评价
物联网的概念	能叙述物联网的概念	20分		
物联网的发展	了解物联网的发展与趋势	15分		
物联网技术特征	掌握物联网的技术特征	25分		
物联网关键技术	了解物联网关键技术	25分		
物联网层次划分	能叙述物联网的层次划分	15分		
总分		100分		

模块2
通过智慧物流认识
物联网识别技术

【学习目标】

1. 知识目标

（1）熟悉电子产品代码的系统架构及编码体系。

（2）掌握目前主要的自动识别技术，熟悉光学字符识别、生物识别、卡识别与条形码技术。

（3）掌握RFID的概念、原理，熟悉RFID电子标签分类及编码标准，理解RFID在物联网中的地位。

2. 技能目标

（1）能够列举、区分和陈述各项物联网识别技术。

（2）对各类物联网系统的识别技术具有技术选型、设备选型的能力。

3. 素质目标

（1）培养多技术理解、多技术融合的创新理念。

（2）培养思路清晰、选择准确、逻辑严谨的思维能力。

【思维导图】

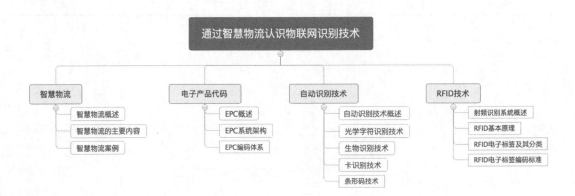

【模块概述】

自动识别技术是应用一定的识别装置，通过被识别物品和识别装置之间的接近活动，自动获取、自动识读被识别物品的相关信息，并提供给后台的计算机处理系统来完成后续相关处理的一种技术。自动识别技术是一种高度自动化的信息或数据采集技术，是用机器识别对象的众多技术的总称。

通过自动识别技术能够对字符、影像、条码、声音、信号等记录数据的载体用机器进行识别，并自动地获取被识别物品的相关信息。在后台的计算机信息处理系统中，这些数据通过信息系统的分析和过滤，最终成为影响决策的信息。

本模块主要介绍智慧物流、电子产品代码（EPC）、自动识别技术及 RFID 技术等基础知识。

2.1 智慧物流

【情景导入】

你是否在惊诧进口鲜奶送到你手上时还冒着冷气？还在惊诧刚刚下单，快递 10 分钟不到就送达？也在惊诧于校园里穿梭的无人配送车？

再延展一下你的想象，更智能的物流已经在路上了。你是否想过有一天，打开门是机器人给你送快递，无人机载着快递正飞向千家万户。是的，这样不可思议的事情已经快要成为现实了。

中国已经进入每天发送 3 亿个包裹的新物流时代，智慧物流是如何准确识别亿级的包裹和客户的？智慧物流又具体涉及哪些内容？让我们一起来学习。

【思考】

（1）什么是智慧物流？

（2）智慧物流涉及哪些方面的功能？

（3）智慧物流的典型应用是什么样的？

2.1.1 智慧物流概述

V2-1 智慧物流概述及主要内容

物流（Logistics）是一种古老而传统的经济活动，它是指物品从供应地到接收地的实体流动过程。现代物流包括运输、储存、装卸、搬运、包装、流通加工、配送和信息处理等环节。智慧物流是在物流系统自动化的过程中逐渐形成的，它通过使用条形码、二维码、RFID 等物联网识别技术，减少了人工干预。物联网概念的起源之一就是智慧物流系统。加快发展物联网，建设高效顺畅的流通体系，可降低物流成本。

根据中国物联网校企联盟对智慧物流的定义，智慧物流指的是借助集成智能化技术，让物流系统模仿人的智能，具备思维、学习、感知、推理判断、解决问题等能力，以对物流过程中出现的各种难题进行解决。也就是利用各种互联网技术从源头开始对物品进行跟踪、管理，让信息流快于物流，以便在货物流通过程中及时获取信息，对信息进行分析以做出决策。简单来说，智慧物流就是借助传感器、条码、RFID、移动通信技术让货物配送实现自动化、信息化、网络化。

根据 IBM 对智慧物流的理解，智慧物流指的是借助信息技术，在物流各环节实现感知功能、规整功能、智能分析功能、优化决策功能、系统支持功能、自动修正功能、及时反馈功能等的现代综合性物流系统。

智慧物流作为物联网的重要应用，其体系结构可以分为感知层、传输层、处理层和应用层。感知层运用了大量的物联网识别技术，大量使用物品编码、自动识别和定位系统，对具体商品进行标识和识别。传输层使用电信移动网络传输信息比较适合。处理层在高性能计算技术的支撑下，通过对网络内的海量物流信息进行实时、高速处理，对物流数据进行智能化挖掘、管理、控制与存储。应用层为供货方和最终用户提供物流各环节的状态信息，为物流管理者提供决策支持。

2.1.2 智慧物流的主要内容

基于物联网技术的智慧物流完善了物流行业的智能及自动化水平，实现了透明、可视化的管理，从而提高物流过程的运作效率，为物流企业提供智能化决策服务，最终提高企业的物流服务水平。智慧物流主要包括货物的自动仓储管理、动态配送管理、智能运输管理及物流决策支持等方面。

1. 自动仓储管理

自动仓储管理系统将仓储业务与物联化相关技术结合，通过物流作业管理平台，实现自动仓储管理。

针对仓储业务相关作业流程，将 RFID 技术用于货物业务的出、入库操作及库存盘点过程中，通过对出、入库及盘点的货物进行扫描，RFID 读写器便自动地采集相关的货物信息并与订单进行匹配。确认货物信息后，通过设备及数据接口，运用物联网中间件技术，对海量的货物信息进行过滤与处理，将货物信息传递至数据网络中，并运用物联网资源寻址技术进行名称解析，将其转化为相关的数据库信息。同时，通过将云计算平台与数据库技术结合，对海量数据进行有效计算与存储，最终将数据信息有效地存储于自动仓储管理系统中。仓储管理人员及客户能够通过该系统对货物库存状态进行查询，并且根据货物库存信息对仓库进行虚拟化管理，及时掌握货物的库存信息并最终将信息传递至销售管理系统、采购管理系统、客户管理系统及供应商库存管理系统等。

自动仓储管理系统还能实现对货物自动分拣、智能托盘、虚拟库存及虚拟仓库的管理。仓储管理人员通过基于物联网的智慧物流信息平台，对相关的货物库存进行盘点与控制，完成货物的订单管理，而无须通过人工进行现场处理，并通过采用智能托盘，将货物相关信息存放在贴有 RFID 标签的托盘中，从而节省分货和包装时间。同时企业能够实时掌握商品的库存信息，从中了解每种商品的需求模式并及时进行补货，结合自动补货系统及供应商管理库存（Vendor Managed Inventory，VMI）解决方案，增强库存管理能力，降低库存成本，提升作业准确性及快捷性，最终实现智能化、网络化、仓库一体化的管理模式。基于物联网技术的自动仓储管理系统示意如图 2-1 所示。

2. 动态配送管理

动态配送管理系统是直接面向具体的物流配送指挥和操作层面的智能化系统，它在利用调度优化模型生成智能配送计划的基础上，采用多种先进技术对物流配送过程进行智能化管理，可有效降低物流配送的管理成本，提高配送过程中的服务质量，保障车辆和货物的安全。并在物流作业管理平台下，对物流配送环节进行可视化管理。当整车货物离开分销中心时，在产品包装箱上贴上 RFID 标签，通过 RFID 读写器对整车上的货物进行自动化扫描，确认后将感知到的数据信息通过感知层的数据接口进行传输，同时通过物联网中间件技术对相关的数据信息进行过滤与筛选，并将数据传输至网络中，运用物联网资源寻址技术进行名称解析服务，将最终数据存入配送管理系统，通过配送管理系统可对配送信息进行快速查询与准确处理。

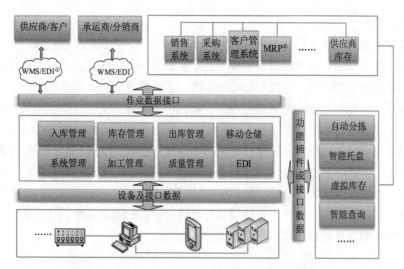

图 2-1　基于物联网技术的自动仓储管理系统示意

动态配送系统主要包括信息采集、安全报警、送货反馈、送货控制及行车指导等,如图 2-2 所示。业务人员通过动态配送系统可跟踪每一条货物的发运信息,了解货物转运情况,包括货物转运始发地和目的地及在途信息,并在货物到达目的地后有效地进行货物统计。同时,业务人员可根据实时货物配送信息,实现货物计划实时更新,保障货物配送及时、有效地进行。

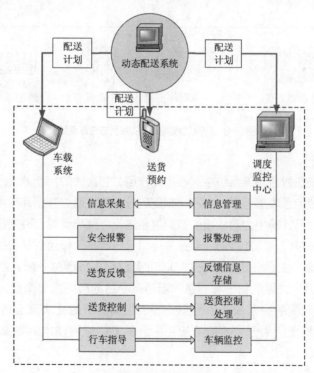

图 2-2　动态配送系统

---

① WMS/EDI:即 Warehouse Management System/Electronic Data Interchange,仓库管理系统/电子数据交换。
② MRP:即 Material Requirements Planning,物料需求计划。

3. 智能运输管理

物流过程控制主要通过将 RFID 技术与信息空间技术结合，在运输的货物及车辆上粘贴 RFID 标签，在运输线（包括高速公路自动收费站等）上安装 RFID 读写器设备，通过接收 RFID 标签信息来实现车辆和货运货柜的识别、定位与跟踪等。同时，将有源 RFID 标签与 GPS 结合使用，将接收地的位置信号、车辆与货物信息上传至通信卫星，再由通信卫星传送给运输调度中心，运输调度中心将实时的货物信息传入运输管理系统，调度人员通过运输管理系统对货物运输过程进行查询，了解货物的运输状态，并根据货物状态进行必要的物流过程控制，从而在准确预知货物车辆位置与抵达时间的基础上，实现物流过程控制，保障运输过程中的透明化管理与准确调度。此外，还可采用传感器设备对运输过程中的特殊货物，如冷鲜货物、危险品货物等的温度及存放状态进行实时感知，并将信息反馈至管理系统，相关人员根据货物状态做出及时信息处理，从而确保货物运送质量与安全。物流过程控制与货物状态查询系统如图 2-3 所示。

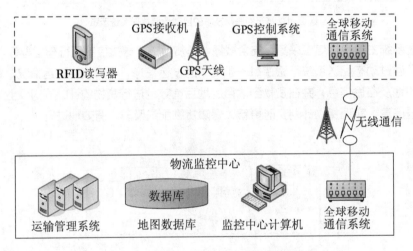

图 2-3　物流过程控制与货物状态查询系统

4. 物流决策支持

物流决策支持系统在智慧物流系统中起着重要作用，它最大的特点就是运用物联网中的应用技术将与企业相关的大量信息收集起来，并将采集到的数据信息通过数据库技术、数据挖掘工具等与物联网技术结合，利用云计算平台对大量的数据信息进行存储与计算，并对相关数据进行多角度分析，同时通过设备数据接口、功能接口、数据库接口等将数据传输至智能决策平台，实现智慧物流系统下相关信息的共享，由企业决策系统对物流业务过程进行信息分析，通过专家系统帮助企业实现智能诊断，并对客户关系的管理和智慧物流信息平台的市场信息交互，为企业进行市场统计分析，辅助企业做出明智的经营决策，为企业提供相关的智能化决策支持与服务，最终通过行业专网数据接口将决策支持用于物流服务应用中。基于物联网技术的物流决策支持系统架构如图 2-4 所示。

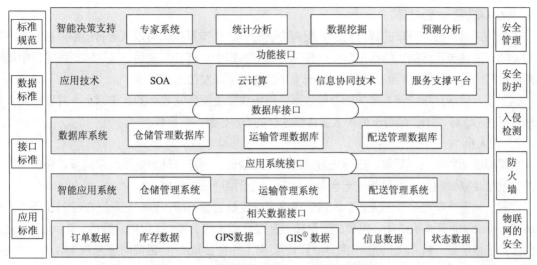

图 2-4　基于物联网技术的物流决策支持系统架构

2.1.3　智慧物流案例

随着技术逐渐成熟，物联网、人工智能技术正被应用到越来越多的领域当中，给社会带来日新月异的变化。其中，劳动力密集的仓储物流行业是人工智能技术非常重要的应用场景之一。结合云计算、大数据、物联网和人工智能等多项技术的优势，企业可以搭建起"物流+互联网+大数据"的一体化产业生态平台，提升集约化管理水平；为物流组织、市场营销、经营管理提供智能化大数据分析决策支持；为线上线下物流运输、仓储配送、商品交易、金融服务、物流诚信等业务提供一站式、全方位服务，形成覆盖线上线下的物流生态系统。

京东虽然是一家以电商为核心业务的企业，却拥有庞大的物流体系和地面配送部队，对应用先进技术提升效率并压缩成本有着强烈的需求。为此，京东于 2016 年成立了 X 事业部，专注智慧物流相关技术的研发。如今，京东在智慧物流领域已经取得了突飞猛进的发展，构建起了以无人仓、无人机和无人车为三大支柱的智慧物流体系。

作为一家走在技术前沿的企业，京东的智慧物流体系在某种程度上代表了物联网、人工智能等技术在我国物流行业的落地情况。以下通过 3 个方面介绍京东的智慧物流体系。

1. 无人仓

京东无人仓里主要运用到了 3 种机器人——大型搬运机器人、小型穿梭车以及拣选机器人。

搬运机器人负责搬运大型货架，质量约 100kg，但负载量高达 500kg 左右，行进速度约 2m/s，如图 2-5 所示。

京东的小型穿梭车在空载情况下速度峰值可达到 6m/s，加速度为 4m/s²。这些穿梭车的主要职责是将周转箱搬起，并送到货架尽头的暂存区。货架外侧的提升机会及时把暂存区的周转箱带到下方的输送线上。整个货架在穿梭车的帮助下，可以实现每

图 2-5　搬运机器人

---

① GIS：即 Geographic Information System，地理信息系统。

小时 1600 箱的巨大吞吐量。

在商品拣选方面，京东的拣选机器人配有先进的 3D 视觉系统，可以从周转箱中识别出客户需要的货物，并通过工作端的吸盘把货物转移到订单周转箱中，拣选完成后，通过输送线将订单周转箱传送至打包区，打包员将商品打包后，一个个包裹就可以发往全国各地了。

据了解，目前京东"无人仓"的存储效率是传统横梁货架存储效率的 5 倍以上，并联机器人拣选速度可达 3600 次/h，相当于传统人工拣选速度的 5~6 倍。

2. 无人机

仓库环境相对封闭、简单，应用先进技术的门槛较低，而户外环境则要复杂得多。京东的下一个目标就是让物联网、人工智能走出仓库，用无人机给用户派送包裹。

目前，大多数电商公司的无人机测试还只停留在轻量包裹阶段，例如亚马逊在 2016 年 12 月完成的 Prime Air 无人机送货，包裹的质量被限制在 5 磅（约 2.3kg）以内。据悉，Prime Air 无人机的设计结合了直升机和飞机的特点，航程 15 英里（约合 24km），最高时速为 90km。

在无人机领域，京东走得更加激进一些。2017 年 6 月，京东宣布其无人机送货正式进入常态化运营。所谓的"常态化运营"其实仍然是小规模的试运营，仅局限于以西安航天基地通用机场和陕西职业技术学院为中心，半径为 8km 左右的区域。据了解，京东以这两个点为中心，规划了 40 条左右的航线。用于运送包裹的无人机，载重量为 10~15kg，续航里程为 15~20km，如图 2-6 所示。

图 2-6　用于运送包裹的无人机

京东还在西安建立了研发中心，重点研制载重 0.2~2t、覆盖半径超过 500km 的支线级中大型无人机，以进一步增强仓库的辐射能力，降低库存成本。不过，无人机送货短时间内难以全面实现，除了技术尚不成熟，监管问题也是一条难以逾越的鸿沟。

3. 无人车

既然无人机送货这条路一时半会儿走不通，京东又开始在无人车上动起了心思。京东在 2017 年就开始用无人车在校园内送快递，如图 2-7 所示。

用于派送快递的无人车不算大，更像一个机器人，可以放置 5 件快递，从直播画面来看，只能放得下中小件快递。充满电，一口气可以跑 20km 左右。据京东的工作人员介绍，这个配送机器人还具备自主学习能力：可根据配送过程中实际的环境、路面、行人以及交通状况进行调整。在行驶过程中，无人车顶的激光感应系统会自动检测前方行人、车辆，靠近 3m 左右会自动停车。遇到障碍物会自动避障，可攀登 25° 的斜坡。

图 2-7　京东无人车

2.1.4　拓展知识：2021 年全球智慧物流峰会企业观点

2021 年 6 月 10 日，以"数智物流 新发展 新机遇"为主题的"2021 全球智慧物流峰会"（Global Smart Logistics Summit，GSLS）在杭州隆重召开。

在 2019 年全球智慧物流峰会上，阿里巴巴集团董事会主席兼首席执行官张勇首次提出：未来物流一定是从数字化到数智化。目前，数智物流已经在业内形成共识。此次大会上，他首先分析了行业的新发展与新变化，尤其是近几年，越来越多的消费方式正广泛走向数字化，消费端的变化也进一步推动了产业的数字化发展。在此背景下，他重点分享了对行业的几点观察，如下。

融合：整个生态同频共振带来行业的快速发展。

他指出，过去十几年，中国快递行业之所以能够快速发展，是因为整个生态的同频共振。一方面，用户对用户（Consumer to Consumer，C2C）和企业对用户（Business to Consumer，B2C）正全面走向生产厂家对消费者（Manufacturers to Consumer，M2C），最终会走向消费者对生产厂家（Consumer to Manufacturers，C2M），被快速设计和生产出来的商品，得以更快地到达消费者。另一方面，随着"移动互联网让所有人变成了网民"，整个商业设施的末端也越来越融合，越来越数字化。

技术：数字化、智能化能力正被广泛应用到物流产业的各个环节。

张勇表示，所有的物流设备，由于 IoT 等技术的规模化应用，其最终价值在于能否让物流效率更高的同时服务更好、成本更低。

不同于西方高度集成化、中心化的方式，中国物流业多年的大发展，背后依靠的正是产业协同、生态协同、网络协同，从中心城市到农村的社会化大协同，是一种分布式的社会网络。"别人成功的经验未必是我们的出路"。

全球化：中国供应链能力、数字商业能力走向全球是趋势。

随着中国供应链"风景独好"，进出口额均大幅增加，全球化正在呈现出新的面貌。张勇认为，全球化的进程，必然面临着整个数字化的物流基础设施走向全球，整个制造能力和供应链能力走向全球，而包裹的全球化，最终也一定会走向数字化供应链的全球化。

京东物流一直是国内智慧物流的引领者，在本次峰会上，京东集团副总裁、京东物流人工智能与大数据部负责人何田表示，目前物流已经进入以自动化、数字化、智能化为主要特点的 4.0 阶段，科技实现了物理世界的自动化、数字世界的智能化、物流与信息流的交互。

京东物流首席执行官余睿指出，通过多年实践经验和能力积累，京东物流构建了覆盖全国、触达全球的物流基础设施，拥有数智化能力以及对商业的深刻洞察，以此三大能力为基石为企业客户等提供一体化供应链物流服务，在数字世界形成基于数据与算法的供应链战略-规划-计划-执行的全面解决方案。同时，在物理世界提供从解决方案到落地运营的一体化支撑，真正帮助企业客户实现现货率提升、库存周转变快、履约效率提高、运作成本下降等目标，实现高质量增长。

这是余睿首次公开解读京东物流一体化供应链物流战略。作为新兴的物流服务模式，一体化供应链物流服务已成为供应链"补链""强链"的重要途径。余睿举例介绍，沃尔沃与京东物流一直保持着良好合作关系，在推进数字化供应链变革中，通过一体化供应链物流服务，已实现备件供应链明显降本提效。尤其是在第一期合作的西安仓内，已实现最优的网络结构和库存结构，模拟出最优的成本结构，验证智能补货模式，实现了大数据精准预测与全程可视化管控，支撑多渠道业务发展，订单满足率提升至 95% 以上，年库存周转次数提升至 7 次以上。

在帮助企业降本增效，全面优化供应链网络的同时，一体化供应链物流服务可以有效推进产销高效对接，全面助力乡村振兴。2021 年 9 月，京东物流首个产地智能供应链中心落地陕西省武功县，仓内集果品采购、冷藏、加工、分选、包装、物流配送于一体，配备了国际最先进的分选设备，实现全流程自动化，日产能达到 200t，日处理订单超 16 万单。目前，京东物流已经为全国 1000 多个农特产地和产业带开展对应的供应链配套服务。

（来源：物流技术与应用，有删改）

2.2 电子产品代码

【情景导入】

V2-3 电子产品代码

20 世纪 70 年代，商品条码的出现引发了商业的第一次革命，一种全新的商业运作形式大大减小了员工的劳动强度，顾客可以在一个全新的环境当中选购商品，商家也获得了巨大的经济效益。时至今日，几乎每个人都享受到了条码技术带来的便捷和好处。21 世纪的今天，一种基于射频识别技术的电子产品标签——EPC 标签产生了，它将再次引发商业模式的变革——购物结账时，再也不必等售货员将商品一一取出、扫描条码、结账，而是在瞬间实现商品的自助式智能结账，人们称之为 EPC 系统。

有人说 EPC 系统是未来电子（Electronic，E）时代的转折点，也有人说是供应链管理的革命，将给人类社会生活带来巨大的变革，还有人说 EPC 系统是引发互联网二次革命的导火索，还有人说它是进入 E 时代的桥梁，也有人说这是世界上万事万物的实物互联网，我们暂且不讨论哪种说法更为准确，EPC 系统是当前 E 时代的新发展、新趋势却是不争的事实。

【思考】

（1）EPC 系统的基本构成及主要功能有哪些？

（2）EPC 编码体系及其特点是什么。

2.2.1　EPC 概述

EPC 是由一个比米粒还小的电子芯片和一个软天线组成的，EPC 电子标签像纸一样薄，可以做成邮票大小或者更小，如图 2-8 所示。EPC 电子标签可以在 1～6m 的距离让读写器探测到。电子标签一般可以读写信息，电子标签技术是一项成熟的技术，具有标准统一、价格低廉、联网互通的特点，每年全球电子标签用量已经达到数千亿片。

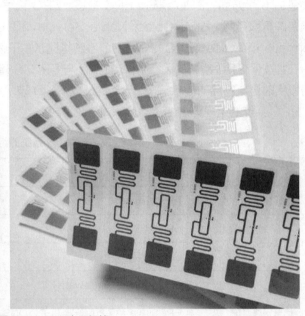

图 2-8　EPC 电子标签

EPC 编码是国际条码组织推出的新一代产品编码体系。原来的产品条码仅是对产品分类的编码，EPC 编码是对每个单品都赋予一个全球唯一编码。

1999 年，美国麻省理工学院成立 Auto-ID Center，致力于自动识别技术的开发和研究。Auto-ID Center 在美国统一代码委员会（Uniform Code Council，UCC）的支持下，将 RFID 技术与互联网结合，提出了电子产品代码概念。国际物品编码协会与美国统一代码委员会将全球统一标识编码体系植入 EPC 概念当中，从而使 EPC 纳入全球统一标识系统。

2003 年 11 月 1 日，国际物品编码协会正式接管了 EPC 在全球的推广应用工作，成立了 EPC global，负责管理和实施全球的 EPC 工作。EPC global 授权 EAN/UCC 在各国的编码组织成员负责本国的 EPC 工作，各国编码组织的主要职责是管理 EPC 注册和标准化工作，在当地推广 EPC 系统和提供技术支持以及培训 EPC 系统用户。在我国，EPC global 授权中国物品编码中心作为唯一代表负责。

EPC 的载体是 RFID 电子标签，读取 EPC 标签时，它可以与一些动态数据连接，并借助互联网来实现信息的传递。EPC 旨在对供应链中的对象（包括物品、货箱、货盘、位置等）进行全球唯一的标识，实现全球范围内对单件产品的跟踪与追溯，从而有效提高供应链管理水平，降低物流成本。EPC 系统是一个完整的、复杂的、综合的系统。

EPC 系统是物联网的起源，也是物联网实际运行的一个范例。EPC 系统利用 RFID 技术识别物品，然后将物品的信息发布到互联网上，其目标是在全球范围内构建所有物品的信息网络。

2.2.2 EPC 系统架构

EPC 系统是一个非常先进的、综合性的和复杂的系统。其最终目标是为每一单品建立全球的、开放的标识标准。它由全球 EPC 编码体系、EPC 射频识别系统及 EPC 信息网络系统 3 部分组成，主要包括 6 个方面：EPC 编码、EPC 标签、EPC 读写器、EPC 中间件（Middleware）、EPC 对象名解析服务器（EPC Object Name Service，EPC ONS）和 EPC 信息发布服务（EPC Information Service，EPC IS）。EPC 系统构建了基于物联网的 RFID 体系架构。

在物联网 EPC 系统的运行中，当 EPC 与 EPC IS 建立起联系后，可以获得大量的物品信息，并可以实时更新物品的信息，一个全新的、以 RFID 技术为基础的、物品标识的物联网就建立起来了。EPC 系统的组成见表 2-1。

表 2-1　EPC 系统的组成

系统构成	标准内容	注释
EPC 编码体系	EPC 编码	给全球物品编码
EPC 射频识别	EPC 标签	贴在物品之上或内嵌在物品之中
	EPC 读写器	读写 EPC 标签
EPC 信息网络系统	EPC 中间件（Middleware）	EPC 系统软件和网络的支持工作
	EPC 对象名称解析服务器（EPC ONS）	
	EPC 信息发布服务（EPC IS）	

物联网 EPC 系统的工作原理如图 2-9 所示，具体如下。

（1）在物联网中，每一个物品都被赋予一个 EPC，EPC 用来对物品进行唯一标识。

（2）EPC 存储在物品的电子标签中，读写器对电子标签进行读写，电子标签和读写器构成一个 RFID 系统。

（3）读写器对电子标签扫描后，将 EPC 发送给中间件。

（4）中间件通过互联网向 ONS 服务器发出查询指令，ONS 服务器根据规则查出储存信息的 IP 地址，同时根据 IP 地址引导中间件访问 ONS 服务器。

（5）ONS 服务器中存储着该物品的详细信息，在收到查询要求后，将该物品的详细信息以网页形式发送回中间件以供查询。

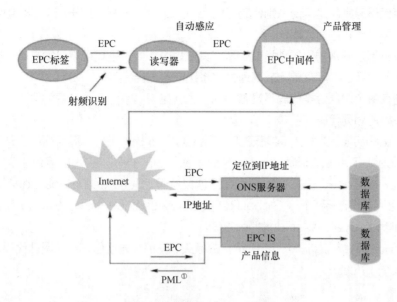

图 2-9　物联网 EPC 系统工作原理

2.2.3　EPC 编码体系

EPC 的编码结构是一个二进制位串，有 64 位、96 位、198 位和 256 位等几种结构，由标头和数字字段两部分构成，标头字段确定了码的总长度、结构和功能（标识类型）。EPC 标签数据标准（Tag Data Standard，TDS）V1.1 中规定编码的标头为 2 位或者 8 位。

EPC 编码体系分为 3 类：通用标识（General IDentifier，GID）类型、基于 EAN·UCC 的标识类型和美国国防部（United State Department of Defense，DOD）标识类型。DOD 标识类型用于美国国防部的货物运输。EPC 的类型不同，编码结构也不同。

96 位的 EPC 通用标识 GID-96 的编码结构如图 2-10 所示，包含标头、通用管理者代码、对象分类代码和序列代码 4 个字段。

8位	28位	24位	36位
标头	通用管理者代码	对象分类代码	序列代码

图 2-10　GID-96 的编码结构

8 位标头的前两位必须是 00。标头值 0000 0000 保留，以允许使用长度大于 8 位的标头。8 位标头中有一些未定义，如 0000 0000 ~ 0000 01xx，而其他则对应相应的编码方案，如 0000 1000 对应 SSCC-64、0011 0000 对应 SGTIN-96、0011 0001 对应 SSCC-96 等，其中 64 和 96 分别指编码长度为 64 位和 96 位。当前已分配的标头如果前两位非 00 或前 5 位为 00001，则可以推断该标签是 64 位，否则该标签为 96 位。将来，未分配的标头可能会分配给现存或者其他长度的标签。

---

① PML：即 Physical Markup Language，物理标记语言。

通用管理者代码通常就是厂商识别代码，由 EPC global 分配，用于标识一个组织管理实体，负责维护对象分类代码和序列代码。

对象分类代码用于识别物品的种类或类型，其在每个厂商识别代码下必须是唯一的。对象分类代码也包括消费性包装品的库存单元或高速公路系统的不同结构等。

序列代码则在每个对象分类代码下是唯一的，也就是说，管理实体负责为每个对象分类代码分配唯一的、不重复的序列代码。

EPC 标签数据标准定义了 5 种基于 EAN•UCC 的标识类型，即系列化全球贸易标识代码（Serialised Global Trade Identification Number，SGTIN）、系列货运包装箱代码（Serial Shipping Container Code，SSCC）、系列化全球位置码（Serialised Global Location Number，SGLN）、全球可回收资产标识符（Global Returnable Asset Identifier，GRAI）和全球单个资产标识符（Global Individual Asset Identifier，GIAI）。

SGTIN-96 的编码结构如图 2-11 所示，由标头、滤值、分区值、厂商识别代码、对象分类代码和序列代码 6 个字段组成。

8位	3位	3位	44位	38位
标头	滤值	分区值	厂商识别代码+对象分类代码	序列代码

图 2-11　SGTIN-96 的编码结构

标头的值固定为 0011 0000，代表 SGTIN-96。

滤值用来快速过滤和确定基本物流类型，如 001 表示零售消费者贸易项目、010 表示标准贸易项目组合、011 表示单件项目等。

分区值指出随后的厂商识别代码和对象分类代码两个字段各占多少位。例如，如果厂商识别代码为 24 位，对象分类代码为 20 位，则分区值为 5（101）。

厂商识别代码由 EAN 或 UCC 分配给组织管理实体。对象分类代码由组织管理实体分配给一个特定对象分类。

序列代码为一个数字，是厂商分配给每一件产品的唯一标识符。

2.2.4　拓展知识：带你了解国际上的物品编码

物品编码是物品的"身份证"，解决物品识别的最好办法就是首先给全球每一个物品都提供唯一的编码。EPC 是射频识别的编码标准，是全球统一标识系统的重要组成部分，也是 EPC 系统的核心之一。

1. 美国统一编码委员会（UCC）

1970 年，美国超级市场委员会制定了通用商品代码（Universal Producti Code，UPC）。UPC 是一种条码，1976 年美国和加拿大的超级市场开始使用 UPC 应用系统。UPC 是最早大规模使用的条码，目前，UPC 主要在美国和加拿大使用。

1973 年，美国统一编码委员会成立。UCC 是标准化组织，UPC 由 UCC 管理。UCC 成员集中在北美国家，目前 UCC 有几十万个成员。条码给商业带来了便捷和效益，目前条码仍然应用于全球经济的各个领域。

2. 欧洲物品编码协会（EAN）

UPC 的成功促使了欧洲物品编码系统的产生。1977 年，欧洲物品编码协会（European Article Number，EAN）成立，开发出与 UPC 完全兼容的 EAN 码。1981 年，EAN 更名为国际物品编码协会（International Article Numbering Association，IAN）。这时 EAN 已经发展成为一个国际性的组织，EAN 码作为一种消费单元代码，在全球范围内被用于唯一标识一种商品。EAN 成员遍及 130 多个国家和地区，我国于 1991 年加入 EAN。

3. EAN·UCC 系统

从 20 世纪 90 年代起，为使北美标识系统尽快纳入 EAN 系统，EAN 加强了与 UCC 的合作。EAN 和 UCC 先后两次达成联盟协议，决定共同开发、管理 EAN·UCC 系统。2002 年 11 月 26 日，UCC 和加拿大电子商务委员会（Electronic Commerce Council of Canada，ECCC）正式加入 EAN，使 EAN·UCC 系统成为全球唯一的编码系统。

4. 全球电子产品代码中心（EPC global）

EPC global 由 EAN 和 UCC 两大标准体化组织联合成立。EPC global 的主要职责是在全球范围内建立和维护 EPC 网络，保证采用全球统一的标准完成物品的自动实时识别，以此来提高国际贸易单元信息的透明度与可视性，提高全球供应链的运作效率。

（1）EPC

随着经济的全球化，需要对全球每个物品进行编码和管理，条码的编码容量满足不了这样的要求，EPC 就产生了。EPC 统一了全球物品编码方法，其容量可以为全球每一个物品编码。EPC 主要在射频识别中使用。EPC 的容量非常大，全球每件物品都可以进行编码。EPC 将取代条码，不仅对未来零售业产生深远影响，而且将用以实现全球范围内的物品跟踪与信息共享。

（2）EPC global 的组织结构

EPC 的概念是美国麻省理工学院（MIT）提出的，为了推进 EPC 系统的发展，MIT 成立了 Auto-ID 中心。2003 年 11 月，EAN 和 UCC 联合收购了 EPC，成立了 EPC global。同时，Auto-ID 中心更名为 Auto-ID 实验室，Auto-ID 实验室负责 EPC 系统的后续研究。EPC global 在美国、英国、日本、韩国、中国、澳大利亚和瑞士建立了 7 个 Auto-ID 实验室，5 个世界著名的研究性大学（英国剑桥大学、澳大利亚阿雷德大学、日本庆应义塾大学、中国复旦大学和瑞士圣加仑大学）相继加入研发 EPC。EPC global 得到了沃尔玛、可口可乐、宝洁和特易购等 100 多个国际大公司的支持。EPC global 要在全球推广 EPC 标准，中国物品编码中心（Article Numbering Center of China，ANCC）也参与了 EPC 的推广。

5. 国际物品编码协会（GS1）

当 UCC 加入 EAN 后，EAN International 成立。2005 年 2 月，EAN International 更名为 GS1（Globe Standard 1）。GS1 结束了欧、美物品编码协会 30 多年的分治与竞争，统一了全球物品的编码标准。GS1 不仅包括条码的编码体系，而且包括 EPC 的编码体系。GS1 拥有一套全球跨行业的产品、运输单元、资产、位置服务的标识标准体系和信息交换标准体系，在全世界范围内物品都能够在 GS1 的框架下被扫描和识读。

（来源：CSDN 资讯）

2.3 自动识别技术

【情景导入】

我们可能都看过科幻片，电影中的未来世界，物与物之间的联系和感知都是在非接触的情况下进行的，例如机器人只要从头到脚扫描一遍，似乎就可以"秒懂"对方，让人惊呼"高级"！这其中或许涉及物联网的重要技术——自动识别技术。

其实，自动识别技术目前也广泛地运用在我们身边的很多场合。从身份证、银行卡到手机上的二维码，不经意间你已经在使用这项高超的技术。

【思考】

（1）常见的物联网自动识别技术有哪些？

（2）身边随处可见的二维码是哪类识别技术？

2.3.1 自动识别技术概述

自动识别（Automatic Identification）通常与数据采集（Data Collection）联系在一起，形成自动识别与数据采集技术（Auto Identification and Data Collection，AIDC）。

自动识别技术就是应用一定的装置，通过被识别物体和识别装置之间的接近活动，主动地获取被识别物体的相关信息，并提供给后台计算机系统来完成相关后续处理的一种技术。自动识别技术是一种高度自动化的信息或数据采集技术，是用机器识别对象的众多技术的总称。在物联网的快速发展中，它已成为集计算机、光、机电、通信技术为一体的高新技术领域。常用的自动识别技术有条形码识别技术、磁卡（条）和集成电路卡（Integrated Circuit Card，IC 卡）技术、射频识别技术、图像识别技术、光学字符识别（Optical Character Recognition，OCR）技术和生物识别技术等。

自动识别技术能够对字符、影像、条码、声音、信号等记录数据的载体用机器进行自动识别，并自动地获取被识别物品的相关信息。在后台的计算机信息处理系统中，这些数据通过信息系统的分析和过滤，最终成为影响决策的信息。

信息识别和管理过去多以单据、凭证和传票为载体，通过手工记录、电话沟通、人工计算、邮寄或传真等方法，对信息进行采集、记录、处理、传递和反馈。这些方法不仅极易出现差错、信息滞后，也使管理者难以对各个环节统筹协调，不能系统控制，更无法实现系统优化和实时监控，从而造成效率低下和人力、运力、资金、场地的大量浪费。近几十年来，自动识别技术在全球范围内得到了迅猛发展，将人们从繁重、重复的手工劳动中解放出来。自动识别技术是现代生产自动化、销售自动化、流通自动化、管理自动化等所必备的技术，它极大地提高了数据采集和信息处理的速度，改善了人们的工作和生活环境，并提高了信息的实时性和准确性。

在物联网的数据采集层面，最重要的手段就是自动识别技术和传感技术。由于传感技术仅能够感知环境，无法对物体进行标识，要实现对特定物体的准确标识，更多地要通过自动识别技术。

自动识别技术是物联网的基础，同时物联网也为自动识别技术提供了前所未有的发展机遇，促使自动识别技术由较为低级的方式（如条码识别）向较为高级的方式（如射频识别）发展。在物联网时代，自动识别技术承担了数据采集和处理的重要作用，它的成熟与发展决定着互联网与物联网能否有机融合，因此自动识别技术是物联网的基石。

2.3.2 光学字符识别技术

1. 光学字符识别

光学字符识别（OCR）是指利用扫描仪等电子设备将印刷体图像和文字转换为计算机可识别的图像信息，再利用图像处理技术将上述图像信息转换为计算机文字，以便对其进行进一步编辑加工的系统技术。OCR 属于图形识别的一种，其目的就是要让计算机知道它到底看到了什么，尤其是文字资料，从而节省因键盘输入花费的人力与时间。如何除错或利用辅助信息提高识别正确率，是 OCR 最重要的课题，OCR 的名词也因此而产生。衡量 OCR 系统性能好坏的主要指标有拒识率，误识率，识别速度，用户界面的友好性，产品的稳定性、易用性及可行性等。OCR 系统的应用领域比较广泛，如零售价格识读、订单数据输入、单证识读、支票识读、文件识读、微电路及小件产品上的状态特征识读等。在智能交通应用系统中，可使用 OCR 技术自动识别过往车辆的车牌号码。

2. 识别方法

识别方法有 3 类，包括相关匹配识别、概率判定准则及句法模式识别。

（1）相关匹配识别法：是根据字符的直观形象提取特征，用相关匹配进行识别。这种匹配既可在空间域内及时间域内进行，同时也可在频率域内进行，相关匹配又可细分为图形匹配法、笔画分析法、几何特征提取法等。

（2）概率判定准则法：利用文字的统计特性中的概率分布，用概率判定准则进行识别，如利用字符可能出现的先验概率，结合一些其他条件，计算出输入字符属于某类的概率，通过概率进行判别。

（3）句法模式识别法：根据字符的结构，用有限状态文法结构构成形式语句，用语言的文法推理来识别文字的方法。近年来，人工神经网络和模糊数学理论的发展，对 OCR 技术起到了进一步的推动作用。

3. 识别过程

OCR 系统的识别过程包括获取识别图像、图像预处理、版面分析、文本切割、特征提取、单字识别、后处理、文稿校对等几个阶段，其中最关键的阶段是特征提取和比对识别阶段，如图 2-12 所示。

图像输入就是将要处理的档案通过光学设备输入计算机中。要进行 OCR 识别，第一步要采集所要识别的图像，可以是名片、身份证、护照、行驶证、驾驶证、公文、文档等，然后将图像输入识别核心。在 OCR 系

图 2-12　OCR 系统的识别过程

统中，识读图像信息的设备称为光学符号阅读器，简称光符阅读器。它是将印在纸上的图像或字符借助光学方法变换为电信号后，再传送给计算机进行自动识别的装置。一般的 OCR 系统的输入装置可以是扫描仪、传真机、摄像机或数字式照相机等。

图像预处理包含图像二值化（将图像上的像素点灰度值设置为 0 或 255，也就是将整个图像呈现出明显的只有黑和白的视觉效果）、去除噪声及倾斜度矫正等图像预处理及图文分析、文字行与字分离的文件前处理。例如，典型的汉字识别系统预处理就包括去除原始图像中的常见噪声（干扰）、扫描文字行的倾斜校正，以及把所有文字逐个分离等。

图像预处理后，就进入特征提取阶段。特征提取是 OCR 系统的核心，用什么特征、怎么提取，直接影响识别的质量。特征可分为两类：统计特征和结构特征。统计特征有文字区域内的黑/白点数比等。结构特征有字的笔画端点、交叉点的数量及位置等。

图像的特征被提取后，不管是统计特征还是结构特征，都必须有一个比对数据库或特征数据库来进行比对。比对方法有欧式空间的比对方法、松弛比对法、动态程序比对法，以及类神经网络的数据库建立及比对、隐马尔可夫模型（Hidden Markov Model，HMM）等方法。利用专家知识库和各种特征比对方法的相异互补性，可以提高识别的正确率。例如，在汉字识别系统中，对某一待识字进行识别时，一般必须将该字按一定准则，与存储在机内的每一个标准汉字模板逐一比较，找出其中与该字最相似的字，作为识别的结果。显然，汉字集合的字量越大，识别速度越低。为了提高识别速度，常采用树分类，即多级识别方法，先进行粗分类，再进行单字识别。

比对算法有可能产生错误，在正确性要求较高的场合下，需要采用人工校对方法，对识别输出的文字从头至尾进行查看，检出错识的字，再加以纠正。为了提高人工纠错的效率，在显示输出结果时往往把错误可能性较大的单字用特殊颜色加以标识，以引起用户注意。也可以利用文字处理软件自附的自动检错功能来校正拼写错误或者不合语法规则的词汇。

光学字符识别（OCR）技术可分为印刷体文字识别和手写体文字识别两大类，后者又可分为联机（On-Line）手写体识别和脱机（Off-Line）手写体识别。从识别的难度来看，多体印刷体识别难于单体印刷体识别，手写体识别难于印刷体识别，而脱机手写体识别又远远难于联机手写体识别。

识别器是整个系统的核心，识别器的结构通常如图 2-13 所示。字符的模式表达形式和相应的字典形成方法有多种，每种形式又可以选择不同的特征，每种特征又有不同的抽取方法，这就使得

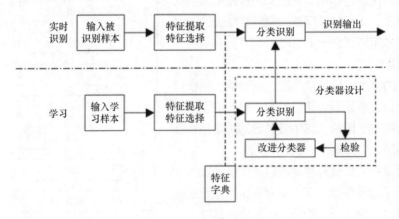

图 2-13　识别器的结构

判别方法和准则以及所用的数学工具不同，形成了种类繁多、形式特别的文字识别方法。用于文字识别的模式识别方法可以大致分为统计模式识别、结构模式识别和人工神经网络识别。

V2-5 生物识别技术

2.3.3 生物识别技术

生物识别技术主要是指通过人类生物特征进行身份认证的一种技术。生物特征识别技术依据的是生物独一无二的个体特征，这些特征可以测量或可自动识别和验证，具有遗传性或终身不变等特点。

生物特征的含义很广，大致上可分为身体特征和行为特征两类。身体特征包括指纹、静脉、掌型、视网膜、虹膜、人体气味、脸型，甚至血管、DNA 和骨骼等。行为特征包括签名、语音和行走步态等。生物识别系统对生物特征进行取样，提取其唯一的特征，转化成数字代码，并进一步将这些代码组成特征模板。当进行身份认证时，识别系统获取该人的特征，并与数据库中的特征模板进行比对，以确定二者是否匹配，从而决定接受或拒绝该人。

生物特征识别发展最早的是指纹识别技术，其后，人脸识别、虹膜识别和掌纹识别等技术也纷纷进入身份认证领域。

1. 语音识别技术

语言是人类相互交流最常用、最有效、最重要和最方便的形式，语音是语言的声学表现，与机器进行语音交流是人类一直以来的梦想。随着计算机技术的飞速发展，语音识别技术也取得了突破性的进展，人与机器用自然语言进行对话的梦想逐步实现。语音识别技术的应用范围极为广泛，不仅涉及日常生活的方方面面，在军事领域也发挥着极其重要的作用，它是信息社会朝着智能化和自动化发展的关键技术，使人们对信息的获取和处理变得更加便捷，从而提高人们的工作效率。

语音识别技术起始于 20 世纪 50 年代，这一时期的语音识别研究主要集中在对元音、辅音、数字和孤立词的识别。

20 世纪 60 年代，语音识别研究取得了实质性的进展。线性预测分析和动态规划的提出较好地解决了语音信号模型和语音信号不等长两个问题，通过语音信号的线性预测编码，有效地解决了语音信号的特征提取。

20 世纪 70 年代，语音识别技术取得了突破性的进展，基于动态规划的动态时间规整技术基本成熟，特别提出了矢量量化和隐马尔可夫模型理论。

20 世纪 80 年代，语音识别的任务开始从对孤立词、连接词的识别转向对非特定人的大词汇量连续语音识别（Large Vocabulary Continuous Speech Recognition，LVCSR），识别算法也从传统的基于标准模板匹配的方法转向基于统计模型的方法。在声学模型方面，由于 HMM 能够很好地描述语音的时变性和平稳性，开始被广泛应用于大词汇量连续语音识别的声学建模；在语言模型方面，以 N 元文法为代表的统计语言模型开始广泛应用于语音识别系统。在这一阶段，基于 HMM/VQ（VQ 即 Vector Quantization，矢量量化）、HMM/高斯混合模型、HMM/人工神经网络的语音建模方法开始广泛应用于 LVCSR 系统，语音识别技术取得了新突破。

20 世纪 90 年代以后，伴随着语音识别系统走向实用化，语音识别在细化模型的设计、参数提取和优化系统的自适应方面取得了较大的进展。同时，人们更多地关注说话者自适应、听觉模型、快速搜索识别算法，以及进一步的语言模型的研究等课题。此外，语音识别技术开始与其他领域相关技术结合，以提高识别的准确率，便于实现语音识别技术的产品化。

语音识别系统基本原理如图 2-14 所示，其中，预处理模块滤除原始语音信号中的次要信息及背景噪声等，包括抗混叠滤波、预加重、模/数转换、自动增益控制等处理过程，将语音信号数字化；特征提取模块对语音的声学参数进行分析后提取出语音特征参数，形成特征矢量序列。语音识别系统常用的特征参数有短时平均幅度、短时平均能量、线性预测编码系数、短时频谱等。特征提取和选择是构建系统的关键，对识别效果极为重要。

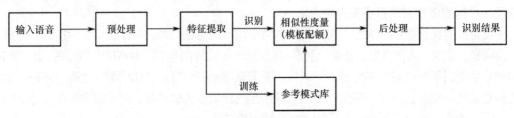

图 2-14　语音识别系统基本原理

2. 指纹识别技术

指纹特性的发现可以追溯到 19 世纪末，亨利（Henry）等人的研究表明：不同手指的指纹特征不同；指纹特征将保持不变，并会伴随人的一生。指纹的上述两个研究结论逐步得到论证，并于 19 世纪末在犯罪现场正式使用了指纹识别技术。由于早期人们只能凭借肉眼来识别指纹，所以存在时间耗费长和效率低的缺点。自从第一台电子计算机于 1946 年在美国问世以来，图像处理技术得到了飞速的发展，指纹识别技术也有了质的发展，逐渐形成了自动指纹识别系统（Automatic Fingerprint Identification System，AFIS）。AFIS 包括指纹信息录入和指纹特征识别两个环节。指纹识别流程如图 2-15 所示，首先要对指纹进行图像采集，其次要对图像进行缩放、旋转、翻转、去噪声、亮度调节等图像增强的预处理，从而去除指纹图像中的形变、模糊、噪声等干扰，接着提取出指纹图像的特征值并加以存储，最后将采集的特征值与指纹库中的特征值进行匹配，以此作为身份识别的依据。在指纹特征识别环节，采集获取的指纹图像需要经过分割、增强、细化、细节点提取等步骤，如图 2-16 所示，最后判断所得的特征信息与录入信息是否匹配。

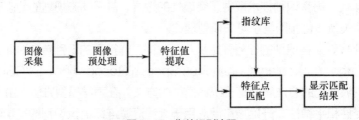

图 2-15　指纹识别流程

目前指纹识别技术占据了我国生物识别市场 90%以上的份额，但因其易获得性，造成指纹被盗用、特殊状态指纹（如手指潮湿、受伤破损等）的识别问题屡见不鲜，指纹识别技术在应用过程中的安全性与可靠性仍有待提高。因此，结合其他生物特征，克服单一生物识别技术的不足，推动生物识别技术的多元化发展，将是指纹识别技术未来的一个重要研究方向。

随着可穿戴设备与物联网的持续升温，可穿戴设备具有广阔的应用和产业前景，并有望成为全球的下一个经济增长点。目前，诸如带有指纹解锁功能的移动支付手环、汽车指纹锁等穿戴设备的出现，以及结合基于人体通信的可穿戴式身份识别技术的研究表明，指纹识别技术在可穿戴设备中的应用将更为广泛。

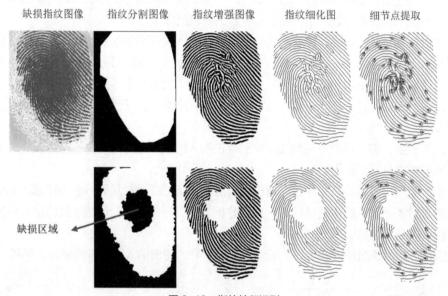

| 缺损指纹图像 | 指纹分割图像 | 指纹增强图像 | 指纹细化图 | 细节点提取 |

图 2-16　指纹特征识别

3. 人脸识别技术

人脸识别技术是指通过比较人脸的视觉特征信息进行身份鉴别的技术，该技术是一项研究较为热门的计算机技术，如图 2-17 所示。

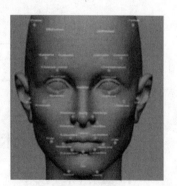

人脸识别技术主要基于人的面部特征，在图像或者视频中检测是否存在人脸，若存在人脸区域，就进一步检测其位置、大小以及面部各个器官的位置等信息，根据上述信息可以得到人脸中的代表每个人身份的特征，将上述特征与现有的人脸库进行比对，从而识别出人的身份。人脸识别技术包含多个方面的内容，从广义角度而言，人脸识别技术包括构建人脸识别系统的一系列相关技术，如人脸图像采集、人脸识别预处理、身份查找和身份确认等；从狭义角度而言，人脸识别技术就是身份查找或身份确认的过程。

图 2-17　人脸识别技术

近年来，人脸检测和人脸识别技术取得了显著的进步，随着该技术的发展，专家和学者们的研究热点逐渐转向了人脸表情分析、年龄评估等更为前沿和深入的领域。年龄评估在为不同年龄段的人提供不同方面服务的应用，有着巨大的市场潜力。例如，具有年龄评估功能的网页浏览器可以限制用户访问一些网页，具有年龄评估功能的自动售货机可以拒绝向未成年人出售烟酒等。

人脸识别技术具有以下优越性：①不需要人工操作，是一种非接触式的识别技术；②快速、简便；③直观、准确、可靠；④性价比高，可扩展性好；⑤可跟踪性好；⑥具有自学习功能。总体而言，人脸识别技术是一种精度高、使用方便、鲁棒性好，而且很难假冒、性价比高的生物特征识别技术。

　　由于人脸识别具有以上优点，因此应用非常广泛，主要的应用范围有：①考勤系统，如某些大型公司和学校都用人脸识别技术来进行考勤打卡；②安全验证系统，如信用卡验证；③刑事案件侦破；④出入口控制，如"北京奥运会"和"G20杭州峰会"应用人脸识别技术进行安保；⑤人机交互领域；⑥金融行业，如支付宝推出的"刷脸"功能、微信推出的身份证人脸认证功能。

　　人脸识别技术的应用前景广阔，其研究内容主要包括以下5个方面。

　　（1）人脸检测：从不同情形中找出人脸所在坐标与人脸占有的面积区域，这种方法会受到光照强度、图像噪点、头部偏角、脸部大小、情绪、图片成像器材质量和各种装饰物遮挡的影响。

　　（2）人脸表征：提取出人的面部特征，确定检测的人脸和数据库（人脸库）中已存在的人脸描述方式，方式包括人脸几何特征（如欧氏距离、曲率、角度等）、代数特征（如矩阵特征矢量等）、固定特征模板、特征脸等。

　　（3）人脸识别：将待测对象与数据库中已存在的人脸图像进行比对并得出结果，关键是选择适当的人脸描述方式与匹配算法。

　　（4）面部表情、姿态分析：通过计算机识别面部表情的变化，从而分析和理解人的情绪。

　　（5）生理分类：对人脸生理特征进行仔细分析，得到相关结论，这些生理特征包括人的性别、年龄、种族、职业等信息。

　　人脸识别应用系统流程如图2-18所示，系统有静态图像输入和视频图像输入两种。

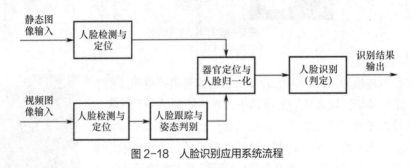

图2-18　人脸识别应用系统流程

2.3.4　卡识别技术

1. 磁条（卡）技术

V2-6　卡识别技术

　　磁条（卡）类似于将一组小磁铁头尾连接在一起，磁条记录信息的方法是变化小块磁物质的极性，识读器材能够在磁条内分辨磁性变换。解码器识读到磁性变换，并将它们转换成字母和数字的形式以便计算机来处理。磁条技术应用了磁学的基本原理，对自动识别设备制造商来说，磁条就是一层薄薄的、由定向排列的铁性氧化粒子组成的材料，并用树脂黏合在诸如纸或者塑料这样的非磁性基片上。磁条技术的优点是数据可读写，即具有现场改写数据的能力；数据存储量能满足大多数需求，便于使用，成本低廉，还具有一定的数据安全性；它能黏附于许多不同规格和形式的基材上。这些优点使之在很多领域得到了广泛应用，如信用卡、银行自动柜员机（Automated Teller Machine，ATM）卡、机票、公共汽车票、自动售货卡、会员卡、现金卡（如电话磁卡）等，最著名的磁条应用是自动提款机使用的银行储蓄卡或信用卡。磁条（卡）还用于对建筑、旅馆房间和其他设施的进出控制，其他应用包括时间与出勤系统、库存追踪、人员识别、娱乐场所管理、生产控制、交通收费系统和自动售货机。图 2-19 所示是常见的磁卡。

图 2-19　常见的磁卡

磁条技术是接触识读，它与条码有 3 点不同：①数据可进行部分读写操作；②给定面积编码容量比条码大；③对物品逐一标识成本比条码高。

其接触性读写的主要缺点就是灵活性太差。

2. IC 卡识别技术

IC 卡是超大规模集成电路技术、计算机技术以及信息安全技术等发展的产物。目前这项技术已成为一门新兴的技术产业，并以其强大的生命力飞速发展。

（1）IC 卡概述

IC 卡（集成电路卡），有些国家和地区也称智能卡（Smart Card）、智慧卡（Intelligent Card）、微电路卡（Microcircuit Card）或微芯片卡等，它将一个微电子芯片嵌入符合 ISO 7816 标准的卡基中，做成卡片形式。IC 卡读写器是 IC 卡与应用系统间的桥梁，在 ISO 国际标准中称为接口设备（Interface Device，IFD），IFD 内中央处理器（Central Processing Unit，CPU）通过一个接口电路与 IC 卡相连并进行通信。IC 卡接口电路是 IC 卡读写器中至关重要的部分，根据实际应用系统的不同，可选择并行通信、半双工串行通信和集成总线电路（Inter-Integrated Circuit，I2C）通信等不同的 IC 卡读写芯片。通常说的 IC 卡多数是指接触式 IC 卡，非接触式 IC 卡则称射频识别卡。

IC 卡是 1970 年由法国人罗兰·莫雷诺（Roland Moreno）发明的，他第一次将可编程设置的 IC 芯片放于卡片上，使卡片具有更多功能。IC 卡的存储容量大，便于应用，方便保管。IC 卡防磁、防一定强度的静电，抗干扰能力强，可靠性比磁卡高，使用寿命长，一般可重复读写 10 万次以上。但 IC 卡的价格稍高，接触式 IC 卡的触点暴露在外面，有可能因人为的原因或静电损坏。在我们的生活中，IC 卡的应用也比较广泛，我们接触得比较多的有电话 IC 卡、购电（气）卡、手机用户识别卡（Subscriber Identity Module，SIM 卡），以及即将大面积推广的智能水表、智能气表等。图 2-20 所示是常见的 IC 卡。

IC 卡应用系统由 IC 卡、读写器以及后台计算机管理系统组成。其中，读写器是一种接口设备（IFD）。它是 IC 卡与应用系统之间的桥梁，不同系统读写器差别很大，但都具备对卡的基本操作功能：

① 向卡提供稳定的电源和时钟，向无触点卡发射射频信号，并提供卡工作所需的能量；

② IC 卡插入/退出的识别和控制；

③ 实现读写器与卡的数据交换，并提供控制信号；

④ 对加密数据系统提供相应的加密/解密处理及密钥管理机制；

⑤ 提供外部控制信息，与其他设备进行信息交换。

（2）IC 卡的类型

① 根据 IC 卡芯片的功能分类，有如下几种类型。

a. 存储器卡。存储器卡的内嵌芯片相当于普通串行电擦除可编程只读存储器（Electrically-Erasable Programmable Read-Only Memory，EEPROM）。这类 IC 卡信息存储方便，使用简单，价格便宜；但由于它本身不具备信息保密功能，一般只能用于保密性要求不高的应用场合。

图 2-20　常见的 IC 卡

b. 逻辑加密卡。逻辑加密卡内嵌芯片在存储区外增加了控制逻辑，在访问存储区之前需要核对密码，只有密码正确时才能进行存取操作。这类 IC 卡信息保密性较好，使用方法与普通存储器卡类似。

c. CPU 卡。CPU 卡内嵌芯片相当于一个特殊类型的单片机，内部除带有控制器、存储器、时序控制逻辑等外，还带有算法单元和操作系统。CPU 卡具有存储容量大、处理能力强、信息存储安全等特性，广泛用于信息安全性要求特别高的场合。

d. 超级智能卡。这类卡上具有微处理器（Micro Processor Unit，MPU）和存储器，并装有键盘、液晶显示器和电源，有的还具有指纹识别装置等。

② 根据 IC 卡对卡内数据进行读写方式的不同，可以分为接触式 IC 卡和非接触式 IC 卡两大类。

接触式 IC 卡有标准形状的铜皮触点，读写机具上有一个带触点的卡座，通过卡座上的触点与卡上的铜皮触点的接触后，实现对卡上数据的读写和处理。接触式 IC 卡可包含一个微处理器，使其成为真正的智能卡，或者只是简单地成为一个存储卡（作为保密信息存储器件）。国际标准 ISO 7816 对此类 IC 卡的机械特性、电器特性等进行了严格的规定。通常所说的 IC 卡多指接触式 IC 卡。

非接触式 IC 卡（又称感应式 IC 卡、射频识别卡）与接触式 IC 卡的区别是卡片内封装有感应天线，无外露部分，对卡上芯片的读写和操作是通过读写机具（基站）发出的电磁波来进行的。其内嵌芯片除 CPU、逻辑单元、存储单元外，增加了射频收发电路。国际标准 ISO 10536 阐述了对非接触式 IC 卡的规定。这类 IC 卡一般用在使用频繁、信息量相对较少、可靠性要求较高的场合。

③ 根据应用领域划分 IC 卡类型，可分为金融芯片卡和非金融芯片卡两种。金融芯片卡又有信用卡和现金储值卡之分。金融芯片卡已成为全球银行卡的应用趋势，市场上有两种金融芯片卡标准，一种是国际上应用较多的 EMV（Europay，Mastercard，Visa）标准，另一种是我国央行（The People's Bank of China，PBOC）的 2.0 标准。从 2014 年起，我国各银行陆续停发磁条卡，只发行金融芯片 IC 卡。

（3）IC 卡系统通信

接触式 IC 卡系统主要由收（付）费卡、读卡器、中央控制单元 3 部分组成。接触式 IC 卡内通信是通过收（付）费卡表面的电接触点与读写器装置之间进行接触而实现通信的，因而在实际操作时收（付）费卡必须插入读卡器才能传送消息。接触式 IC 卡收（付）费卡与读写器装置之间的信息传递速率通常为 9600bit/s。接触式 IC 卡的 ISO 标准体系指标（包括体系方式和规程）在 ISO 7816 第二部分中做了说明。大多数接触式 IC 卡的电源是由读写器通过收（付）费卡表面的触点提供的。在有些情况下，电池也可装入收（付）费卡中。依照 ISO 规定，IC 卡可在 5±0.5V 及 1~5MHz 的任何频率（时钟速率）下正常工作。

非接触式 IC 卡系统采用射频通信技术在读卡器和 IC 卡之间采用半双工通信方式，以 1356MHz 的高频电磁波为媒介，采用 106kbit/s（载波频率的 128 分频）的传输速率进行通信。由于基带数字信号不可以直接传输，基带信号在读卡器和 IC 卡之间通信时，需要对该基带信号进行调制和解调处理。非接触式 IC 卡系统是一个数字通信系统，一般采用数字调制方法进行调制。在读卡器发送给非接触式 IC 卡数据时，采用 100%或 10%的幅度调制。当非接触式 IC 卡给读卡器返回数据时，采用负载调制方式。负载调制是幅度调制的一种形式，它是通过改变天线的负载，从而改变天线两端信号幅度的一种调制方式。

2.3.5 条形码技术

V2-7 条形码技术

1. 条形码的产生和发展

20 世纪 20 年代，信件的分拣是由人工手动进行的，随着信件需求的渐长，需要的人力也相应变大。这时，在美国西屋（WestingHouse）实验室里，一个性格古怪的发明家——约翰·克莫德（John Kermode），通过条形码标识，实现了信件自动分拣。他在信封上加了条形码，代表着收信人的地址，类似于今天的邮政编码，条形码根据条数来表示地址编码，如一个"条"代表数字 1，两个"条"代表数字 2。

到了 20 世纪 40 年代，美国的两位工程师开始研究将代码技术应用到食品项目中，同时找寻适合的自动识别设备，用于代码的识别，终于到了 1949 年，他们发明的"公牛眼"代码获得了美国专利。

到了 1966 年，IBM 和 NCR 公司推出了世界上首套条形码技术应用系统，实现了在商品包装的磁条上加入商品价格信息，该商品信息可通过扫描器扫描出来。

2. 条形码的概念

条形码（简称条码）是宽度不同、反射率不同的"条"和"空"，按照一定的编码规则（码制）编制成的，用以表达一组数字或字母符号信息的图形标识符。即条码是一组粗细不同，按照一定的规则安排间距的平行线条图形。"条"指对光线反射率较低的部分，"空"指对光线反射率较高的部分，这些条和空组成的数据表达一定的信息，并能够用特定的设备识读，转换成与计算机兼容的二进制和十进制信息。常见的条码是由反射率相差很大的黑条（简称条）和白条（简称空）组成的，这种用条、空组成的数据编码可以供条码读写器识读，而且容易译成二进制和十进制数。这些条和空可以有各种不同的整合方法，构成不同的图形符号，即各种符号体系（也称为码制），适用于不同的场合。

（1）条码的编码：指按一定的规则，用条、空图案对数字或字符集合进行表示。条码编码方法有以下两种：宽度调节法和模块组配法。宽度调节法指条码的条（空）宽的宽窄设置不同，用宽单元表示二进制 1，用窄单元表示二进制 0；模块组配法指条码符号中每个字符的条与空分别由若干模块组配而成，模块宽的条表示二进制 1，模块宽的空表示二进制 0。

（2）模块的概念：构成条码的基本单位是模块，模块是指条码中最窄的条或空。模块的宽度通常以 mm 或 mil（千分之一英寸，1 英寸约为 25.4mm）为单位。构成条码的一个条或空称为一个单元，一个单元包含的模块数是由编码方式决定的。在有些码制中，如 EAN 码，所有单元由一个或多个模块组成；而另一些码制，如 39 码。39 码是一种字母与数字混合的符号法，能够提供不同的长度，所有单元只有两种宽度，即宽单元和窄单元，其中的窄单元即一个模块。

（3）条码符号的密度：指单位长度的条码所表示的字符个数。对于一种码制，密度主要由模块的尺寸决定，模块尺寸越小，密度越大，所以密度值通常以模块尺寸的值来表示（如 5mil）。通常 7.5mil 以下的条码称为高密度条码，15mil 以上的条码称为低密度条码，条码密度越高，要求条码识读设备的性能（如分辨率）也越高。高密度的条码通常用于标识小的物体，如精密电子元件；低密度条码一般应用于远距离阅读的场合，如仓库管理。

（4）条码的宽窄比：对于只有两种宽度单元的码制，宽单元与窄单元的比值称为宽窄比，一般为 2～3 左右（常用的有 2∶1、3∶1）。宽窄比较大时，阅读设备更容易分辨宽单元和窄单元，因此比较容易阅读。

（5）条码的对比度：条码的对比度（Print Contrast Signal，PCS）是条码符号的光学指标，PCS 值越大则条码的光学特性越好。其数学表达式为 PCS=（RL−RD）/RL×100%，其中 RL 表示条的反射率，RD 表示空的反射率。

（6）条码字符集：指某种条码所含全部条码字符的集合。条码字符中字符总数不能大于该种码制的编码容量。

（7）条码的连续性与非连续性：连续性指每个条码字符之间不存在间隔；相反，非连续性指每个条码字符之间存在间隔。连续性条码密度相对较高，非连续性条码密度较低。

（8）定长条码与非定长条码：定长条码指仅能表示固定字符个数的条码；非定长条码指能表示可变字符格式的条码。定长条码由于限制了字符个数，译码误读率相对较低；非定长条码具有灵活、方便等优点，但译码误读率较高。

（9）条码双向可读性：条码双向可读性指从条码的左、右两侧开始扫描都可被识读的特性。双向可读的条码，识读过程译码器需要判别扫描方向。

（10）条码的码制：指条码符号的类型，不同类型的条码符号，其条、空图案对数据的编码方法各有不同。每种码制都具有固定的编码容量和所规定的条码字符集。目前常用的一维码码制有 EAN 码、UPC、交叉 25 码、39 码、128 码以及库德巴（Codabar）码等。不同的码制有各自应用的领域。通用产品码（UPC）和欧洲物品码（EAN 码）是目前使用频率最高的两种码制，在零售业中使用非常广泛，并正在工业和贸易领域中被广泛地接受。UPC/EAN 码是一种全数字的符号法（它只能表示数字）。在工业、药物和政府中应用得最多的是 39 码，具有自我检验功能和较高的信息安全性。与 39 码相比，128 码是一种更便捷的符号法，能够代表整个美国信息交换标准代码（American Standard Code for Information Interchange，ASCII）字母系列，它能提供一种特殊的"双重密度"的全数字模式并有高信息安全性。图 2-21 所示为几种常用的条码。

条码成本很低，适合大量需求且数据不必更改的场合。例如，商品包装上就很便宜，但是较易磨损且数据量很小，而且条码只对一种或者一类商品有效，也就是说，同样的商品具有相同的条码。

在进行辨识的时候，是用条码扫描枪扫描，得到一组强弱不同的反射光信号，此信号经光电转换后变为一组与线条、空白相对应的电信号，经解码后转换为相应的数字、字符信息，再传入计算机。

3. 条码的组成

一个完整的条码的组成次序依次为前静区、起始符、数据符、中间分割符（主要用于 EAN 码）、校验符、终止符、后静区，如图 2-22 所示。

图 2-21　几种常用的条码　　　　　　　　　　图 2-22　条码的组成

（1）前静区/后静区：指条码左右两端外侧与空的反射率相同的限定区域，它能使阅读器进入准备阅读的状态，当两个条码相距较近时，静区则有助于对它们加以区分，静区的宽度通常应不小于 6mm（或 1 倍模块宽度）。

（2）起始符/终止符：指位于条码开始和结束的若干条与空，标志条码的开始和结束，同时提供了码制识别信息和阅读方向的信息。

（3）数据符：位于条码中间的条、空结构，它包含条码所表达的特定信息。

（4）中间分割符：用于数据分隔，可以把数据符分为左右侧数据符，部分一维条码才会有，如 EAN 码、UPC 码。

（5）校验符：用于条码校验，一般需根据特定公式计算。

4. 条码的分类

目前，按照维数的不同，条码可以分为一维条码和二维条码两种。

（1）一维条码

一维条码指通常说的传统条码，只在一个方向（一般是水平方向）上表达信息，即指条码条和空的排列规则，数据容量约为 30 个字符左右，只能包括字母和数字。按照用途分为商品用条码（如 EAN-13 码和 UPC）和物流条码（如128 码、交叉 25 码、39 码）两种。常用的一种一维条码——商品用条码如图 2-23 所示，其尺寸用基本宽度单位——模块表示，其中的两条中间分隔符将数据符分成两半。

图 2-23　商品用条码

（2）二维条码

随着条码技术应用领域的不断扩展，传统的一维条码渐渐表现出了它的局限性。首先，使用一维条码，必须通过连接数据库的方式提取信息才能明确条码所表达的信息含义，因此在没有数据库或者不便联网的地方，一维条码的使用就受到了限制。其次，一维条码表达的只能为字母和数字，而不能表达汉字和图像，在一些需要应用汉字的场合，一维条码便不能很好地满足要求。另外，在某些场合下，大信息容量的一维条码通常受到标签尺寸的限制，也给产品的包装和印刷带来了不便。

二维条码是用某种特定的几何图形，按一定规律在平面（二维方向）上分布的黑白相间的图形。它在代码编制上利用计算机内部的逻辑基础的"0"和"1"，使用若干与二进制相对应的几何图形来表示文字、数字信息，通过图像输入设备或光电扫描设备自动识读来实现信息自动处理。二维条码解决了一维条码存在的许多问题，能够在横向和纵向两个方位同时表达信息，不仅能在很小的面积内表达大量的信息，而且能够表达汉字和存储图像。

常见的二维条码可分为行排式（堆积式）和矩阵式（棋盘式）两大类。行排式的有 Code 49、Code 16K、PDF417；矩阵式的有 Code One、Data Matrix、Maxi Code、QR 码，以及具有自主知识产权的汉信码、CM 码、GM 码、龙贝码。

二维码是一种比一维条码更高级的码制。一维码只能在一个方向（一般是水平方向）上表达信息，而二维码在水平和垂直方向都可以存储信息。一维码只能由数字和字母组成，而二维码能存储汉字、数字和图片信息，因此二维码的应用领域要广得多，如图 2-24 所示。

图 2-24　二维码

二维码的特点如下。

① 信息容量大，垂直、水平方向皆可携带信息。

② 编码范围广。

③ 译码可靠性高。

④ 修正错误能力强。

⑤ 保密、防伪性好。

⑥ 容易制作且成本很低。

⑦ 条码符号的形状可变。

⑧ 不易损坏。

5. 条码的识读

条码符号是图形化的编码符号，对条码符号的识读需要借助一定的专用设备，将条码符号中含有的编码信息转换成计算机可识别的数字信息。从系统结构和功能上讲，条码识读系统由阅读系统、信号整形、译码和计算机系统等部分组成，如图 2-25 所示。

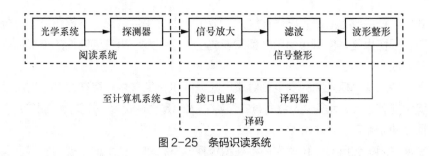

图 2-25　条码识读系统

2.3.6　拓展知识：脑机接口——正在走来的脑神经识别技术

在科幻电影中，经常有这样的场景：残疾人可以用机械臂自如地弹奏，人类依靠意念指挥着庞大的机械……其实，这些神奇的场景都是以一种技术为基础的——脑机接口（Brain Computer Interface，BCI）技术。

脑机接口是指在人或动物大脑与外部设备之间创建的直接连接，从而实现脑与设备的信息交换。当人类思考时，大脑皮层中的神经元会产生微小的电流。人类进行不同的思考活动时，激活的神经元也不同。而脑机接口技术便可以靠直接提取大脑中的这些神经信号来控制外部设备，它会在人与机器之间架起桥梁，并最终促进人与人的沟通，创造巨大价值。

其实在很早之前，科学家就已经有了开发脑机接口技术的想法，但由于技术的限制，一直没有什么实质性的进展。在此后的时间里，人们针对该技术的算法和应用不断创新。如果将脑机接口技术的发展划分为 3 个阶段：第一阶段是科学幻想阶段，第二阶段是科学论证阶段，第三阶段也就是当下所处的阶段，围绕用什么技术路径来实现脑机接口技术，出现了各种各样的技术方法，进入"技术爆发期"。

2017 年，特斯拉创始人马斯克成立脑机接口公司 Neuralink。2019 年中旬，马斯克公布了第一代脑机接口，即"脑后插管"技术，通过一台神经手术机器人，像微创眼科手术一样安全且无痛地在脑袋上穿孔，向大脑内快速植入芯片，然后通过 USB Type-C（Universal Serial Bus Type-C）接口直接读取大脑信号，并可以用 iPhone 控制。2020 年，马斯克在发布会上展示脑机接口的最新成果：简化后硬币大小的 Neuralink 植入物和进行设备植入的手术机器人。为了展示新设备，发布会现场，马斯克展示了一群实验猪。这些实验猪之前曾接受过外科手术，由手术机器人将最新版的 Neuralink 设备植入大脑，时长约 7min10s。结果显示，这些猪的大脑活动可以通过无线传输到附近的一台计算机上，让在场所有人员看到当马斯克抚摸它们的鼻子时，这些猪的大脑神经元有所反应。

当下，脑机接口技术可分为侵入式和非侵入式两大类。

侵入式脑机接口是指在大脑中植入电极或芯片。人的大脑中有上千亿个神经元，通过植入电极，可以精准地监测到单个神经元的放电活动。但这种方式会对大脑造成一定的损伤，电极的植入不但会损伤大脑神经元，也会有感染的风险。在大脑中植入电极后，周围的胶质细胞会逐渐将电极包裹起来，电极监测到的神经元活动会越来越少。几年甚至几个月后，电极就完全监测不到神经元活动，如果需要再次使用，就得重新植入电极，再次经历风险。

非侵入式的脑机接口是指头戴式的脑电帽，它主要是使用脑电帽上的电极从头皮上采集脑电信号。这种方式可以在头皮上监测到群体神经元的放电活动，主要缺点是不够精准。此外，头戴式的脑电帽虽然不会损伤大脑，但每次使用时都需要先洗干净头发，再往脑电帽的电极中注入导电胶，操作起来十分麻烦。

除了存在"侵入性"植入物的安全和健康风险，脑机接口技术还存在很多伦理和技术问题。如果可以在大脑中安装芯片，有多少人会同意安装呢？人们是否能接受"开头颅、插芯片"，并试图"篡改"自己的神经冲动呢？

虽然存在很多困难和风险，科学家还是在积极探索脑机接口技术的实现与应用。医疗领域将是脑机接口技术的主要用武之地，例如利用脑机接口技术，使残障患者通过控制机械臂进行活动。

除医疗领域外，脑机接口技术目前还被广泛应用于航空航天、教育、娱乐等多个领域。例如在航空航天领域，脑机接口技术可以帮助航天员用大脑更好地操控机械设备，在特殊的环境下执行任务等。未来，脑机接口技术将应用到更多领域，发展前景值得期待！

（来源：科普中国）

2.4 RFID 技术

【情景导入】

随着高科技的蓬勃发展，智能化管理已经走进了人们的社会生活，门禁卡、第二代身份证、公交卡、超市自动结账的物品标签等，这些卡片正在改变人们的生活方式。其实秘密就在这些卡片都使用了 RFID 技术，可以说 RFID 已成为人们日常生活中最简单的身份识别系统。RFID 技术带来的经济效益已经开始呈现在世人面前。RFID 是结合了无线电、芯片制造及计算机等学科的新技术，是众多物联网识别技术中的一种，也是物联网的关键技术之一。

下面，就让我们来了解一下 RFID 技术。

【思考】

（1）RFID 技术与传统的自动识别技术有何共同点和区别？

（2）RFID 技术具有什么特点？

2.4.1 射频识别系统概述

射频识别系统是 20 世纪 80 年代发展起来的一种自动识别技术，它通过射频信号自动识别目标对象并获取相关数据。其优点是识别距离比光学系统远，射频识别卡具有可读写、可携带大量数据、难以伪造和智能性较高等特点。RFID 和条码一样都是非接触式识别技术，由于无线电波能"扫描"数据，所以 RFID 的电子标签可做成隐形的，有些 RFID 产品的识别距离可达数百米。

RFID 电子标签的识别过程无须人工干预，可识别高速运动物体，并可识别多个电子标签，操作快捷方便。RFID 电子标签不怕油渍、灰尘污染等，短距离的电子标签可以在这样的环境中替代条码，如用在工厂的流水线上跟踪物体。长距离的 RFID 标签多用于智能交通系统中，如自动收费或车辆身份识别，识别距离可达几十米。RFID 适用的领域包括物料跟踪、运载工具和货架识别等要求非接触数据采集和交换的场合。由于 RFID 电子标签具有可读写能力，对于需要频繁改变数据内容的场合尤为适用。

1. RFID 的定义

RFID 是一种非接触式的自动识别技术，它利用射频信号及其空间耦合的传输特性，实现对静止或移动物品的自动识别。RFID 常称为感应式电子芯片或近接卡、感应卡、非接触卡、电子标签、电子条码等。一个简单的射频识别系统由阅读器（Reader）和电子标签（Tag）组成，其原理是由读写器发射一特定频率的无线电波能量给应答器，用以驱动应答器电路，读取应答器内部的 ID。应答器的形式有卡、纽扣、标签等多种类型，电子标签具有免用电池、免接触、不怕脏污，以及芯片密码为世界唯一、无法复制，安全性高、寿命长等特点。所以，RFID 电子标签可以贴或安装在不同物品上，由安装在不同地理位置的读写器读取存储于标签中的数据，实现对物品的自动识别。RFID 的应用非常广泛，目前典型应用有动物芯片、汽车芯片、防盗器、门禁管制、停车场管制、生产线自动化、物料管理、校园一卡通等。

2. RFID 技术的特点

RFID 技术的主要特点是通过电磁耦合方式来传送识别信息，不受空间限制，可快速地进行物体跟踪和数据交换。由于 RFID 需要利用无线电频率资源，必须遵守无线电频率管理的诸多规范。具体来说，与同期或早期的接触式识别技术相比，RFID 还具有如下一些特点。

（1）数据的读写功能。只要通过 RFID 读写器即可不需接触，直接读取射频识别卡内的数据信息到数据库内，且可一次处理多个标签，也可以将处理的数据状态写入 RFID 电子标签。

（2）RFID 电子标签的小型化和多样化。RFID 在读取上并不受尺寸大小与形状的限制，不必为了读取精确度而配合纸张的固定尺寸和印刷品质。此外，RFID 电子标签更易于小型化，便于嵌入不同物品内，因此可以更加灵活地控制物品的生产，特别是在生产线上的应用。

（3）耐恶劣环境性。RFID 最突出的特点是可以非接触读写（读写距离可以从 10cm 至几十米），可识别高速运动物体，抗恶劣环境，对水、油和药品等物质具有较强的抗污性。RFID 可以在黑暗或脏污的环境之中读取数据。

（4）可重复使用。由于 RFID 为电子标签存储，可以反复读写，因此可以回收标签重复使用，提高利用率，降低电子污染。

（5）穿透性。RFID 卡即便被纸张、木材和塑料等非金属或非透明材质包覆，也可以进行穿透性通信，但是不能穿过金属物体进行通信。

（6）数据的记忆容量大。数据容量会随着记忆规格的发展而扩大，未来物品所需携带的数据量会越来越大，对卷标所能扩充容量的需求也会增加，对此 RFID 将不会受到限制。

（7）系统安全性。将产品数据从中央计算机中转存到标签上将为系统提供安全保障，大大地提高系统的安全性。RFID 电子标签中数据的存储安全可以通过校验或循环冗余校验的方法来得到保证。

3. RFID 与 EPC 的联系与区别

RFID 和 EPC 是现代物流运作和供应链管理中经常使用的两种技术。虽然它们都使用电子标签和读写器进行数据传输，但它们之间也有一些区别。

（1）RFID 是一种非接触式的自动识别技术，可以通过将电子标签放在物品上，使用无线电波来追踪和识别物品。它的应用范围非常广泛，用于物流管理、库存控制、工厂生产等。

（2）EPC 是 RFID 技术的应用领域之一，是一种全球通用的标识系统，旨在为每个商品分配唯一的标识号码，方便后续跟踪和管理，只有特定的低成本的 RFID 标签才适合 EPC 系统。例如超市出售的 500ml 某饮料瓶上所印制的条形码都是一样的，而若使用 EPC，即便是同款饮料，每一瓶都具有一个独一无二的 EPC。

（3）EPC 类似于条码，只不过条码是打印或印刷出来的纸质（或其他材质，主要由商品包装决定）编码，而 EPC 是存储在 RFID 芯片里的电子数据。EPC 的载体是 RFID 系统里的 RFID 标签。EPC 编码只有存储在 RFID 芯片里才可以被识读出来。

（4）一个 EPC 系统最简化的组成就是 EPC 编码、RFID 标签和通信网络，但大多数情况下它是一个复杂、全面、综合的系统， RFID 只是其中的一个技术组成部分。

（5）RFID 技术使用的标签包括主动标签（内置电池，主动向读写器发送信号）、半主动标签（内置电池，只在读写器发送信号时才会发送信号）和被动标签（仅利用读写器发送的无线电波激活，从而产生电能来传输信息）。而 EPC 技术则主要使用被动标签，因为只有这种标签才能实现全球唯一标识系统的目标。

综上所述，RFID 和 EPC 虽然有很多共同点，但它们也有一些区别。RFID 是一种技术，而 EPC 是一种应用。

2.4.2　RFID 基本原理

V2-8　RFID 基本原理

1. RFID 系统架构

典型的 RFID 系统主要由阅读器（Reader）、电子标签（Tag）、RFID 中间件和应用系统软件 4 个部分构成。在实际的解决方案中，RFID 系统都包含一些计算机系统组件，这些组件可分为硬件组件和软件组件。

从功能实现的角度来看，可将 RFID 系统分成边沿系统、软件系统和通信设备 3 部分，边沿系统主要完成信息的感知，属于硬件组件部分；软件系统完成信息的处理和应用；通信设备负责整个RFID 系统的信息传递。RFID 系统的基本组成如图 2-26 所示。

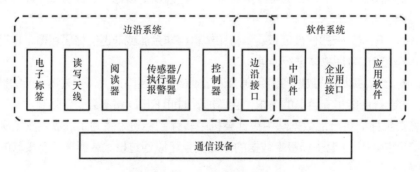

图 2-26　RFID 系统的基本组成

RFID 系统在实际应用中，电子标签附着在待识别物体的表面，电子标签中保存有约定格式的电子数据。读写器可无接触地读取并识别电子标签中所保存的电子数据，从而达到自动识别物体的目的。读写器通过天线发送出一定频率的射频信号，当标签进入磁场时产生感应电流从而获得能量，发送出自身编码信息，被读写器读取并解码后送至计算机进行有关处理。下面依次介绍 RFID 系统最基本的组成部分：电子标签、读写器、天线（Antenna）。

（1）电子标签

电子标签也称为应答器或智能标签（Smart Label），是一个微型的无线收发装置，主要由内置天线和芯片组成。每个标签具有唯一的电子编码，附着在物体上标识目标对象。通常读写器与计算机相连，所读取的标签信息被传送到计算机上进行下一步处理。电子标签由收发天线、AC/DC 电路、解调电路、逻辑控制电路、存储器和调制电路组成。

① 收发天线：接收来自阅读器的信号，并把所要求的数据送回给阅读器。

② AC/DC 电路：利用阅读器发射的电磁场能量，经稳压电路输出为其他电路提供稳定的电源。

③ 解调电路：从接收的信号中去除载波，解调出原信号。

④ 逻辑控制电路：对来自阅读器的信号进行译码，并依阅读器的要求回发信号。

⑤ 存储器：作为系统运作及存放识别数据的位置。

⑥ 调制电路：逻辑控制电路所送出的数据经调制电路后加载到收发天线送给阅读器。

（2）读写器

近年来，随着微型集成电路技术的进步，RFID 读写器得到了发展，图 2-27 所示为一种 RFID 读写器。读写器是一个捕捉和处理 RFID 电子标签中数据的设备，它可以是单独的个体，也可以嵌入其他系统中。读写器也是构成 RFID 系统的重要部件之一，由于它能够在读取 RFID 电子标签中数据的同时，也能将数据写入标签中，因此称为读写器。

读写器是将电子标签中的信息读出，或将标签所需要存储的信息写入标签的装置。根据使用的结构和技术不同，读写器可以是读/写装置，是 RFID 系统信息控制和处理中心。在 RFID 系统工作时，由读写器在一个区域内发送射频能量形成电磁场，区域的大小取决于发射功率。在读写器覆盖区域内的标签被触发，发送存储在其中的数据，或根据阅读器的指令修改存储在其中的数据，并能通过接口与计算机网络进行通信。读写器的基本构成通常包括：收发天线、频率产生器、锁相环、调制电路、微处理器、存储器、解调电路和外设接口。

① 收发天线：发送射频信号给电子标签，并接收标签返回的响应信号及标签信息。

② 频率产生器：产生系统的工作频率。

③ 锁相环：产生所需的载波信号。

④ 调制电路：把发送至电子标签的信号加载到载波并由射频电路送出。

⑤ 微处理器：产生要发送往电子标签的信号，同时对电子标签返回的信号进行译码，并把译码所得的数据回传给应用程序，若是加密的系统还需要进行解密操作。

⑥ 存储器：存储用户程序和数据。

⑦ 解调电路：解调电子标签返回的信号，并交给微处理器处理。

⑧ 外设接口：与计算机进行通信。

（3）RFID 天线及工作频率

在无线通信系统中，需要将来自发射机的导波能量转变为无线电波，或者将无线电波转换为导波能量，用来辐射和接收无线电波的装置称为天线，一种 RFID 天线如图 2-28 所示。发射机所产生的已调制的高频电流能量（或导波能量）经馈线传输到发射天线，通过天线将其转换为某种极化的电磁波能量，并向所需方向发射出去。到达接收点后，接收天线将来自空间特定方向的某种极化的电磁波能量又转换为已调制的高频电流能量，经馈线输送到接收机输入端。

图 2-27　一种 RFID 读写器　　　　　　　　　图 2-28　一种 RFID 天线

通常读写器发送信号时所使用的频率被称为 RFID 系统的工作频率，也是电子标签的工作频率。

2. RFID 系统的工作原理

与条码相比，RFID 电子标签具有读取速度快、存储空间大、工作距离远、穿透性强、外形多样、工作环境适应性强和可重复使用等多种优势。那么，RFID 是如何工作的呢？

RFID 系统的工作原理如图 2-29 所示。

RFID 系统的基本工作原理并不复杂：RFID 电子标签进入磁场后，会接收到读写器发出的射频信号，凭借感应电流所获得的能量发送出存储在芯片中的产品信息，或者主动发送某一频率的信号；读写器读取信息并解码后，送至计算机信息系统进行有关数据处理。在射频识别系统中，RFID 电子标签与读写器通过两者的天线架起空间电磁波传输的通道，通过电感耦合或电磁耦合的方式，实现能量和数据信息的传输。

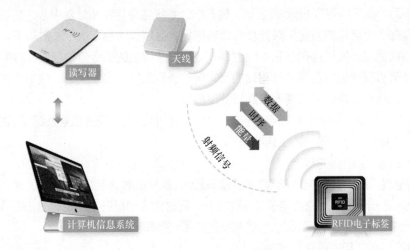

图 2-29　RFID 系统的工作原理

RFID 电子标签与读写器之间通过耦合组件实现射频信号的空间（无接触）耦合、在耦合通道内，根据时序关系，实现能量的传递、数据的交换。发生在读写器和 RFID 电子标签之间的射频信号的耦合类型有两种。

① 电感耦合：通过空间高频交变磁场实现耦合。依据的是电磁感应定律。电感耦合方式一般适合于中、低频工作的近距离射频识别系统。典型的工作频率有 125kHz、225kHz 和 13.56MHz。识别作用距离小于 1m，典型作用距离为 10~20cm。

② 电磁反向散射耦合：应用雷达原理模型，发射出去的电磁波碰到目标后反射，同时携带目标

信息。依据的是电磁波的空间传播规律。电磁反向散射耦合方式一般适合于高频、微波工作的远距离射频识别系统。

2.4.3　RFID 电子标签及其分类

RFID 电子标签依据其供电形式、工作频率、可读性和工作方式可进行如下分类。

1. 根据标签的供电形式分类

在实际应用中，必须给电子标签供电它才能工作，虽然它的电能消耗非常低（一般是 $10^{-6}mW$ 级）。按照标签获取电能的方式不同，常把标签分成有源式、无源式及半有源式。

（1）有源标签

有源标签通过标签自带的内部电池进行供电，它的电能充足，工作可靠性高，信号传送的距离远。

另外，有源标签可以通过设计不同寿命的电池，对标签的使用时间或使用次数进行限制，它可以用在需要限制数据传输量或者使用数据有限制的地方。有源标签的缺点是价格高，体积大，标签的使用寿命受到限制，而且随着标签内电池电能的消耗，数据传输的距离会越来越短，影响系统的正常工作。

（2）无源标签

无源标签的内部不带电池，需靠外界提供能量才能正常工作。无源标签中天线与线圈是典型的产生电能的装置，当标签进入系统的工作区域，天线接收到特定的电磁波，线圈就会产生感应电流，再经过整流并给电容充电，电容电压经过稳压后作为工作电压。无源标签具有永久的使用期，常常用在标签信息需要每天读写或频繁读写多次的地方，而且无源标签支持长时间的数据传输和永久性的数据存储。无源标签的缺点主要是数据传输的距离要比有源标签短。因为无源标签依靠外部的电磁感应来供电，它的电能就比较弱，数据传输的距离和信号强度就受到限制，需要敏感性比较高的信号接收器才能可靠识读。但它的价格低、体积小、易用性决定了它是电子标签的主流。

（3）半有源标签

半有源标签内的电池仅对标签内要求供电来维持数据传输的电路供电，或者对标签芯片工作所需电压提供辅助支持，为本身耗电很少的标签电路供电。半有源标签未进入工作状态前，一直处于休眠状态，相当于无源标签，标签内部电池能量消耗很少，因而电池可维持几年，甚至长达 10 年有效。当标签进入读写器的读取区域时，受到读写器发出的射频信号激励，进入工作状态后，标签与读写器信息交换的能量支持以读写器供应的射频能量为主（反射调制方式），标签内部电池的作用主要在于弥补标签所处位置的射频场强不足，标签内部电池的能量并不转换为射频能量。

2. 根据标签的工作频率分类

电子标签的工作频率也就是射频识别系统的工作频率，因此电子标签的工作频率不仅决定着射频识别系统工作原理（电感耦合还是电磁耦合）和识别距离，还决定着电子标签及读写器实现的难易程度和设备的成本。工作在不同频段或频点上的电子标签具有不同的特点。射频识别应用占据的频段或频点在国际上有公认的划分，即位于 ISM（Industrial Scientific Medical）波段。根据工作频率的不同，电子标签可以分为低频、高频、超高频和微波电子标签，具体工作效率如表 2-2 所示。

表 2-2　RFID 系统的工作频率

电子标签类型	工作频率	通信距离	穿透能力
低频（Low Frequency，LF）	30k～300kHz	1m 以内	能穿透大部分物体
高频（High Frequency，HF）	3M～30MHz	1m 以内	勉强能穿透金属和液体
超高频（Ultra High Frequency，UHF）	860M～960MHz	1～10m	穿透能力较弱
微波（Microwave）	2.45GHz 或 5.8GHz	几米至十几米	穿透能力最弱

（1）低频电子标签

低频电子标签，简称为低频标签，其工作频率范围为 30k～300kHz。典型工作频率有 125kHz、133kHz（也有接近的其他频率，如 TI 公司使用的 134.2kHz）。低频标签一般为无源标签，其工作能量通过电感耦合方式从读写器耦合线圈的辐射近场中获得。低频标签在向读写器传送数据时，应位于读写器天线辐射的近场区内。低频标签的阅读距离一般小于 1m。低频标签的典型应用有：动物识别、容器识别、工具识别、电子闭锁防盗（带有内置应答器的汽车钥匙）等。与低频标签相关的国际标准有 ISO 11784/11785（用于动物识别）、ISO 18000-2（125k～135kHz）。低频标签有多种外观形式，应用于动物识别的低频标签外观有项圈式、耳牌式、注射式、药丸式等。

低频标签的优势主要体现在：标签芯片一般采用普通的 CMOS（Complementary Metal Oxide Semiconductor，互补金属氧化物半导体）工艺（集成电路芯片的主流制造工艺），具有省电、廉价的特点；工作频率不受无线电频率管制约束；可以穿透水、有机组织、木材等；非常适合近距离、低速度、数据量要求较低的识别应用等。低频标签的劣势主要体现在：标签存储数据量较少；只能适合低速、近距离识别应用。

（2）高频电子标签

高频电子标签的工作频率一般为 3M～30MHz，典型工作频率为 13.56MHz。该频段的电子标签，从射频识别应用角度来看，因其工作原理与低频标签完全相同，即采用电感耦合方式工作，所以宜归于低频标签类中。另一方面，根据无线电频率的一般划分，其工作频段又称为高频，所以也常将其称为高频标签。高频电子标签一般也采用无源方式，其工作能量同低频标签一样，也是通过电感（磁）耦合方式从读写器耦合线圈的辐射近场中获得。在与读写器进行数据交换时，标签必须位于读写器天线辐射的近场区内。高频标签的阅读距离一般小于 1m（最大读取距离为 1.5m）。

高频标签由于可方便地做成卡状，其典型应用包括：电子车票、电子身份证、电子闭锁防盗（电子遥控门锁控制器）等。相关的国际标准有：ISO 14443、ISO 15693、ISO 18000-3（13.56MHz）等。

高频标签的基本特点与低频标签相似，由于工作频率的提高，可以选用较高的数据传输速率。电子标签天线的设计相对简单，标签一般制成标准卡片形状。

（3）超高频电子标签

超高频电子标签的工作频段在 860M～960MHz，其工作原理是利用电磁感应原理实现物品的无线识别。超高频电子标签天线长度较长，尺寸一般在几厘米至十几厘米之间，可以实现较远距离的识别和读取，但读取速度较慢。超高频电子标签广泛应用于物流、零售、仓储、制造等领域，可以实现物品的追踪、管理和自动化操作。

（4）微波电子标签

微波电子标签的工作频段一般为 2.4GHz 或 5.8GHz，其工作原理是采用微波射频信号进行通信。微波电子标签的读取速度快，达到每秒数百个标签的速度，并且可以实现多个标签同时识别。微波电子标签的读取速度快、距离远、多标签同时识别等特点使其在物联网、医疗、交通等领域得到广泛应用。例如，在交通管理中，微波电子标签可以用于车辆的自动收费和通行管理，大幅提高了道路通行效率和安全性。

与超高频电子标签相比，微波电子标签的读写速度更快，同时具有更高的数据传输速率，因此适用于高速运动物品的识别和物品信息的快速获取。微波电子标签还具有更高的抗干扰能力，能够在高干扰环境中工作，如机场、医院等。

总体而言，不同工作频率的 RFID 电子标签具有不同的优缺点，适用于不同的应用场景和需求。低频电子标签成本较低，对金属和水的阻抗相对较小，适用于近距离识别和低频率数据传输，但识别距离较短，存储容量有限，数据传输速度较慢。高频电子标签适用于近距离识别和高频率数据传输，存储容量较大，但成本较高，对金属和水的阻抗较大，识别距离有限。超高频电子标签适用于远距离识别，成本较低，能够识别大量物品，但抗干扰能力相对较弱，数据传输速率较低，存储容量有限。微波电子标签也适用于远距离识别，读写速度更快，数据传输速率更高，抗干扰能力更强，但成本相对较高，对金属和水的阻抗相对较大，适用场景有限。

在实际应用中，应根据具体需求和场景选择合适的电子标签，以充分发挥其优点，并避免其缺点对应用产生不良影响。

3. 根据标签的可读性分类

根据使用的存储器类型，可以将标签分成只读（Read Only，RO）标签、可读写（Read and Write，RW）标签和一次写入多次读出（Write Once Read Many，WORM）标签。

（1）只读标签

只读标签内部只有只读存储器（Read Only Memory，ROM）。ROM 中存储有标签的标识信息。这些信息可以在标签制造过程中由制造商写入 ROM 中，电子标签在出厂时，已将完整的标签信息写入标签。这种情况下，在应用过程中，电子标签一般具有只读功能。也可以在标签开始使用时由使用者根据特定的应用目的写入特殊的编码信息。

只读标签信息的写入，更多的情况是在电子标签芯片的生产过程中将标签信息写入芯片，使得每一个电子标签拥有唯一的用户身份证明（User Identification，UID）（如 96bit）。应用中，需再建立标签唯一 UID 与待识别物品的标识信息的对应关系（如车牌号）。只读标签信息也有的在应用之前由专用的初始化设备将完整的标签信息写入。

只读标签一般容量较小，可以用作标识标签。对于标识标签，一个数字或者多个数字、字母、字符串存储在标签中，其储存内容是进入信息管理系统中数据库的钥匙（Key）。标识标签中存储的只是标识号码，用于对特定的标识项目（如人、物、地点）进行标识，关于被标识项目的详细的特定信息，只能在与系统相连接的数据库中查找。

（2）可读写标签

可读写标签内部的存储器，除 ROM、缓冲存储器之外，还有非活动可编程记忆存储器。这种存储器一般是 EEPROM（电可擦除可编程只读存储器），它除了具有存储数据功能，还具有在适当的条件下允许多次对原有数据的擦除和重新写入数据的功能。可读写标签还可能有随机存储器

（Random Access Memory，RAM），用于存储标签反应和数据传输过程中临时产生的数据。

可读写标签一般存储的数据量比较大，这种标签一般都是用户可编程的，标签中除了存储标识码，还存储有大量的被标识项目的其他相关信息，如生产信息、防伪校验码等。在实际应用中，关于被标识项目的所有信息都是存储在标签中的，读标签就可以得到关于被标识目标的大部分信息，而不必连接到数据库进行信息读取。另外，在读标签的过程中，可以根据特定的应用目的控制数据的读出，实现在不同的情况下所读出的数据部分不同。

一般电子标签的 ROM 区存放有生产商代码和无重复的序列码，每个生产商的代码是固定且不同的，每个生产商的每个产品的序列码也肯定是不同的。所以每个电子标签都有唯一码，这个唯一码又是存放在 ROM 中的，所以标签就没有可仿制性，是防伪的基础点。

（3）一次写入多次读出标签

应用中，还广泛存在着一次写入多次读出（WORM）的电子标签。WORM 标签既有接触式改写的电子标签，也有无接触式改写的电子标签。WORM 标签一般大量用在一次性使用的场合，如航空行李标签、特殊身份证件标签等。

RW 卡一般比 WORM 卡和 RO 卡价格高得多，如电话卡、信用卡等。WORM 卡是用户可以一次性写入的卡，写入后数据不能改变，比 RW 卡要便宜。RO 卡存有一个唯一的 ID 号码，不能修改，具有较高的安全性。

4. 根据标签的工作方式分类

根据标签的工作方式，可将电子标签分为主动式、被动式和半主动式。

（1）主动式电子标签

一般来说，主动式 RFID 系统为有源系统，即主动式电子标签用自身的射频能量主动地发送数据给读写器，在有障碍物的情况下，只需穿透障碍物一次。由于主动式电子标签自带电池供电，它的电能充足，工作可靠性高，信号传输距离远。其主要缺点是标签的使用寿命受到限制，而且随着标签内部电池能量的耗尽，数据传输距离越来越短，从而影响系统的正常工作。

（2）被动式电子标签

被动式电子标签必须利用读写器的载波来调制自身的信号，标签产生电能的装置是天线和线圈。标签进入 RFID 系统工作区后，天线接收特定的电磁波，线圈产生感应电流供给标签工作，在有障碍物的情况下，读写器的能量必须来回穿过障碍物两次。这类系统一般用于门禁或交通系统中，因为读写器可以确保只激活一定范围内的电子标签。

（3）半主动式电子标签

在半主动式 RFID 系统里，电子标签本身带有电池；但是标签并不通过自身能量主动发送数据给读写器，电池只负责对标签内部电路供电。这类标签需要被读写器的能量激活，然后才通过反向散射调制方式传送自身数据。

2.4.4 RFID 电子标签编码标准

RFID 技术是 20 世纪中叶进入实用阶段的一种非接触式自动识别技术，其基本原理是利用射频信号及其空间耦合和传输特性，实现对静止或移动物体的自动识别。RFID 的信息载体是 RFID 电子标签，其形式有卡、纽扣、标签等多种类型。

V2-10 RFID
电子标签
编码标准

RFID 电子标签贴或安装在产品或物品上，由射频识读器读取存储于标签中的数据。RFID 可以用来追踪和管理几乎所有物理对象。因此，越来越多零售商和制造商都在关心和支持这项技术的发展与应用。

采用 RFID 最大的好处是可以对企业的供应链进行高效管理，以有效地降低成本。因此对供应链管理应用而言，RFID 技术是一项非常适合的技术，但由于标准不统一等原因，该技术在市场中并未得到大规模的应用，因此，为了获得期望的效果，用户迫切要求开放标准。RFID 的标准化是当前亟需解决的重要问题，各国及相关国际组织都在积极推进 RFID 技术标准的制定。目前，还未形成完善的关于 RFID 的国际和国内标准。RFID 的标准化涉及标识编码规范、操作协议及应用系统接口规范等多个部分。其中标识编码规范包括标识长度、编码方法等；操作协议包括空中接口、命令集合、操作流程等。当前主要的 RFID 相关规范有欧美的 EPC（Electronic Product Code，电子产品代码）规范、日本的 UID（Ubiquitous ID）规范和 ISO 18000 系列标准，其中 ISO 标准主要定义电子标签和读写器互操作的空中接口。

EPC 规范由 Auto-ID 中心及后来成立的 EPC global 负责制定。Auto-ID 中心于 1999 年由美国麻省理工学院发起成立，其目标是创建全球"实物互联"网（Internet of Things），该中心得到了美国政府和企业界的广泛支持。2003 年 10 月 26 日，新成立的 EPC global 组织接替以前 Auto-ID 中心的工作，管理和发展 EPC 规范。

UID 规范由日本泛在 ID 中心负责制定。日本泛在 ID 中心由 T-Engine 论坛发起成立，其目标是建立和推广物品自动识别技术并最终构建一个无处不在的计算环境。该规范对频段没有强制要求，标签和读写器都是多频段设备，能同时支持 13.56MHz 或 2.45GHz。UID 标签泛指所有包含 Ucode 的设备，如条码、RFID 电子标签、智能卡和主动芯片等，并定义了 9 种不同类别的标签。

由于 RFID 的应用牵涉到众多行业，因此其相关的标准非常复杂。从类别看，RFID 标准可以分为以下 4 类：技术标准（如 RFID 技术、IC 卡标准等）；数据内容与编码标准（如编码格式、语法标准等）；性能与一致性标准（如测试规范等）；应用标准（如船运标签、产品包装标准等）。具体来讲，RFID 相关的标准涉及电气特性、通信频率、数据格式和元数据、通信协议、安全、测试、应用等方面。

与 RFID 技术和应用相关的国际标准化机构主要有：国际标准化组织（International Organization for Standardization，ISO）、国际电工委员会（International Electrotechnical Commission，IEC）、国际电信联盟（International Telecommunication Union，ITU）、万国邮电联盟（Universal Postal Union，UPU）。此外，还有一些区域性标准化机构（如 EPC Global、UID Center、欧洲标准化委员会 CEN）、国家标准化机构（如英国标准协会 BSI、美国国家标准协会 ANSI、德国标准化协会 DIN）和相关产业联盟等，也制定与 RFID 相关的区域、国家、产业联盟标准，并通过不同的渠道将其提升为国际标准。

RFID 是从 20 世纪 80 年代开始逐渐走向成熟的一项自动识别技术。近年来由于集成电路的快速发展，RFID 电子标签的价格持续降低，因而 RFID 在各个领域的应用发展十分迅速。为了更好地推动这一新产业的发展，国际标准化组织、以美国为首的 EPC Global、日本 UID 等标准化组织纷纷制定 RFID 相关标准，并在全球积极推广这些标准。

1. ISO/IEC RFID 标准体系

RFID 标准化工作最早可以追溯到 20 世纪 90 年代。1995 年，ISO/IEC 第一联合技术委员会

JTCI 设立了子委员会 SC31（以下简称 SC31），负责 RFID 标准化研究工作。SC31 子委员会由来自各个国家的代表组成，如英国的 BSI IST34 委员、欧洲 CEN TC225 成员。他们既是各大公司内部咨询者，也是不同公司利益的代表者。因此在 ISO 标准化制定过程中，有企业、区域标准化组织和国家 3 个层次的利益代表者。SC31 子委员会负责的 RFID 标准可以分为 4 个方面：数据标准（如编码标准 ISO/IEC 15691、数据协议 ISO/IEC 15692、ISO/IEC 15693，解决了应用程序、标签和空中接口多样性的要求，提供了一套通用的通信机制）；空中接口标准（ISO/IEC 18000 系列）；测试标准（性能测试 ISO/IEC 18047 和一致性测试标准 ISO/IEC 18046）；实时定位系统（Real Time Location System，RTLS）（ISO/IEC 24730 系列应用接口与空中接口通信标准）方面的标准。这些标准涉及 RFID 电子标签、空中接口、测试标准以及读写器与应用程序之间的数据协议，它们考虑的是所有应用领域的共性要求。

ISO 对于 RFID 的应用标准由应用相关的子委员会制定。RFID 在物流供应链领域中的应用方面的标准由 ISO TC 122/104 联合工作组负责制定，包括 ISO 17358（应用要求）、ISO 17363（货运集装箱）、ISO 17364（装载单元）、ISO 17365（运输单元）、ISO 17366（产品包装）、ISO 17367（产品标签）。RFID 在动物追踪方面的标准由 ISO TC23 SC19 来制定，包括 ISO 11784/11785（动物 RFID 畜牧业的应用）、ISO 14223（高级标签的空中接口协议定义）。

从 ISO 制定的 RFID 标准内容来看，RFID 应用标准是在 RFID 编码、空中接口协议、读写器协议等基础标准之上，针对不同使用对象，确定了使用条件、标签尺寸、标签粘贴位置、数据内容格式、使用频段等方面特定应用要求的具体规范，同时也包括数据的完整性、人工识别等一些其他要求。通用标准提供了一个基本框架，应用标准是对它的补充和具体规定。这一标准制定思想，既保证了 RFID 技术具有互通性与互操作性，又兼顾了应用领域的特点，能够很好地满足应用领域的具体要求。

2. EPC Global RFID 标准

EPC Global 是由美国统一代码协会（UCC）和国际物品编码协会（EAN）于 2003 年 9 月共同成立的非营利性组织，其前身是 1999 年 10 月 1 日在美国麻省理工学院成立的非营利性组织——Auto-ID 中心。Auto-ID 中心以创建物联网为使命，它与众多成员企业共同制定一个统一的开放技术标准。EPC Global 旗下有沃尔玛集团、英国特易购等 100 多家欧美零售流通企业，同时有 IBM、微软、飞利浦、Auto-ID Lab 等公司提供技术研究支持，目前已在加拿大、日本、中国等国建立了分支机构，专门负责 EPC 码段在这些国家的分配与管理，EPC 相关技术标准的制定，以及 EPC 相关技术在本国宣传普及和推广应用等工作。

与 ISO 通用性 RFID 标准相比，EPC Global 标准体系面向物流供应链领域，可以看成一个应用标准。EPC Global 的目标是解决供应链的透明性和追踪性，透明性和追踪性是指供应链各环节中所有合作伙伴都能够了解单件物品的相关信息，如位置、生产日期等。为此，EPC Global 制定了 EPC 编码标准，它可以实现对所有物品提供单件唯一标识，也制定了空中接口协议、读写器协议。这些协议与 ISO 标准体系类似。

除信息采集以外，EPC Global 非常强调供应链各方的信息共享，为此制定了信息共享的物联网相关标准，包括 EPC 中间件规范、对象名解析服务（ONS）、物理标记语言（Physical Markup Language，PML）。这就从信息的发布、信息资源的组织管理、信息服务的发现以及大量访问之间的协调等方面做出规定。"物联网"的信息量和信息访问规模大大超过普通的互联网，但"物联网"

是基于互联网的，与互联网具有良好的兼容性。因此，"物联网"系列标准是根据自身的特点参照互联网标准制定的。

EPC Global 物联网体系架构由 EPC 编码、EPC 标签及读写器、EPC 中间件、ONS 服务器和 EPCIS 服务器等部分构成。EPC 赋予物品唯一的电子编码，其位长通常为 64bit 或 96bit，也可扩展为 256bit。

物联网标准是 EPC Global 所特有的，ISO 仅仅考虑自动身份识别与数据采集的相关标准，而对数据采集以后如何处理、共享并没有做出规定。物联网是未来的一个目标，对当前应用系统建设来说具有指导意义。

3. UID 编码体系

日本在电子标签方面的发展，始于 20 世纪 80 年代中期的实时操作系统内核（The Real-time Operating system Nucleus，TRON），T-Engine 是其中核心的体系架构。日本泛在中心制定 RFID 相关标准的思路类似于 EPC Global，其目标也是构建一个完整的标准体系，即从编码体系、空中接口协议到泛在网络的体系结构。

在 T-Engine 论坛领导下，泛在中心于 2003 年 3 月成立，并得到日本经济产业省、总务省和大企业的支持，目前包括微软、索尼、三菱、日立、日电、东芝、夏普、富士通、NTT DoCoMo、KDDI、J-Phone、伊藤忠、大日本印刷、凸版印刷、理光等重量级企业。

泛在中心的泛在识别技术体系架构由泛在识别码（uCode）、信息系统服务器、泛在通信器和 uCode 解析服务器 4 部分构成。uCode 采用 128bit 记录信息，提供了 340×1036 编码空间，并可以以 128bit 为单元进一步扩展至 256bit、384bit 或 512bit。uCode 能包容现有编码体系的元编码设计，以兼容多种编码，包括 JAN、UPC、ISBN、IPv6 地址，甚至电话号码。uCode 标签具有多种形式，包括条码、RFID 电子标签、智能卡、有源芯片等。泛在 ID 中心把标签进行分类，设立了 9 个级别的不同认证标准。信息系统服务器用来存储和提供与 uCode 相关的各种信息。uCode 解析服务器用于确定与 uCode 相关的信息存放在哪个信息系统服务器上，其通信协议为 uCodeRP（uCode Resolution Protocol，泛在编码解析协议）和 eTP（entity Transfer Protocol，实体传输协议）。泛在通信器主要由 IC 标签、标签读写器和无线广域通信设备等部分构成，用来把读到的 uCode 送至 uCode 解析服务器，并从信息系统服务器上获得有关信息。uCode 解析服务器的巨大分散目录数据库与 uCode 识别码之间保持着信息服务的对应关系。uCode 解析服务器以 uCode 识别码为主要线索，具有对泛在识别信息服务系统的地址进行检索的功能，可以确定与 uCode 识别码相关的信息存放在哪个信息系统服务器，是分散型、轻量级目录服务系统。

4. 我国 RIFD 标准体系的研究与发展

目前，全球 RFID 标准呈三足鼎立局面，国际标准 ISO/IEC 18000、美国的 EPC Global 和日本的 Ubiquitous ID，技术差别不大却各不兼容，因此造成了几大标准在中国的混战局面。

在我国，由于技术标准的不统一，RFID 技术在应用中遇到了很多问题，如缺乏 RFID 系列技术标准，编码与数据协议冲突等。为使 RFID 技术在我国得到更广阔的应用，"十一五"期间，中国物品编码中心联合中国标准化协会等单位，承担国家科技部"863"计划——"RFID 技术标准的研究"项目，系统开展了 RFID 相关标准的研究制定工作。此外，中国物品编码中心以全国信息技术标准化技术委员会自动识别与数据采集技术分技术委员会和我国自动识别技术企业为依托，结合物联网应用，全方位推进我国 RFID 技术的研究和标准化工作。

全国信息技术标准化技术委员会自动识别与数据采集技术分技术委员会（SC31 标委会）于2002 年组建成立，其秘书处设在中国物品编码中心，对口国际 SC31 开展标准化研究工作，是负责全国自动识别和数据采集技术及应用的标准化工作组织。

2004 年初，中国国家标准化管理委员会宣布，正式成立电子标签国家标准工作组，负责起草、制定中国有关电子标签的国家标准，使其既具有中国的自主知识产权，又和目前国际的相关标准互通兼容，促进中国的电子标签发展进入标准化、规范化的轨道。

2005 年 4 月，中国信息产业商业联合会联合众多组织和企业成立"中国 RFID 联盟"（下称"R盟"）。据悉，国际 RFID 联盟组织也将成为 R 盟常务理事。R 盟将致力于促进 RFID 的产业化进程，以解决目前市场推广中存在的技术标准、实施成本和市场需求等三大难题。

2006 年 6 月，国家科技部、信息产业部等十多个部委共同发表了《中国射频识别（RFID）技术政策白皮书》。

2010 年 5 月，第十六届国际自动识别和数据采集技术标准化分委员会（SC31）年会在北京成功举行。该会议是我国第一次承办的自动识别与数据采集技术领域标准化国际会议，吸引了来自全球 10 多个国家的国家团体和机构代表出席会议。SC31 标委会将致力于国际 RFID 标准进展的跟踪，对于标准的过程性投票文件严格审核，加快 RFID 关键技术标准的制定、修订工作，填补国内 RFID 标准的空白，履行 SC31 标委会与国际 SC31 的对口职责，对国内企业提交的 RFID 技术提案组织专家组审评，对于有创新性的技术提案尽快提交国际 SC31，争取国内 RFID 技术提案在国际标准中的地位。

2.4.5　拓展知识：RFID 技术的创新研究

为了扩大物联网的规模，科学家们正通过努力让更多的普通物体变成物联网设备。下面介绍 3个典型研究案例。

案例一：美国普渡大学和弗吉尼亚大学的研究人员开发出可从表面剥离的微型薄膜电子电路（见图 2-30）。这些薄膜电子设备可通过修剪，粘贴到任何物体的表面上，让这个物体成为物联网设备。

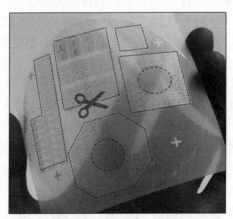

图 2-30　微型薄膜电子电路

案例二：美国加州大学圣迭戈分校与威斯康星大学麦迪逊分校的工程师们开发出一种可印刷的

金属标签（图 2-31）。它可以粘贴到日常用品上，将这些物品变成物联网设备。

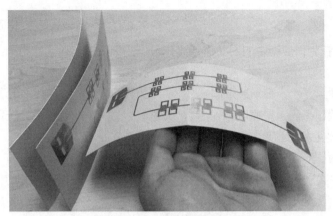

图 2-31　可印刷的金属标签

　　案例三：美国密歇根大学开发出一项基于 RFID 的新技术，使得煎锅、药瓶、瑜伽垫、咖啡杯以及其他无数的非电子物体都可以转化为物联网传感器。

　　这个称为"IDAct"的系统采用了 RFID 阅读器和仅需花费几美分的无须电池的 RFID 电子标签，可以感知到房间中人的出现和运动，并检测到足够的物体运动细节，从而判断你是否移动了药瓶或者做了顿饭（图 2-32）。标签可以通过贴纸的形式粘贴在几乎任何物体上，RFID 阅读器可以集成到日常物体例如灯泡中。

图 2-32　"IDAct"系统在房间中监测人的行为

　　在未来的世界中，你的药瓶可追踪药物摄入量，你的水杯可以监测你的水合程度。甚至瑜伽垫都能知道你的运动状况，可以相应地调整灯光、温度和背景音乐。

（来源：环球创新智慧）

【知识巩固】

1. 单项选择题

（1）（　　）旨在为供应链中的对象进行全球唯一的标识，实现全球范围内对单件产品的跟踪与追溯。

　　　A. 二维码　　　　　B. 条形码　　　　　C. EPC　　　　　D. IC 卡

（2）条形码（简称条码）是宽度（　　）、反射率（　　）的条和空，按照一定的编码规则编制成的，用以表达一组数字或字母符号信息的图形标识符。

　　　A. 不同 相同　　　B. 不同 不同　　　C. 相同 相同　　　D. 相同 不同

（3）RFID 技术实质是一个利用（　　）对物体对象进行非接触式和即时自动识别的无线通信信息系统，是目前比较先进的一种非接触式识别技术。

　　　A. 超声波技术　　　B. 无线射频技术　　C. 雷达技术　　　D. 激光技术

（4）以下用于存储被识别物体的标识信息的是（　　）。

　　　A. 天线　　　　　　B. 电子标签　　　　C. 读写器　　　　D. 计算机

（5）射频识别技术是一种信息感知技术，它按约定的协议把物理世界的实体转化为一种信息，通过这个转化过程，使得物体通过信息而与互联网相连，从而物联网才得以构建。所以，RFID 是一种使物体（　　）的技术。

　　　A."联网"　　　　　B."说话"　　　　　C."改进"　　　　D."创新"

（6）IC 卡应用系统由 IC 卡、（　　）以及后台计算机管理系统组成。

　　　A. 二维码　　　　　B. 条形码　　　　　C. 读写器　　　　D. 交换机

（7）下列不是低频 RFID 系统的基本特点的是（　　）。

　　　A. 电子标签的成本较低　　　　　　　B. 标签内保存的数据量较少

　　　C. 阅读距离远　　　　　　　　　　　D. 阅读天线方向性不强

（8）二维码目前不能表示的数据类型为（　　）。

　　　A. 文字　　　　　　B. 数字　　　　　　C. 二进制　　　　D. 视频

（9）射频识别技术是一种射频信号通过（　　）实现信息传递的技术。

　　　A. 能量变化　　　　B. 空间耦合　　　　C. 电磁交互　　　D. 能量转换

（10）RFID 卡（　　）可分为：有源（Active）标签和无源（Passive）标签。

　　　A. 按供电方式分　　　　　　　　　　B. 按工作频率分

　　　C. 按通信方式分　　　　　　　　　　D. 按标签芯片分

2. 多项选择题

（1）物联网主要涉及的关键技术包括（　　）。

　　　A. 射频识别技术　　B. 纳米技术　　　　C. 传感器技术　　D. 网络通信技术

（2）EPC 编码体系的类型可分为（　　）。

　　　A. 通用标识（GID）类型　　　　　　　B. 基于 EAN·UCC 的标识类型

　　　C. DOD 标识类型　　　　　　　　　　D. RFID 电子标签类型

（3）常用的自动识别技术有（　　）。

　　　A. 条形码识别技术　　　　　　　　　B. 射频识别技术

    C．图像识别技术　　　　　　　　　　　D．生物识别技术

（4）下列衡量一个 OCR 系统性能好坏的主要指标的有（　　　）。

    A．拒识率　　　　　B．误识率　　　　　C．识别速度　　　　　D．错误率

（5）RFID 电子标签的分类按工作频率分有（　　　）。

    A．低频（LF）标签　　　　　　　　　　B．高频（HF）标签

    C．超高频（UHF）标签　　　　　　　　D．微波（uW）标签

（6）根据 RFID 电子标签内容是否有电池及能量来源，可将其分为（　　　）等类型。

    A．永久标签　　　　B．无源标签　　　　C．有源标签　　　　D．半无源标签

3．简答题

（1）电子产品代码（EPC）的功能是什么？

（2）光学字符识别（OCR）的定义？

（3）人体的常见生物特征包括哪些？

（4）请描述二维码的定义和原理。

（5）RFID 技术按标签的供电形式、工作频率、可读性和工作方式分别分为哪些类？

【拓展实训】

活动 1：探究物联网识别技术中的更多前沿技术、未来趋势。

活动 2：探究物联网识别技术在各种行业中应用的典型案例、奇闻趣事。

（1）全班学生按照 4~6 人分组，每组选择一项活动开展探究；

（2）小组讨论，搜集资料；

（3）每组派代表进行资料成果展示；

（4）教师总结。

【学习评价】

课程内容	评价标准	配分	自我评价	老师评价
电子产品代码	掌握电子产品代码的功能、原理、体系等	25 分		
自动识别技术	熟悉各类自动识别技术	25 分		
条形码技术	掌握条形码技术的功能、原理、分类等	25 分		
RFID 技术	掌握 RFID 技术的功能、原理、分类等	25 分		
总分		100 分		

模块3

通过智慧农业认识物联网感知技术

【学习目标】

1. 知识目标

（1）了解传感器的分类和工作原理。

（2）掌握常用传感器的作用和基本构成。

（3）掌握无线传感器网络系统的组成和各组成部分的作用。

（4）了解无线传感器网络的关键技术。

（5）了解3S技术含义与应用。

（6）掌握嵌入式微处理器结构组成。

2. 技能目标

（1）能够依据不同的工作任务的特点选取常用传感器。

（2）能够识读传感器电路原理图和技术手册。

（3）能根据嵌入式微处理器的分类，结合需要对微处理器进行选型。

（4）能根据视频监控的组成部分，结合实际需求对视频监控设备进行安装。

（5）掌握STM32开发环境的搭建和开发环境调试方法。

3. 素质目标

（1）掌握基于嵌入式技术和传感器技术的物联网系统的软硬件调试和开发能力，洞察物联网技术发展方向。

（2）具备在物联网系统及其应用方面进行综合研究、规划和集成的能力；具备常用传感器应用、管理与维护的能力，具有安全素质、实践能力、创新创业精神。

【思维导图】

【模块概述】

在物联网技术中，感知层技术是物联网的核心技术，是联系物理世界和信息世界的纽带。通过感知技术，让物品"开口说话、发布信息"是融合物联网世界和信息世界的重要一环，是物联网区别于其他网络的最独特的部分。物联网的"触手"是位于感知层的大量信息获取技术与设备，包括各类传感器，遥感、遥测、各类定位技术，还包括各类视频监控设备和嵌入式系统、自动识别技术等。

本模块主要介绍物联网技术中感知技术和与感知技术相关的传感器技术、3S技术、无线传感器网络技术以及嵌入式系统基本概念和常用嵌入式微处理器等。

3.1 智慧农业

【情景导入】

V3-1 智慧农业

"面朝黄土背朝天"，依旧是很多人对农业生产的印象。在技术高速发展的今天，人们生产农作物的方式早已发生了翻天覆地的变化。

智慧的农业种植系统可以在手机或计算机上管理多个种植地块，远程指挥多台农业机器在田间作业，随时提供天气变化情况，机器驾驶员甚至不用手扶方向盘，通过轻松触控即可完成繁重的田间作业。高科技的水耕蔬菜基地能在室内种植各种蔬菜水果，通过补光灯代替阳光，通过液体肥代替土壤，还可以不受虫害影响，没有农药残留，没有重金属污染等问题，能保证我们一年四季吃到各种蔬菜水果。智能的养猪场能为每头猪建立一套档案，包括猪的品种、日龄、体重、进食情况、运动强度、运动频次、运动轨迹等。

物联网技术是如何改变传统农业的？智慧农业又具体涉及哪些功能？现在让我们一起来学习。

【思考】

（1）什么是智慧农业？
（2）智慧农业涉及哪些方面的内容？
（3）智慧农业的典型应用是什么样的？

3.1.1 智慧农业概述

智慧农业是将物联网技术运用到传统农业中去，充分应用现代信息技术成果，以信息和知识为生产要素，通过互联网、物联网、云计算、大数据、智能装备等现代信息技术与农业深度跨界融合，实现农业生产全过程的信息感知、定量决策、智能控制、精准投入和工厂化生产的全新农业生产方式与农业可视化远程诊断、远程控制、灾害预警等智能管理，是农业信息化发展从数字化到网络化再到智能化的高级阶段。

智慧农业是农业生产的高级阶段，集新兴的互联网、移动互联网、云计算和物联网技术为一体，依托部署在农业生产现场的各种传感节点（环境温湿度、土壤水分、二氧化碳浓度、图像传感节点等）和无线通信网络实现农业生产环境的智能感知、智能预警、智能决策、智能分析、专家在线指导，为农业生产提供精准化种植、可视化管理、智能化决策。

智慧农业能够有效改善农业生态环境，将农田、畜牧养殖场、水产养殖基地等生产单位和周边的生态环境视为整体，并通过对其物质交换和能量循环关系进行系统、精密运算，保障农业生产的生态环境在可承受范围内，如定量施肥不会造成土壤板结，经处理排放的畜禽粪便不会造成水和大气污染，反而能培肥地力等。

智慧农业能够显著提高农业生产经营效率。基于精准的农业传感器进行实时监测，利用云计算、数据挖掘等技术进行多层次分析，并将分析指令与各种控制设备联动完成农业生产、管理。这种智能机械代替人的农业劳作，不仅解决了农业劳动力日益紧缺的问题，而且实现了农业生产高度规模化、集约化、工厂化，增强了农业生产对自然环境风险的应对能力，使弱势的传统农业成为具有高效率的现代产业。

智慧农业能够彻底转变农业生产者、消费者观念和组织体系结构。完善的农业科技和电子商务网络服务体系，使农业相关人员足不出户就能够远程学习农业知识，获取各种科技和农产品供求信息；专家系统和信息化终端成为农业生产者的大脑，指导农业生产经营，改变了单纯依靠经验进行农业生产经营的模式，彻底转变了农业生产者和消费者对传统农业的观念。

3.1.2 智慧农业的主要内容

1. 精准农业

精准农业又称精细农业、精确农业、精准农作，是一种基于信息和知识管理的现代农业生产系统。精准农业采用高新技术与现代农业技术结合，对农业生产环境进行精准监测分析，对农资、农作实施精确定时、定位、定量控制，可最大限度地提高农业生产力，是实现优质、高产、低耗和环保的可持续发展农业的有效途径。精准农业按照细分行业又包括智慧设施农业、智慧大田种植、智慧畜禽养殖、智慧水产养殖等应用。

智慧设施农业是通过智能硬件、物联网、大数据等技术对传统的温室农业大棚进行升级改造，实时远程获取温室大棚内部的空气温湿度、土壤水分、二氧化碳浓度、光照度及视频图像，通过模型分析，可以自动控制温室湿帘风机、喷淋滴灌、内外遮阳、顶窗侧窗、加温补光等设备，构建全程智能化的高效监测控制管理体系，实现科学指导生态轮作，保证作物的高产、优质、生态、安全。

智慧大田种植针对农业大田种植分布广、监测点多、布线和供电困难等特点，利用物联网技术，采用各类高精度土壤传感器、智能农田小气象观测站和植物生理生长传感器，远程在线采集土壤墒情、酸碱度、养分、气象信息、叶片面积、茎干直径等，实现墒情（旱情）自动预报、灌溉用水量智能决策、远程自动控制灌溉设备等功能，最终达到精耕细作、准确施肥、合理灌溉的目的。

智慧畜禽养殖是利用 RFID 技术、计算机技术、网络技术和自动化数据采集设备，对畜禽养殖过程中生长环境与动物个体体征数据进行实时采集，如采用温度、湿度、NH_3、CO_2、SO_2 等传感器可以实时监测养殖场所的空气状况，采用 RFID 个体耳标甚至皮下植入式芯片，以个体为单位对畜禽的生命体征、行为活动进行全方位的记录，整个畜禽养殖过程可查、可控、可预警、可追溯，原本复杂混乱的畜禽养殖环境也变得精细准确且可控、可调节。

智慧水产养殖利用物联网技术，围绕设施化水产养殖场的生产和管理环节，通过智能传感器在线采集水产养殖场环境信息（溶解氧、水温、pH 值、氨氮等），集成改造现有的水产养殖场环境控制设备（增氧泵、循环泵、投料机等），实现水产养殖的智能生产与科学管理。水产养殖户可以通过手机、平板电脑、计算机等信息终端，实时掌握水产养殖场环境信息，及时获取异常报警信息，并可以根据监测结果，远程控制相应设备，实现健康养殖、节能降耗的目的。

2. 智能农机装备

智能农机装备是指装备有中央处理器（CPU）和各种传感器或无线通信系统的现代化农机装备，其特点是加装在农业机械或农业装备上的微型计算机对传感器传回的各种信号进行逻辑运算、传导、传递，进而在动态作业环境下发出适宜指令驱动农业机械完成正确的动作，由此实现农业生产和管理的智能化。智能农机装备所要达到的目的是实现工作效率化、作业标准化、农机舒适化、人机交互人性化、操作简单化等。目前智能农机装备已成为当今世界农业装备发展的新潮流，是近几年来国际上农业科学研究的热点之一。

智能农机装备又可分为 3 个类型。

（1）智能化动力机械

农业动力机械的智能化包括农用拖拉机、大型自走式农机（联合收获机械、植保机械）在行走、操控、人机工程等方面的智能化。利用 GPS 自动导航、图像识别技术、计算机总线通信技术等汽车航天技术来提高机器的操控性、机动性和人员作业舒适性。如美国成功研制一种激光拖拉机，利用激光导航装置，不仅能够精确地测定拖拉机所在位置及行驶方向，而且误差不超过 25cm；英国开发的带有电子监测系统（Electronic Monitoring System，EMS）的拖拉机具有故障诊断和工作状态液晶显示功能，通过 EMS 可精确地控制作业机具的耕作及播种的宽度、深度等。

（2）智能化作业机械

智能化（有时亦称变量）作业机械主要包括播种机、施肥机、整地机械、灌溉机械、田间管理机、收割机、农业机器人等作业机具，其智能化应用如激光平地、智能播种、智能灌溉、变量施肥与喷药，以及机具作业状态的监控、故障报警等。如美国卫西·弗格森公司在联合收割机上安装了一种产量计量器，能在收割作物的同时，准确收集有关产量的信息，并绘成小区的产量分布图，农场主可利用产量分布图确定下一季的种植计划及种子、化肥和农药在不同小区的使用量；德国推出的一种莠草识别喷雾器，在田间作业时能借助专门的电子传感器来区分庄稼和杂草，只有当发现莠草时才喷出除莠剂，除莠剂使用量只有常规机械的 10% 甚至更低，减少了对环境的污染。

（3）农机智能化管理

农业机械性能发挥程度和使用率高低受许多条件限制，既受农机具的保有量、配置和状态的制约，又受作物生长情况、气候变化等因素影响。只有在一个农场或区域形成一个高效的农业生产管理网络，并实现农机具的智能化管理，才能充分发挥各种农业机械的效率与作用。农机具的管理智能化包括机具配置、状态监控、实时调度和维修保养的智能化。如欧洲一些大农场已建立和使用农场办公室计算机与移动作业机械间通过无线通信进行数据交换的管理信息系统，通过该系统不仅能够制定详细的农事操作方案和机械作业计划，而且驾驶员还能根据作业机械显示的相关数据，调整机械作业的负荷与速度，确保机组能在较佳的工况下运行，与此同时利用作业过程采集的数据，通过系统运算和处理，能够实现如作业面积、耗油率、产量的计算、统计及友好的人机界面显示等智能化功能。

3. 智能病虫害防治

病虫害是病害和虫害的并称，常对农、林、牧业等造成不良影响。传统的病虫害防治主要通过农业、生物、物理、化学等防治方法，采用轮作、修剪、选育、天敌、农药等措施来进行防治。智能病虫害防治运用先进的物联网、大数据、人工智能等高新技术，可以实现对病虫害发生情况的实时在线监测，实现对病虫害的在线识别和远程诊断，实现对病虫害发生趋势的提前预测报警，实现对病虫害灾后状况的智能评估分析。

智能虫情测报系统通过在田间野外安装诱虫装置对害虫进行诱捕，再通过高清摄像头，实时采集虫情照片并上传至物联网云平台进行自动识别统计，通过图像识别功能对捕获害虫的数量进行智能的识别，可通过局部害虫的捕获情况对虫害的整体发生进行分析和预测。

病虫害智能识别系统通过人工智能机器学习算法，能够从图片中识别出病虫害的种类及发生程度，对病虫害的发生地点、受害情况、植株图片等现场数据进行采集。再根据病虫害种类提供相关知识信息和防治方法，并能进一步提供植保专家进行对接诊断服务，还能基于地理信息系统（Geographic Information System，GIS）形成种植区域的病虫害发生发展形势图，最终利用大数据统计和趋势分析功能，为区域的病虫害自动监测、发生发展趋势预测提供技术和数据支撑。

病虫害预测预报系统，可以根据农场的地理分布和地势地貌建立多台无人值守气象站，实现空气温度、湿度、光照度、风速风向、降雨量等农业环境参数的实时动态采集。自动和人工采集气象数据、生物数据（孢子捕捉、虫口密度等）、地理信息数据、遥感（Remote Sensing），光谱数据和病虫害防治专家知识库等。构建不同种类农产品病虫害的预测预报模型，重点预测病虫害发生的时间、程度和空间位置分布等内容。预测预报模型的尺度可分为长期、中期和短期，预测预报等级可分为轻度、中度和严重3个等级。结合病虫害防治知识库和推理规则，可建立病虫害防治专家系统，基于预测模型对病虫害发生的时间、程度、空间位置分布进行预测并提供自动的决策分析预防对策。

4. 农产品智慧物流

智慧物流是指将物联网、计算机、自动控制和智能决策等各种智能化技术综合运用于物流系统中，使物流系统具备能够模仿人的感知和学习能力，并能够独立解决物流环节中的问题。智慧物流又包括智能电子商务物流、智能冷链物流等。农产品因为在运输过程中需要保鲜、冷冻、冷藏等方式存储，因此智能冷链物流是解决农产品高效流通的重要环节。通过将物联网感知层、网络层、智能层的关键技术，与农产品冷链物流的供应链全过程结合，实现冷链全过程的智能化监控、透明化操作，从而保障农产品的质量安全，避免冷链的断链、出现问题责任划分不清等状况，实现全程冷链，使得农产品冷链可以做到智能获取信息、智能传递信息、智能处理信息。

智能冷链物流按照农产品的生产、流通、销售的过程又可分为5个环节。

农产品生产是农产品冷链物流的首要环节，农产品的生产主要采用人工养殖和种植以及从自然界中获得等方式。

冷冻加工是对农产品进行预冷和简单加工的环节，是确保农产品质量的最基础也是最重要的部分。

冷冻仓储是用于新鲜农产品的短期冷却储存和长期冷冻储存的环节，是确保农产品可以保持在恒定的低温环境中，使其新鲜品质得以维持。

冷藏运输及配送是整个冷链的关键节点，冷藏运输连接冷链的所有环节，合格的冷藏车等运输工具在这个环节是必不可少的。

冷冻销售是冷链流程的最后一个环节。在当今社会，农产品的一个重要销售方式便是拥有大量冰柜的连锁超市，冷冻销售已经成为农产品零售终端必不可少的环节。

3.1.3 智慧农业案例

1. 智慧种植

广东省江门市新会区素有"中国陈皮之乡"的美称，新会陈皮国家级现代农业产业园是第二批国家现代农业产业园，全产业链产值达 60 亿元，全区新会柑种植面积超 8 万亩（1 亩约为 666.67m²），陈皮品牌价值约 89 亿元，园区集聚与新会陈皮相关的生产、加工、研发、经销、物流、旅游等经营主体 680 多家。

新会陈皮国家级现代农业产业园创建于 2017 年 9 月，区域面积达 430km²，其中规划种植基地 16km²，加工园区 2.7km²。自创建伊始，产业园深挖新会陈皮文化、健康价值，以新会陈皮产业为主导产业，科学规划"一轴、两带、三基地、四中心、五园区"的发展布局，不断加快陈皮第一、二、三产业融合发展，努力创建"大基地+大加工+大科技+大融合+大服务"发展的特色农业产业园。

产业园积极推动新会陈皮的原材料——新会柑的规模化种植经营，巩固和做强新会柑产业，强化新会柑的标准化生产，在新会柑生产的各个环节加强标准化建设。新会柑生产种植中，气象灾害和病虫害一直制约着果树的生长和产品的品质。果树和果实十分容易受到温度影响，低温时果实容易干瘪、空壳，轻微冻害会使枝梢变黄，严重时甚至会枯死；而高温时，果实初期细胞破裂，绿色果皮会褪去颜色。病虫害也对新会柑造成严重的影响，轻则影响植株生长和果品品质，重则导致产量下降，造成经济损失。

中国电信联合海睿科技为新会陈皮国家级现代农业产业园建设提供数字农业科技支撑，为产业园区三江镇、双水镇、沙堆镇新会柑种植基地提供全维度的农业物联网环境监测、病虫害监测、绿色防控、大数据综合解决方案。新会陈皮产业大数据平台如图 3-1 所示。

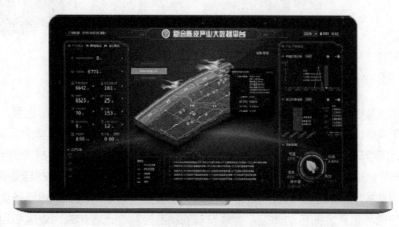

图 3-1　新会陈皮产业大数据平台

采用"仿果树三层智能监测系统"昼夜不间断监测新会柑植株高、中、低 3 层空气温湿度，为果园环境调控和精准种植提供了依据，帮助解决气象灾害对新会柑种植的影响；采用太阳能杀虫灯和虫情测报灯不但能够实时监测新会柑红蜘蛛、潜叶蛾、介壳虫、蚜虫、柑橘实蝇等主要虫害，而且能够绿色杀虫，减少农药的使用，保护果园环境，提高新会陈皮的药用价值和营养功效；采用水肥一体化智能灌溉系统，能根据新会柑的需水模型结合植物生长环境条件，实现自动化、智能化的精准灌溉；基于大数据的产业园中央云端管理平台提供了数据可视化展示、精细化管理和生产加工综合监管等多功能应用服务。

2. 智慧养殖

清远鸡，又名清远走地鸡，属于家养土鸡。属肉用型品种，体型特征可概括为"一楔""二细""三麻身"。清远鸡自然生长，皮爽肉劲，汤汁鲜美，鲜香可口，营养丰富，富含硒、维生素 E 及风味物质肌苷酸等。目前主要在广东省清远市广泛养殖。

鸡场在集约化、规模化、精细化、科学化养殖的同时，需要建立智慧养殖的技术体系。清远鸡智慧养殖（见图 3-2）运用无线射频识别、传感器、4G、Wi-Fi 无线通信、远程视频监控等物联网技术，对鸡场养殖环境进行自动监测与调控，对肉鸡个体进行标识与监控；应用 Web 技术、网络技术，对养殖过程进行精细管理，实现精细饲养、疾病防治、饲料和药品采购检测等养殖环节的统一管理，降低劳动强度、节省人力物力、减少疾病损失、提升产品质量。智慧养殖可以构建标准化的物联网鸡场，改进集约化养鸡生产流程，显著提升生产管理效率，让各级管理人员及时获得准确信息以及智能化管理，实现生产集约化、养殖过程规范化、生产管理数字化。

图 3-2　清远鸡智慧养殖

鸡场养殖环境监控系统重点对畜禽养殖影响较大的几个环境参数进行监测：温度、湿度、光照度、CO_2 浓度、CO 浓度、H_2S 浓度、NH_3 浓度和视频图像。通过在鸡场内安装环境信息采集设备和视频监控设备，实时获取环境参数和视频图像，并利用数据远程传输设备将上述数据传输至云服务器，通过配套的监控云平台即可实现鸡场环境参数的实时监测与预警、鸡场环境参数的自动调控等功能。

鸡场智能自动控制系统运用物联网技术与自动化设备控制技术可以实现鸡场各类设备的自动、智能化控制。包括养殖环境的自动调控、饲喂设备的精准控制、无害化粪污处理和自动集蛋设备的智能控制。

数字化个体监测系统通过绑定在鸡腿上的计步器和加速度传感器，获取鸡的每日步数、运动量，通过姿态解算分析出鸡的活动类型，形成每日运动轨迹、睡眠时间、产蛋时间等生产性能数据。同时通过统计各养殖区域或养殖批次的蛋鸡饲料消耗、产蛋数量及重量等汇总数据，实现鸡场管理的供需预测、产能分析等智能决策功能。

3.1.4 拓展知识：未来农业的八大"黑科技"

1. 农业机器人

农业机器人种类很多，有喷药机器人、水果采摘机器人、除草机器人，甚至还有专门的捉虫机器人。而正在构想中的未来农业机器人则是全能型的农业专家机器人，通过对土壤的自动检测、作物的生长需求来判断需要用什么肥料、需不需要浇水，在农作物发生病虫害的时候，也可以快速诊断农作物的病虫害，进行农药的配置和喷洒。

2. 垂直农业

五六十层高的温室大楼究竟是什么样子？这是完全能实现的设想。当土地资源越来越紧张的时候，人类自然会在垂直空间发展农业。通过无土栽培技术和温室内环境调节技术，在未来农村，或许一户农家不是有一亩地，而是有一座五六十层高的大楼，这个大楼里全是温室，每一层温室种着不同的作物。

3. 太空农业

在火星上种地现实么？恐怕短期内我们是看不到的。但是，在太空空间站里种菜，这个技术已经实现了。而在未来，随着人类对未知星域的不断探索，走得越远需要的食物越多。或许在不远的未来，在太空空间站里会有专门的"菜园"和"果园"，来为在太空工作的人提供新鲜蔬菜和水果。

4. 太空育种

太空育种也算是太空农业"黑科技"中的一个分支。只不过太空育种更"黑"！它是把植物的种子放在太空环境里，诱发种子基因突变，改变植物的性状。回到地球，经过人工选育后，这些植物会完全大变样。当然大部分被选育出来的品种都只是变得更大了，像太空辣椒、太空南瓜，一个比一个大。

5. 激光除草、除虫技术

激光除草、除虫技术可以说是一个小技术。但为什么拿出来单独说呢？因为这个技术太实用了，也已经有人在试验了。具体就是利用不同作物或者虫子对于激光的承受能力不同，来进行物理除草、除虫。这个除草、除虫方法不对作物产生伤害和毒性，而且可以大面积使用。

6. 超智能农业生产系统

超智能农业生产系统，是由一台或多台大型计算机对农田、农场进行远程监控和管理。到时候，农民只需坐在计算机前，就能通过摄像头看到地里的情况，然后经过计算机判断作物要进行的管理，直接滑动一下鼠标就可以派出全自动农业机械执行操作。

7. 液氮冷藏技术

对于城里人，如何吃到新鲜的农产品是一个值得关注的问题。目前，大部分农产品在运输过程中都很难保证其新鲜度，尤其是远距离运输。而液氮冷藏技术则可解决这个问题。据说这个技术可以在活鱼冰冻再解冻后使鱼还能活着。

8. 3D 打印农业

在农业上使用 3D 打印，我们第一个想到的肯定是生产农业机械。其实如果我们把转基因"黑科技"、克隆"黑科技"、垂直农业等几个"黑科技"加起来，3D 打印技术也是可以用在农作物身上的。比如，南美有一棵热带果树，想在陕西种植，那么通过计算机传过来的数据，用 3D 打印技术快速模拟作物的生长环境，建造出合适的热带温室，很快就能模拟出一个完全相同的生产环境，让这种热带果树在陕西种起来。

（来源：网易新闻）

3.2 传感器

【情景导入】

2020 年 2 月全国首个测温 5G 警用巡逻机器人在广州市黄埔区诞生。该款红外测温机器人，可快速准确测量群体和个体体温，可在大厅自动巡检、定点监测，在大人流量里快速找出体温异常者。这款机器人可实现快速记录人员异动踪迹功能，一旦温度超过设定值或发现有行人不戴口罩，机器人可在第一时间启动报警系统。

【思考】

（1）红外测温是如何实现的？其工作原理是什么？
（2）我们日常生活中涉及哪些传感器技术？

3.2.1 传感器概述

V3-2　传感器概述

传感器在国外的发展已有近 200 年的历史。到了 20 世纪 80 年代，由于计算机技术的发展，国际上出现了"信息处理能力过剩、信息获取能力不足"的问题，为了解决这一问题，世界各国在同一时期掀起了一股传感器热潮，美国也将 20 世纪 80 年代视为传感器技术的年代。近 20 年来，传感器的发展非常迅速，目前全球传感器的种类已超过 2 万种。

传感器技术的应用遍布各个领域，如工业生产、现代农业生产、日常生活中家用电器以及现代医学领域和国防科技等。阿波罗 10 号运载火箭部分使用了 2077 个传感器，宇宙飞船部分使用了 1218 个传感器；汽车上有 100 多个传感器。传感器已成为自动化系统、物联网技术和机器人技术中的关键部件，在某种程度上决定系统特性和性能指标，其重要性变得越来越明显。

1. 传感器定义

传感器是一种以一定的精确度把被测量转换为与之有确定对应关系的、便于应用的某种物理量的测量装置，通常由敏感元件和转换元件组成。它的输入量是某一被测量，可能是物理量，也可能是化学量、生物量等。它的输出量是便于传输、转换、处理、显示的某种物理量，主要是电量。传感器的组成如图 3-3 所示。

敏感元件是直接感受被测量的变化，并输出与被测量确定关系的某一物理量的元件，是传感器的核心；转换元件把敏感元件的输出作为它的输入，转换成电路参量；上述电路参量接入基本转换电路，便可转换成电信号输出。

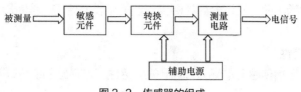

图 3-3　传感器的组成

2. 传感器发展趋势

随着科学技术的高速发展，传感器的发展日新月异，从结构型传感器，发展到物性传感器。未来传感器的发展趋势如下。

（1）向高精度方向发展

随着自动化生产程度的不断提高，对传感器技术的要求也在不断提高，需要研制出具有灵敏度高、精确度高、响应速度快、互换性好的新型传感器。

（2）向高可靠性、宽温度范围发展

传感器的可靠性直接影响到电子设备的性能。研制高可靠性、宽温度范围的传感器将是永久性的方向。

（3）向微型化发展

微型传感器敏感元件的尺寸一般为微米级，所以随着传感器的微小型化，量子效应将越来越起支配作用。

（4）向模糊识别方向发展

从传感的模式看，微观信息由人工智能完成，感觉信息由神经元完成，宏观信息由模糊识别完成。未来的传感器将突破零维、瞬间的单一量检测方式，在时间上实现广延，空间上实现扩张（三维），检测量实现多元，检测方式实现模糊识别。

（5）向智能型传感器发展

把传感器与微处理器有机地结合成一个高度集成化的新型传感器，能瞬时获取大量信息，还具有对所获得的信息进行信号处理的功能，使信息的质量大大提高，信息的功能也得到了扩展。

针对未来新型传感器的发展趋势，开发新型传感器，其途径大致有以下几个方面：采用新材料、采用新的加工方法、采用新的原理和采用新的构思。

3. 传感器的分类

传感器的分类方法很多，主要有如下几种。

（1）按被测量分类，可分为力学量、光学量、磁学量、几何学量、运动学量、流速与流量、液位、热学量、化学量、生物量传感器等。这种分类有利于选择传感器、应用传感器。

（2）按照工作原理分类，可分为电阻式、电容式、电感式、光电式、光栅式、热电式、压电式、红外、光纤、超声波、激光传感器等。这种分类有利于研究、设计传感器，有利于对传感器的工作原理进行阐述。

（3）按敏感材料不同分为半导体传感器、陶瓷传感器、石英传感器、光导纤维传感器、金属传感器、有机材料传感器、高分子材料传感器等。

（4）按照传感器输出量的性质分为模拟传感器、数字传感器。

（5）按应用场合不同分为工业用、农用、军用、医用、科研用、环保用和家电用传感器等。

（6）根据使用目的的不同，又可分为计测用、监视用、调查用、诊断用、控制用和分析用传感器等。

4. 传感器的基本特性

传感器的基本特性是指传感器的输入-输出关系特性，是传感器的内部结构参数作用关系的外部特性表现。

传感器所测量的物理量基本上有两种形式：静态（稳态或准静态）和动态（周期变化或瞬态）。前者的信号不随时间变化（或变化很缓慢）；后者的信号是随时间变化而变化的。传感器所表现出来的输入-输出特性存在静态特性和动态特性。

（1）传感器的静态特性

静态特性所描述的传感器的输入-输出关系式中不含时间变量。传感器静态特性主要由下面几种性能描述。

① 测量范围：传感器所能测量到的最小输入量与最大输入量之间的范围称之为传感器的测量范围。

② 量程：传感器测量范围的上限值与下限值之间的代数差称为量程。

③ 精度：指测量结果的可靠程度，是测量中各种误差的综合反映。工程技术中为简化传感器精度表示方法，引入精度等级概念。

④ 线性度：指传感器的输出量与输入量的关系曲线偏离理想直线的程度。

⑤ 灵敏度：传感器在稳态下输出量变化与输入量变化的比值。

⑥ 分辨率（Resolution）：指传感器能够感知或检测到的最小输入信号增量，反映传感器能够分辨被测量微小变化的能力。

⑦ 迟滞（Hysteresis）：也叫回程误差，是指在相同测量条件下，对应于同一大小的输入信号，传感器正（输入量由小增大）、反（输入量由大减小）行程的输出信号大小不相等的现象。迟滞特性表明传感器正、反行程期间输入-输出特性曲线不重合的程度。

⑧ 重复性（Repeatability）：表示传感器在输入量按同一方向做全量程多次测试时所得输入-输出特性曲线一致的程度。

⑨ 漂移：指传感器在输入量不变的情况下，输出量随时间变化的现象。产生漂移的原因主要有两个：一是传感器自身结构参数发生变化，如零点漂移（简称零漂）；二是在测试过程中周围环境（如温度、湿度、压力等）发生变化，最常见的是温度漂移（简称温漂）。

（2）传感器的动态特性

传感器的动态特性是指传感器对动态激励（输入）的响应（输出）特性，即其输出对随时间变化的输入量的响应特性。一个动态特性好的传感器，其输出随时间变化的规律（输出变化曲线），能再现输入随时间变化的规律（输入变化曲线），即输出、输入有相同的时间函数。但实际上由于制作传感器的敏感材料对不同的变化会表现出一定程度的惯性（如温度测量中的热惯性），因此输出信号与输入信号并不拥有完全相同的时间函数，这种输入与输出的差异称为动态误差，动态误差反映的是惯性延迟所引起的附加误差。

传感器的动态特性可以从时域和频域两个方面分别采用瞬态响应法和频率响应法来分析。在时域内研究传感器的动态特性时，一般采用阶跃函数；在频域内研究动态特性一般采用正弦函数。对应的传感器动态特性指标分为两类，即与阶跃响应有关的指标和与频率响应有关的指标。

① 在采用阶跃输入研究传感器的时域动态特性时，常用延迟时间、上升时间、响应时间、超调量等来表征传感器的动态特性。

② 在采用正弦输入研究传感器的频域动态特性时，常用幅频特性和相频特性来描述传感器的动态特性。

3.2.2 传感器工作原理

1. 应变电阻式传感器

应变是物体在外部压力或拉力作用下发生形变的现象。当外力去除后物体又能完全恢复原来的尺寸和形状的应变称为弹性应变。具有弹性应变特性的物体称为弹性元件。

应变电阻式传感器是利用电阻应变片将应变转换为电阻变化的传感器。应变电阻式传感器在力、力矩、加速度、质量等参数的测量中得到了广泛的应用。

应变电阻式传感器的基本工作原理：当被测物理量作用在弹性元件上，弹性元件在力、力矩等的作用下发生形变，产生相应的应变或位移，然后传递给与之相连的电阻应变片，引起应变敏感元件的电阻值发生变化，通过测量电路变成电压输出。输出的电压大小反映了被测物理量的大小。

常用的电阻应变片有两种：金属电阻应变片和半导体电阻应变片。

（1）金属电阻应变片（应变效应为主）

金属电阻应变片的结构如图 3-4（a）所示，其工作原理是基于应变效应导致其材料几何尺寸的变化。吸附在基底材料上的金属箔敏感栅的应变电阻随机械形变而产生阻值变化的现象，俗称为电阻应变效应。金属导体的电阻值可用下式表示：

$$R = \rho \frac{L}{S}$$

式中：ρ——金属导体的电阻率（$\Omega \cdot cm^2/m$）；

　　　S——导体的截面积（cm^2）；

　　　L——导体的长度（m）。

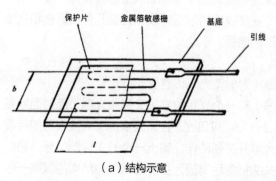

（a）结构示意

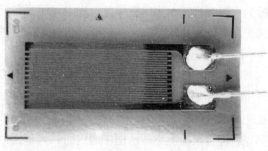

（b）实物

图 3-4 金属电阻应变片

从上式易看出，当金属丝受外力作用时，其长度和截面积都会发生变化，其电阻值即会发生改变。假如金属丝受外力作用伸长时，其长度增加，而截面积减少，电阻值便会增大；当金属丝受外力作用压缩时，长度减小，而截面增加，电阻值则会减小。只要测出加在金属丝上电阻的变化（通常是测量电阻两端的电压），即可获得应变金属丝的应变情况。金属电阻应变片的实物如图 3-4（b）所示。

（2）半导体电阻应变片

半导体电阻应变片的结构如图 3-5 所示。它的使用方法与丝式电阻应变片相同，即粘贴在被测物体上，其电阻随被测物体的应变发生相应的变化。

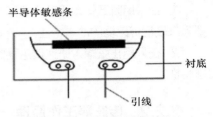

图 3-5　半导体电阻应变片的结构

半导体电阻应变片的工作原理主要是基于半导体材料的压阻效应，即单晶半导体材料沿某一轴向受到外力作用时，其电阻率发生变化的现象。

2. 光电传感器

光电传感器是采用光电元件作为检测元件的传感器。它首先把被测量的变化转换成光信号的变化，然后借助光电元件进一步将光信号转换成电信号。

（1）光电效应

光电传感器进行非电量检测的理论基础是光电效应，即物体吸收到光子能量后产生的电效应。光电效应分为外光电效应、内光电效应和光生伏特效应三大类。

① 外光电效应：指在光的照射下，材料中的电子逸出表面的现象，又称为光电子发射效应。光电管及光电倍增管均属这一类。

② 内光电效应：指在光的照射下，材料的电阻率发生改变的现象，又称为光电导效应。光敏电阻即属此类。

③ 光生伏特效应：利用光势垒效应，光势垒效应指在光的照射下，物体内部产生一定方向的电动势的现象，又称为阻挡层光电效应。光电池和光电晶体管均属于这一类。

（2）光电传感器组成及工作原理

光电传感器是通过把光强度的变化转换成电信号的变化来实现控制的。光电传感器一般由光源、光学通路和光电元件 3 个部分组成。根据传感器的传输过程一般由 3 个部分构成：发送器、接收器和检测电路。

发送器对准目标发射光束，发射的光束一般来源于半导体光源，发光二极管（Light Emitting Diode，LED）、激光二极管及红外发射二极管。光束不间断地发射，或者改变脉冲宽度。接收器一般为光电二极管、光电三极管、光电池等光电元件。在接收器的前面，装有光学元件如透镜和光圈等。在其后面是检测电路，它能滤出有效信号并应用该信号。

（3）光电传感器分类和工作方式

根据光电传感器的外形可以分为槽型光电传感器和对射型光电传感器。

槽型光电传感器是把一个光发射器（又称发光器）和一个光接收器（又称收光器）面对面地装在一个槽的两侧，如图 3-6 所示。光发射器能发出红外光或可见光，在无阻情况下光接收器能接收到光。但当被检测物体从槽中通过时，光被遮挡，光电开关便动作，输出一个开关控制信号，切断或接通负载电流，从而完成一次控制动作。槽型开关的检测距离因为受传感器整体结构的限制一般只有几厘米。

对射型光电传感器根据工作原理又分为下面 3 类。

① 分离式光电传感器。

若把发光器和收光器分离开，就可使检测距离加大。由一个发光器和一个收光器组成的光电开关就称为对射分离式光电开关，简称分离式光电传感器，如图 3-7 所示。它的检测距离可达几米乃至几十米。使用时把发光器和收光器分别装在检测物通过路径的两侧，检测物通过时阻挡光路，光电开关就动作，输出一个开关控制信号。

图 3-6　槽型光电传感器

图 3-7　分离式光电传感器

② 反光板反射式光电传感器。

把发光器和收光器装入同一个装置内，在该装置的前方装一块反光板，利用反射原理完成光电控制作用的称为反光板反射式（或反射镜反射式）光电传感器。正常情况下，发光器发出的光经反光板反射回来被收光器收到；一旦光路被检测物挡住，收光器收不到光，光电开关就动作，输出一个开关控制信号。

③ 漫反射式光电传感器。

漫反射式光电传感器的检测头里也装有一个发光器和一个收光器，但前方没有反光板。正常情况下发光器发出的光，收光器是接收不到的。当检测物通过时挡住了光，并把光部分反射回来，收光器就收到光信号，光电开关动作，输出一个开关控制信号。

以上 3 种传感器工作原理如图 3-8 所示。

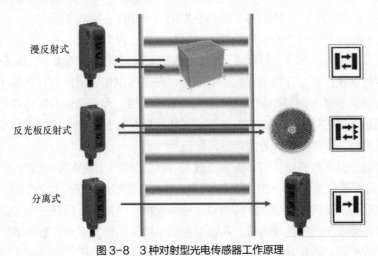

图 3-8　3 种对射型光电传感器工作原理

光电传感器应用领域有：路灯控制系统、光电式数字转换表、物理长度及速度的检测、红外自动干手器、手指光反射测心率、条形码扫描笔、烟尘浊度测试仪等。

3. 超声波传感器

超声波传感器（见图 3-9）是将超声波信号转换成其他能量信号（通常是电信号）的传感器。

超声波是振动频率高于 20kHz 的机械波。它具有频率高、波长短、绕射现象小，特别是方向性好、能够成为射线而定向传播等特点。超声波对液体、固体的穿透能力很大，尤其是在不透明的固体中。超声波碰到杂质或分界面会产生显著反射形成反射回波，碰到活动物体能产生多普勒效应，超声波传感器工作原理如图 3-10 所示。超声波传感器广泛应用在工业、国防、生物医学等方面。

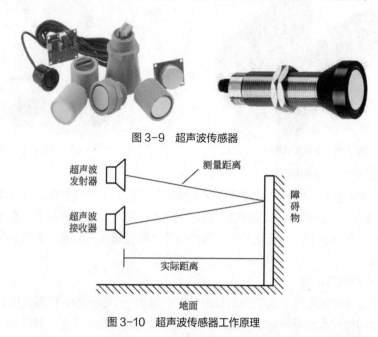

图 3-9　超声波传感器

图 3-10　超声波传感器工作原理

　　常用的超声波传感器由压电晶片组成，既可以发射超声波，也可以接收超声波。小功率超声探头多作探测作用。它有许多不同的结构，可分直探头（纵波）、斜探头（横波）、表面波探头（表面波）、兰姆波探头（兰姆波）、双探头（一个探头发射、一个探头接收）等。

　　超声波是一种在弹性介质中的机械振荡，有两种形式：横向振荡（横波）及纵向振荡（纵波）。在工业中应用主要采用纵向振荡。超声波可以在气体、液体及固体中传播，其传播速度不同。另外，它也有折射和反射现象，并且在传播过程中有衰减。在空气中传播超声波，其频率较低，一般为几十 kHz，而在固体、液体中则频率较高。在空气中衰减较快，而在液体及固体中传播，衰减较小，传播较远。利用超声波的特性，可做成各种超声波传感器，配上不同的电路，制成各种超声测量仪器及装置，并在通信、医疗家电等方面得到广泛应用。

　　超声波传感器由发送传感器（或称波发送器）、接收传感器（或称波接收器）、控制部分与电源部分组成。发送传感器由发送器与使用直径为 15mm 左右的陶瓷振子换能器组成，换能器的作用是将陶瓷振子的电振动能量转换成超声波能量并向空中辐射；而接收传感器由陶瓷振子换能器与放大电路组成，换能器接收波产生机械振动，将其变换成电能量，作为接收传感器的输出，从而对发送的超声波信号进行检测。而实际使用中，用作发送传感器的陶瓷振子也可以用作接收传感器的陶瓷振子。控制部分主要对发送传感器发出的脉冲链频率、占空比、稀疏调制、计数及探测距离等进行控制。

　　制作超声波传感器的主要材料有压电晶体及镍铁铝合金两类。压电晶体制成的超声波传感器是一种可逆传感器，它可以将电能转变成机械振荡而产生超声波，同时它接收到超声波时，也能转变成电能，所以它可以分成发送器或接收器。有的超声波传感器既能发送，也能接收。

超声波应用有 3 种基本类型：透射型用于遥控器、防盗报警器、自动门、接近开关等；分离式反射型用于测距、液位或料位；反射型用于材料探伤、测厚等。

4. 半导体传感器

半导体传感器（Semiconductor Transducer）是指利用半导体材料的各种物理、化学和生物学特性制成的传感器。所采用的半导体材料多数是硅以及Ⅲ-Ⅴ族和Ⅱ-Ⅵ族元素化合物。半导体传感器种类繁多，它利用近百种物理效应和材料的特性，具有类似于人的眼、耳、鼻、舌、皮肤等多种感官功能。

（1）半导体传感器的工作原理

半导体传感器是利用半导体易受外界条件影响这一特性制成的传感器。根据检测对象，半导体传感器可分为物理传感器（检测对象为光、温度、磁、压力、湿度等）、化学传感器（检测对象为气体分子、离子、有机分子等）、生物传感器（检测对象为生物活性物质）。

半导体传感器是一种新型半导体器件，它能够实现电、光、温度、声、位移、压力等物理量的相互转换，并且易于实现集成化、多功能化，更满足计算机的要求，所以被广泛应用于自动化检测系统中。由于实际的被测量大多数是非电量，因而传感器的主要工作就是将非电信号转换成电信号。半导体传感器的优点是灵敏度高、响应速度快、体积小、质量轻，便于集成化、智能化，能使检测、转换一体化。半导体传感器的主要应用领域是工业自动化、遥测、工业机器人、家用电器、环境污染监测、医疗保健、医药工程和生物工程。

（2）半导体传感器的分类

常用的半导体传感器有气敏传感器、磁敏传感器、温敏传感器和各种半导体集成传感器。

① 气敏传感器：用半导体气敏元件组成的传感器为气敏传感器，主要用于天然气、煤气、石油化工等工业领域的易燃、易爆、有毒、有害气体的监测、预报和自动控制。

② 磁敏传感器：它是利用半导体材料中的自由电子或空穴随磁场改变其运动方向这一特性而制成的传感器，一般被用来检测磁场的存在、变化、方向，磁场的强弱以及可引起的磁场变化的物理量。目前常用的磁敏传感器主要有霍尔效应传感器、半导体磁敏电阻、磁敏二极管和磁敏三极管等。

③ 温敏传感器：它利用某些材料或元件的物理特性与温度有关的这一性质，将温度的变化转化为电量的变化。常见的有热电偶、热敏电阻、热敏二极管和热敏晶体管等，常用来红外线测温等。

④ 集成传感器：常见的集成传感器有开关型集成霍尔传感器、集成温度传感器、集成湿度传感器、集成压力传感器和集成加速度传感器。

5. 生物传感器

生物传感器（Biosensor）是利用生物活性物质与电化学或其他传感器结合而形成的新型探测器件。生物传感器中最关键的部件是生物活性物质，它可以是生物酶、抗体、生物膜或者活细胞等。这些活性物质与所要测定的物质相遇，便会发生化学变化、物理变化和生物化学变化。此类变化进一步通过化学过程或其他传感器的作用，转化为电信号或光信号，就可以被仪器记录下来，成为可掌握的信息。

生物传感器由分子识别部分（敏感元件）和转换部分（换能器）构成：以分子识别部分去识别被测目标，是可以引起某种物理变化或化学变化的主要功能元件。分子识别部分是生物传感器选择性测定的基础。转换部分是把生物活性表达的信号转变为电信号的物理或化学换能器（传感器）。

各种生物传感器有以下共同的结构：包括一种或数种相关生物活性材料（生物膜）及能把生物活性表达的信号转换为电信号的物理或化学换能器（传感器），二者组合在一起，用现代微电子和自动化仪表技术进行生物信号的再加工，构成各种可以使用的生物传感器分析装置、仪器和系统。

（1）生物传感器原理

生物传感器的结构一般是在基础传感器（如电化学装置）上再耦合一个生物敏感膜（称为感受器或敏感元件）。生物敏感膜紧贴在探头表面上，再用一种半渗透膜与被测溶液隔开。当被测溶液中的成分透过半透膜有选择地附着于敏感物质上时，形成复合体，随之进行生化和电化学反应，产生普通电化学装置能感知的 O_2、H_2、NH_4^+、CO_2 等或光、声等信号，并通过信号转换元件转换为电信号。

利用生物体内具有特殊功能的物质制成的膜与被测物质接触时伴有物理、化学变化的生化反应可以进行分子识别。

生物敏感膜是生物传感器的关键元件，它直接决定着传感器的功能与质量。

（2）生物传感器特点

① 操作简单，需用样品少，能短时间内完成测定。一般不需进行样品的预处理，它利用本身具备的优异选择性把样品中被测组分的分离和检测统一为一体，测定时常不需另加其他试剂，使测定过程简便迅速，容易实现自动分析。

② 可进入生物体内，进行活体分析。

③ 对被检测物质具有极好的选择性，噪声低。

④ 经固定化处理后，可保持长期生物活性，传感器可反复使用。

⑤ 传感器连同测定仪的成本远低于大型的分析仪，因而便于推广普及。

生物传感器主要应用在医疗检验、环境监测等领域，如水污染监测、农药残留物监测、传染病检验等，如图 3-11 所示。

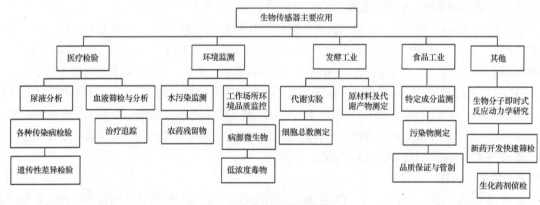

图 3-11　生物传感器应用领域

3.2.3　无线传感器网络

无线传感器网络是信息科学领域中一个全新的发展方向，同时也是新兴学科与传统学科进行领域交叉的结果。无线传感器网络经历了智能传感器、无线智能传感器、无线传感器网络 3 个阶段。无线传感器网络将网络技术引入无线智能传

V3-4　无线
传感器网络

感器中，使得传感器不再是单个的感知单元，而是能够交换信息、协调控制的有机结合体，实现物与物的互联，把感知触角深入世界各个角落，无线传感器网络必将成为下一代互联网的重要组成部分。

1. 无线传感器网络概述

无线传感器网络是由大量的、静止或移动的传感器节点，以自组织和多跳的方式构成的无线网络，目的是以协作的方式感知、采集、处理和传输在网络覆盖区域内被感知对象的信息，并把这些信息发送给用户。

无线传感器网络的任务是利用传感器节点监测节点周围的环境，收集相关数据，然后通过无线收发装置采用多跳的方式将数据发送到汇聚节点，再通过汇聚节点将数据传送到用户端，从而实现对目标区域的监测。

无线传感器网络与传统传感器测控系统相比具有明显的优势。它采用点对点或点对多点的无线连接、大大减少了电缆成本，在传感器节点端合并了模拟信号/数字信号处理和网络通信功能，节点具有自检功能，系统性能与可靠性明显提升而成本明显缩减。无线传感器网络具有以下特点。

（1）硬件资源有限。无线传感器网络节点采用嵌入式处理器和存储器，计算能力和存储能力十分有限。所以，需要解决如何在有限的计算能力的条件下进行协作分布式信息处理的难题。

（2）电源容量有限。为了测量真实世界的具体值，各个节点会密集地分布于待测区域内，人工补充能量的方法已经不再适用。每个节点都要储备可供长时间使用的能量，或者自己从外汲取能量（太阳能）。当自身携带的电池的能量耗尽，往往只能被废弃，甚至造成网络的中断。所以，任何无线传感器网络技术和协议的研究都要以节能为前提。

（3）无中心。在无线传感器网络中，所有节点的地位都是平等的，没有预先指定的中心，是一个对等式网络。各个节点通过分布式算法来互相协调，在无人值守的情况下，节点就能够自动组织起一个测量网络。而正因为没有了中心，网络便不会因为单个节点的脱离而受到损害。节点可以随时加入或离开网络，任何节点的故障都不会影响整个网络的运行，具有很强的抗毁性。

（4）自组织。网络的分布和展开无须依赖于任何预设的网络设施，节点通过分层协议和分布式算法协调各自的行为，节点开机后就可以快速、自动地组成一个独立的网络。

（5）多跳（Multi-hop）路由。无线传感器网络节点通信能力有限，覆盖范围只有几十到几百米，节点只能与它的邻居直接通信。如果希望与其射频覆盖范围之外的节点进行通信，则需要通过中间节点进行路由。无线传感器网络中的多跳路由是由普通网络节点完成的。

（6）动态拓扑。节点能源耗尽或因其他故障，退出网络运行；也可能由于工作的需要而被添加到网络中。

（7）节点数量众多，分布密集。无线传感器网络节点数量大、分布范围广，难以维护甚至不可维护。所以，需要解决如何提高无线传感器网络的软、硬件健壮性和错容性的问题。

（8）传输能力的有限性。无线传感器网络通过无线电波进行数据传输，虽然省去了布线的烦恼，但是相对于有线网络，低带宽则成为它的天生缺陷。同时，信号之间还存在相互干扰，信号自身也在不断地衰减，诸如此类，不过因为单个节点传输的数据量并不算大，这个缺点还是能忍受的。

（9）安全性的问题。无线信道、有线的能量，分布式控制都使得无线传感器网络更容易受到攻击。被动窃听、主动入侵、拒绝服务则是这些攻击的常见方式。

2. 无线传感器网络体系结构

无线传感器网络系统通常包括传感器节点（Sensor Node）、汇聚节点（Sink Node）和管理节点，无线传感器网络系统架构如图 3-12 所示。大量传感器节点随机部署在监测区域（Sensor Field），以无线自组织的方式构成网络。传感器节点采集的数据通过其他传感器节点逐跳地在网络中传输，经过多跳后路由到汇聚节点，最后通过互联网或者卫星到达数据处理中心管理节点。用户通过管理节点沿着相反的方向对传感器网络进行配置和管理，发布监测任务以及收集监测数据。

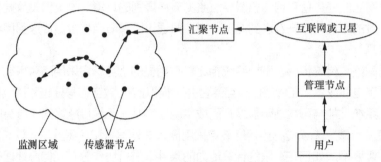

图 3-12　无线传感器网络系统架构

（1）传感器节点

无线传感器网络是由大量的传感器节点组成的网络系统，每个传感器节点通常是一个微型的嵌入式系统，它具有感知能力、处理能力、存储能力和通信能力。传感器节点一般包括数据采集模块、处理控制模块、无线通信模块和能量供应模块。其中，数据采集模块负责对感知对象的信息进行采集和数据转换；处理控制模块负责控制整个传感器节点的操作，存储与处理自身采集的数据以及其他节点发来的数据；无线通信模块负责与其他传感器节点通信，交互控制信息和收发数据业务；能量供应模块为传感器节点提供运行所需的能量，一般采用电池供电，一旦电源耗尽，节点就失去了工作能力。

（2）汇聚节点

汇聚节点处理能力、存储能力和通信能力相对较强，它负责无线传感器网络和互联网等外部网络的连接，实现两种协议栈之间的通信协议的转换，同时发布管理节点的监测任务，并把收集的数据转发到外部网络上。汇聚节点既可以是具有增强功能的传感器节点，有足够的能量供给和更多的内存与计算资源，也可以是没有监测功能仅带有无线通信接口的特殊网关设备。

（3）管理节点

即用户节点，用户通过管理节点对无线传感器网络进行配置和管理，发布监测任务以及收集监测数据。

3. 无线传感器网络的关键技术

无线传感器网络是综合智能信息系统，其构建是一个庞大的系统工程，涉及的研究工作和需要解决的问题在每一个层面上都很多。

（1）网络通信协议

由于传感器节点的计算能力、存储能力、通信能力以及携带的能量都十分有限，每个节点只能获取局部网络的拓扑信息，因而节点上所运行的网络通信协议也不能太复杂。同时，无线传感器网络拓扑结构与周边环境动态变化，网络资源也在不断变化，这些都对网络协议提出了更高的要求。无线传感器网络的通信协议包括物理层、数据链路层、网络层和传输层，它们相互配合运行使得若干独立的传感器节点能够形成一个多跳的动态的数据采集与处理网络。无线传感器网络的介质访问控制（Medium Access Control，MAC）协议首先要考虑节省能源和扩展性，其次才考虑公平性、利用率和实时性等。路由协议不仅关心单个节点的能量消耗，更关心整个网络能量的均衡消耗，这样才能延长整个网络的生存期。

（2）核心支撑技术

无线传感器网络的核心支撑技术包括拓扑控制、节点定位、时间同步、网内信息处理、网络安全等。无线传感器网络的核心支撑技术使用网络通信协议提供的服务，并通过应用服务接口来屏蔽底层网络的细节，使终端用户可以方便地对无线传感器网络进行操作。

通过拓扑控制自动生成的良好的网络拓扑结构，能够提高路由协议和 MAC 协议的效率，可为数据融合、时间同步和目标定位等很多方面奠定基础，有利于节省节点的能量来延长网络的生存期；确定事件发生的位置或采集数据的节点位置是无线传感器网络最基本的功能之一。为了提供有效的位置信息，随机部署的传感器节点必须能够在布置后确定自身位置，定位机制必须满足自组织性、健壮性、能量高效、分布式计算等要求；时间同步是需要协同工作的无线传感器网络系统的一个关键机制，如测量移动车辆速度需要计算不同传感器检测事件时间差，通过波束阵列确定声源位置节点间时间同步；网络安全包括通信安全和信息安全，常采用密钥管理、安全路由、安全组播、数据融合和入侵检测等策略防范和抵御攻击。

（3）自组织管理

多变的网络状况及外在环境要求无线传感器网络具有自组织能力，能够自动组网运行、自动配置维护、适时转发监测数据等，包括节点管理、数据管理、任务管理和系统维护等。

节点管理内容包括：节点休眠/唤醒机制中保证网络覆盖度的各种算法、节点自身的计算和传感资源的动态管理、功率管理中的网络连通性控制算法等，要力求降低算法复杂度，降低信息收集过程的协议开销。数据管理包括：数据模式、数据存储、数据索引、数据查询等。任务管理则包括：任务分配、任务调度、负载均衡等。

（4）开发与应用

无线传感器网络的开发与应用包括仿真平台、硬件系统开发、操作系统开发、应用软件开发等。

在医疗监控方面，无线传感器网络可以实现对人体生理数据的无线监控、对医护人员和患者的追踪、对药品和医疗设备的监测等。在军事方面，无线传感器网络具有密集型、随机分布等特点，非常适合应用在恶劣的战场环境中，能够监测敌军区域内的兵力、装备等情况，能够定位目标、监测核攻击和生物化学攻击等。

3.2.4 拓展知识：实现元宇宙，需要什么传感器？

元宇宙（Metaverse）是利用科技手段进行链接与创造的，与现实世界映射、交互的虚拟世界，具备新型社会体系的数字生活空间。元宇宙本质上是对现实世界的虚拟化、数字化过程，需要对内容生产、经济系统、用户体验以及实体世界内容等进行大量改造。但元宇宙的发展是循序渐进的，是在共享的基础设施、标准及协议的支撑下，由众多工具、平台不断融合、进化而最终成形的。它基于扩展现实技术提供沉浸式体验，基于数字孪生技术生成现实世界的镜像，基于区块链技术搭建经济体系，将虚拟世界与现实世界在经济系统、社交系统、身份系统上密切融合，并且允许每个用户进行内容生产和世界编辑。

现在，元宇宙已经成为一个炙手可热的概念。要实现元宇宙这个想法，需要借助许多设备和技术，像 VR、增强现实（Augmented Reality，AR）、云计算、人工智能、芯片、脑机接口、5G、区块链等技术（见图 3-13），视觉、听觉等我们大都已经实现，然而要怎么在元宇宙里再现人的触觉和味觉等感觉呢？

图 3-13 元宇宙是对信息技术的全面深度融合

柔性传感器就是实现触觉、制造"电子皮肤"的基石。"柔性时代"已然来临，是业内人士的共识。而作为柔性电子设备的重要组成部分，柔性传感器正在从基础研究向产业化方向发展。

利用柔性传感器和导电体，科学家可以将外界的受力或受热情况转换为电信号，传递给机器人的计算机进行信号处理，这样就可以制作成透明、柔韧、可延展、可自由弯曲折叠、可穿戴的电子皮肤，以便实时精准地检测出人体各项指标。

柔性传感器是指采用柔性材料制成的传感器，具有良好的柔韧性、延展性，甚至可自由弯曲、折叠，而且结构形式灵活多样，可根据测量条件的要求任意布置，能够非常方便地对复杂被测量进行检测。

柔性传感器的优势让它有非常好的应用前景，包括在医疗电子、环境监测和可穿戴等领域。例如在环境监测领域，科学家将制作成的柔性传感器置于设备中，可监测台风和暴雨的等级；在可穿戴领域，柔性的电子产品更易于测试皮肤的相关参数，因为人的身体不是平面的。

柔性传感器是随着柔性材料的发展应运而生的。柔性材料是与刚性材料相对应的概念，一般，柔性材料具有柔软、低模量、易变形等属性，目前制作柔性传感器的材料有很多，主要是金属材料、无机半导体材料、有机材料和柔性基底。

柔性传感器种类较多，分类方式也多样化。按照用途分类，柔性传感器包括柔性压力传感器、柔性气体传感器、柔性湿度传感器、柔性温度传感器、柔性应变传感器、柔性磁阻抗传感器和柔性热流量传感器等。

按照感知机理分类，柔性传感器包括柔性电阻式传感器、柔性电容式传感器、柔性压磁式传感器和柔性电感式传感器等。

柔性智能传感器的应用前景一路向好，但是其产业化的过程一定将面临很多挑战。

目前，柔性传感器许多技术仍停留在研究阶段，柔性传感器产业链整体亟待提高。就技术本身而言，柔性传感器本身的稳定性、耐磨损性等还需要进一步提高。而从整个产业链的配套来说，柔性电路、柔性存储，以及软硬连接等环节也需要跟进步伐。

柔性传感器搞出来了，元宇宙的大门离我们也就不远了。

（来源：全球物联网观察）

3.3　3S 技术

V3-5　3S 技术

【情景导入】

智能手机出现后，定位功能随之出现，我们的生活工作获得了极大的便利。出行时，我们可以随时打开手机上的地图导航软件，无论是自驾、坐公交、步行，都能马上获得较准确的距离与导航时间，导航过程中我们还可以实时地查看每条路的交通拥挤情况；用微信聊天时，可以向好友发送自己当前所处的位置，也可以实时共享位置；去一个地方旅游之前，可以先打开地图软件，通过卫星影像模式，浏览卫星拍摄下的目的地的真实地形、地貌，甚至可以通过街景模式，身临其境般直接在网络上旅游。这些都是应用了 3S 技术的体现。

3S 技术为物联网提供了空间位置上的感知能力，下面让我们一起来认识 3S 技术。

【思考】

（1）3S 技术是什么？

（2）各项 3S 技术的原理是什么？应用在哪些方面？

3.3.1　3S 技术概述

"3S" 技术是遥感（Remote Sensing，RS）、全球定位系统（Global Positioning System，GPS）、地理信息系统（Geographical Information System，GIS）这 3 种技术名词中最后一个单词字头的统称。这三者通常集成一个综合的应用系统，GPS 进行实时定位，RS 进行数据采集和更新，GIS 进行空间分析和综合处理，它们既相互独立又相互联系。

"遥感"，顾名思义，就是遥远的感知。地球上的每一个物体都在不停地吸收、发射、反射信息和能量。其中的一种形式——电磁波早已经被人们认识和利用。人们发现不同物体的电磁波特性是不同的。遥感就是根据这个原理来探测地表物体对电磁波的反射和其发射的电磁波，从而提取这些物体的信息，完成远距离识别物体的。

遥感技术的实际操作虽然很复杂，但其结果在我们每个人的生活中处处都有体现！"天气预报"中所播放的"卫星气象云图"就是由"气象卫星"拍摄的"云"的图像。气象观测只不过是遥感技术众多应用领域的一个。

与地理位置有关的信息，称为地理信息。这样的信息相当广泛，如耕地的分布，林地的分布，城镇的分布，楼房等建筑物的分布，道路、河流、海岸、人口、医院、学校、企事业单位、管线、派出所、商店、井位、门牌、电闸、水表、开关的分布等，只要能用"位置"去描述的东西，都属于"地理信息"，遥感所提取的信息也全部包含在地理信息之中。

全球定位系统，由处于 2 万千米高度的 6 个轨道平面中的 24 颗卫星组成。此系统用于在任何时间，向地球上任何地方的用户提供高精度的位置、速度、时间信息，或给用户提供其邻近者的这些信息。

3.3.2　遥感技术

遥感一词来源于英语"Remote Sensing"，其直译为"遥远的感知"，时间长了人们将它简译为"遥感"。遥感可以解释为运用现代光学、电子学探测仪器，不与目标物接触，从远距离把目标物的电磁波特性记录下来，通过分析、解译揭示出目标物本身的特征、性质及其变化规律。遥感是 20 世纪 60 年代发展起来的一门对地观测综合性技术。自 20 世纪 80 年代以来，遥感技术得到了长足的发展，遥感技术的应用也日趋广泛。随着遥感技术的不断进步和遥感技术应用的不断深入，未来的遥感技术将在我国国民经济建设中发挥越来越重要的作用。

例如，大兴安岭森林火灾发生的时候，由于着火的树木温度比没有着火的树木温度高，它们在电磁波的热红外波段会辐射出比没有着火的树木更多的能量，这样，当消防指挥官面对熊熊烈火担心不已的时候，如果这时候正好有一个载着热红外波段传感器的卫星经过大兴安岭上空，传感器拍摄到大兴安岭周围方圆上万平方千米的影像，因为着火的森林在热红外波段比没着火的森林辐射更多的电磁能量，在影像中着火的森林就会显示出比没有着火的森林更亮的浅色调。当影像经过处理，交到消防指挥官手里时，指挥官一看，图像上发亮的范围这么大，而消防队员只是集中在一个很小的点上，说明火情逼人，必须马上调遣更多的消防员到不同的地点参与灭火行动。

上面的例子简单地说明了遥感的基本原理和过程，同时涉及遥感的许多方面。除上文提到的不同物体具有不同的电磁波特性这一基本特征外，还有遥感平台，在上面的例子中就是卫星了，它的作用就是稳定地运载传感器。除了卫星，常用的遥感平台还有飞机、气球等；当在地面试验时，还会用到像地面三脚架这样简单的遥感平台。传感器就是安装在遥感平台上探测物体电磁波的仪器。针对不同的应用和波段范围，人们已经研究出很多种传感器，探测和接收物体在可见光、红外线和微波范围内的电磁辐射。传感器会把这些电磁辐射按照一定的规律转换为原始图像。原始图像被地面站接收后，要经过一系列复杂的处理，才能提供给不同的用户使用。

由于遥感在地表资源与环境监测、农作物估产、灾害监测、全球变化等许多方面具有显而易见的优势，它正处于飞速发展中。更理想的平台、更先进的传感器和影像处理技术正在不断地发展，以促进遥感在更广泛的领域里发挥更大的作用。

1. 遥感的特点

遥感作为一门对地观测综合性技术，它的出现和发展既是人们认识和探索自然界的客观需要，更有其他技术手段与之无法比拟的特点。遥感技术的特点归结起来主要有以下 3 个方面。

（1）探测范围广、采集数据快

遥感探测能在较短的时间内，从空中乃至宇宙空间对大范围地区进行对地观测，并从中获取有价值的遥感数据。这些数据拓展了人们的视觉空间，为宏观掌握地面事物的现状情况创造了极为有利的条件，同时也为宏观研究自然现象和规律提供了宝贵的第一手资料。这种先进的技术手段与传统的手工作业相比是不可替代的，尤其在高效、客观、准确方面，具有得天独厚的优势。

（2）能动态反映地面事物的变化

遥感探测能周期性、重复地对同一地区进行对地观测，这有助于人们通过所获取的遥感数据，发现并动态跟踪地球上许多事物的变化。同时，遥感还能研究自然界的变化规律。尤其是在监视天气状况、自然灾害、环境污染甚至军事目标等方面，遥感的运用就显得格外重要。

（3）获取的数据具有综合性

遥感探测所获取的是同一时段、覆盖大范围地区的遥感数据，这些数据综合地展现了地球上许多自然与人文现象，宏观地反映了地球上各种事物的形态与分布，真实地体现了地质、地貌、土壤、植被、水流、人工构筑物等地物的特征，全面地揭示了地理事物之间的关联性。并且这些数据在时间上具有相同的现势性。

2. 遥感的分类

（1）按遥感平台的高度分类大体上可分为航天遥感、航空遥感和地面遥感。

航天遥感又称太空遥感（Space Remote Sensing），泛指利用各种太空飞行器作为平台的遥感技术系统，以地球人造卫星为主体，包括载人飞船、航天飞机和太空站，有时也把各种行星探测器包括在内。卫星遥感（Satellite Remote Sensing）为航天遥感的组成部分，以人造地球卫星作为遥感平台，主要利用卫星对地球和低层大气进行光学和电子观测。

航空遥感泛指从飞机、飞艇、气球等空中平台对地观测的遥感技术系统。

地面遥感主要指以高塔、车、船为平台的遥感技术系统，地物波谱仪或传感器安装在这些地面平台上，可进行各种地物波谱测量。

（2）按所利用的电磁波的光谱段分类可分为可见反射红外遥感、热红外遥感、微波遥感 3 种类型。

可见反射红外遥感，主要指利用可见光（0.4～0.7μm）和近红外（0.7～2.5μm）波段的遥感技术的统称，前者是人眼可见的波段，后者是反射红外波段，人眼虽不能直接看见，但其信息能被特殊遥感器所接收。它们的共同的特点是，辐射源是太阳，在这两个波段上只反映地物对太阳辐射的反射，根据地物反射率的差异，就可以获得有关目标物的信息，这两种波都可以用摄影方式和扫描方式成像。

热红外遥感，指通过红外敏感元件，探测物体的热辐射能量，显示目标的辐射温度或热场图像的遥感技术的统称。遥感中指 8～14μm 波段范围。地物在常温下热辐射的绝大部分能量位于此波段，在此波段地物的热辐射能量大于太阳的反射能量。热红外遥感具有昼夜工作的能力。

微波遥感，指利用波长 1～1000mm 电磁波的遥感技术的统称。通过接收地面物体发射的微波辐射能量，或接收遥感仪器本身发出的电磁波束的回波信号，对物体进行探测、识别和分析。微波遥感的特点是对云层、地表植被、松散沙层和干燥冰雪具有一定的穿透能力，又能夜以继日地全天候工作。

（3）按研究对象分类可分为资源遥感与环境遥感两大类。

资源遥感：以地球资源作为调查研究对象的遥感方法和实践，调查自然资源状况和监测再生资源的动态变化，是遥感技术应用的主要领域之一。利用遥感信息勘测地球资源，成本低、速度快，有利于突破自然界恶劣环境的限制，减少勘测投资的盲目性。

环境遥感：利用各种遥感技术，对自然与社会环境的动态变化进行监测或做出评价与预报的遥感技术的统称。由于人口的增长与资源的开发、利用，自然与社会环境随时都在发生变化，利用遥感多时相、周期短的特点，可以迅速为环境监测、评价和预报提供可靠依据。

（4）按应用空间尺度分类可分为全球遥感、区域遥感和城市遥感。

全球遥感：全面、系统地研究全球性资源与环境问题的遥感技术的统称。

区域遥感：以区域资源开发和环境保护为目的的遥感信息工程，它通常按行政区（国家、省区等）和自然区（如流域）或经济区划分。

城市遥感：以城市环境、生态作为主要调查研究对象的遥感工程。

3.3.3 卫星定位技术

卫星定位系统即全球定位系统（GPS）。简单地说，这是一个由覆盖全球的 24 颗卫星组成的卫星系统。这个系统可以保证在任意时刻，地球上任意一个观测点都可以同时观测到 4 颗卫星，以保证卫星可以采集到该观测点的经纬度和高度，以便实现导航、定位、授时等功能。

全球定位系统是 20 世纪 70 年代由美国陆海空三军联合研制的新一代空间卫星导航定位系统。其主要目的是为陆、海、空三大领域提供实时、全天候和全球性的导航服务，并用于情报收集、核爆监测和应急通信等一些军事目的。GPS 由 3 个部分组成：空间部分——GPS 卫星星座；地面控制部分——地面监控系统；用户设备部分——GPS 信号接收机。

中国北斗卫星导航系统（BeiDou Navigation Satellite System，BDS）是中国自行研制的全球卫星导航系统。可在全球范围内全天候、全天时为各类用户提供高精度、高可靠定位、导航、授时等服务，并具有短报文通信能力。

1. 卫星定位系统构成

卫星定位系统由 3 个部分构成：空间部分（由 24 颗卫星分布在 6 个轨道平面上组成）、地面控制部分（由主控站、地面天线、监测站和通信辅助系统组成）、用户设备部分（主要由接收机和卫星天线组成）。

（1）空间部分

如图 3-14 所示，空间部分由 24 颗工作卫星组成，它位于距地表 2.02 万千米的上空，工作卫星均匀分布在 6 个轨道面上（每个轨道面 4 颗），轨道倾角为 55°。此外，还有 4 颗有源备份卫星在轨运行。卫星的分布使得在全球任何地方、任何时间都可观测到 4 颗以上的卫星，并能保持几何图像的良好定位解算精度。这就提供了在时间上连续的全球导航能力。GPS 卫星产生两组电码，一组称为 C/A 码（Coarse/Acquisition Code 11 023MHz）；一组称为 P 码（Precision Code 10 123MHz），P 码因频率较高、不易受干扰、定位精度高，受美国军方管制，并设有密码，一般民间无法解读，主要为美国军方服务。C/A 码人为采取措施而刻意降低精度后开放给民间使用。

（2）地面控制部分

地面控制部分由一个主控站，5 个全球监测站和 3 个地面控制站组成。监测站均配装有精密的铯钟和能够连续测量到所有可见卫星的接收机。监测站将取得的卫星观测数据，包括电离层和气象数据，经过初步处理后，传送到主控站。主控站从各监测站收集跟踪数据，计算出卫星的轨道和时钟参数，然后将结果送到 3 个地面控制站。地面控制站在每颗卫星运行至上空时，把这些导航数据及主控站指令输入卫星。

（3）用户设备部分

用户设备部分即卫星导航系统信号接收机。其主要功能是捕获按一定卫星截止角所选择的待测卫星，并跟踪这些卫星的运行。

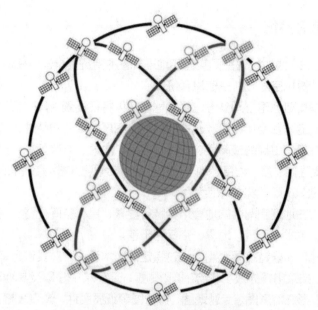

图 3-14　GPS 卫星定位系统空间部分

导航系统的基本原理是测量出已知位置的卫星到用户接收机的距离，然后综合多颗卫星的数据就可知道接收机的具体位置。要达到这一目的，卫星的位置可以根据星载时钟所记录的时间在卫星星历中查出。而用户到卫星的距离则通过记录卫星信号传播到用户所经历的时间，再将其乘光速得到。

全球定位系统的主要特点：①全天候；②全球覆盖；③三维定速、定时、高精度；④快速、省时、高效率；⑤应用广泛、多功能。

2. 卫星技术的应用

卫星技术的应用主要是为船舶、汽车、飞机等运动物体进行定位导航。

（1）卫星定位系统在道路工程中的应用

卫星定位系统在道路工程中的应用，主要是建立各种道路工程控制网及测定航测外控点等。随着高等级公路的迅速发展，对勘测技术提出了更高的要求。由于线路长，已知点少，因此，用常规测量手段不仅布网困难，而且难以满足高精度的要求。卫星定位系统在地形图测量中的运用非常广泛。在国内已逐步采用卫星定位系统建立线路首级高精度控制网，然后用常规方法布设导线加密。实践证明，在几十千米范围内的点位误差只有 2cm 左右，达到了常规方法难以实现的精度，同时也大大缩短了工期。卫星定位系统也同样应用于特大桥梁的控制测量中。由于无须通视，可构成较强的网形，提高点位精度，同时对检测常规测量的支点也非常有效。卫星定位系统在隧道测量中也具有广阔的应用前景，卫星定位系统测量无须通视，可减少常规方法的中间环节，因此，卫星定位系统测量速度快、精度高，具有明显的经济和社会效益。

（2）汽车导航和交通管理中的应用

三维导航是卫星定位系统的首要功能，飞机、轮船、地面车辆以及步行者都可以利用卫星定位系统导航器进行导航。汽车导航系统是在卫星定位系统基础上发展起来的一门新型技术。卫星定位系统与电子地图、无线电通信网络、计算机车辆管理信息系统结合，可以实现车辆跟踪、出行路线规划、导航和交通管理等许多功能。

3.3.4 地理信息系统

地理信息系统（GIS）是对地理空间实体和地理现象的特征要素进行获取、处理、表达、管理、分析、显示和应用的计算机空间或时空信息系统。

地理空间实体是指具有地理空间参考位置的地理实体特征要素，具有相对固定的空间位置和空间相关关系、相对不变的属性变化、离散属性取值或连续属性取值的特性。离散属性如城市的各类井、电力和通信线的杆塔、山峰的最高点、道路、河流、边界、市政管线、建筑物、土地利用和地表覆盖类型等，连续属性如温度、湿度、地形高程变化、归一化植被指数（Normalized Difference Vegetation Index，NDVI）、污染物浓度等。

地理现象是指发生在地理空间中的地理事件特征要素，具有空间位置、空间关系和属性随时间变化的特性。如台风、洪水、天气、地震、空气污染等。

地理空间实体和地理现象特征要素需要经过特定的技术手段，对其进行测量，以获取其位置、空间关系和属性信息，如采用野外数字测绘、摄影测量、遥感、GPS以及其他测量或地理调查方法，经过必要的数据处理，形成地形图、专题地图、影像图等纸质图件、调查表格或数字化的数据文件。这些图件、表格和数据文件需要经过数字化或数据格式转换，形成GIS软件所支持的某个数据文件格式。

GIS地理数据是根据特定的空间数据模型或时空数据模型，即对地理空间对象进行概念定义、关系描述、规则描述或时态描述的数据逻辑模型，按照特定的数据组织结构，即数据结构，生成的地理空间数据文件。对于一个GIS应用，会有一组数据文件，称为地理数据集。

一般来讲，地理数据集在GIS中多数都采用数据库系统进行管理，但也有少数采用文件系统管理。这里，数据管理包含数据组织、存储、更新、查询、访问控制等含义。

1. GIS的组成部分

完整的地理信息系统主要由5个部分组成，即硬件系统、软件系统、数据、空间分析和人员等。

硬件系统是GIS的支撑，软件系统是GIS的功能驱动，硬件系统和软件系统决定GIS的框架，数据是系统操作的对象，空间分析是GIS重要的功能，为GIS解决各类空间问题提供分析应用工具，人员主要有系统管理人员、系统开发人员、数据处理人员、数据分析人员和终端用户等，他们共同决定系统的工作方式和信息表示方式。

硬件系统是计算机系统中的实际物理设备的总称，构成GIS的物理架构支撑。根据构成GIS规模和功能的不同，硬件系统分为基本设备和扩展设备两大部分。基本设备部分包括计算机主机（含鼠标、键盘、硬盘、图形显示器等）、存储设备（光盘刻录机、磁带机、光盘塔、活动硬盘、磁盘阵列等）、数据输入设备（数字化仪、扫描仪、光笔、手写笔等）以及数据输出设备（绘图仪、打印机等）。扩展设备部分包括数字测图系统、图像处理系统、多媒体系统、虚拟现实与仿真系统、各类测绘仪器、GPS、数据通信端口、计算机网络设备等。它们用于配置GIS的单机系统、网络系统（企业内部网和互联网）、集成系统等不同规模模式，以及以此为基础的普通GIS综合应用系统（如决策管理 GIS）、专业 GIS（如基于位置服务的导航、物流监控系统）、能够与传感器设备联动的集成化动态监测 GIS 应用系统（如遥感动态监测系统），或以数据共享和交换为目的的平台系统（如数字城市、智慧城市共享平台）。

软件系统是指 GIS 运行所必需的各种程序，提供存储、分析和显示地理信息的功能和工具。包括计算机系统软件、GIS 软件和其他支撑软件、应用分析程序几个部分。计算机系统软件通常包括操作系统、汇编程序、编译程序、诊断程序、库程序，以及各种维护使用手册、程序说明等。GIS 软件和其他支撑软件既可以包括通用的 GIS 软件包，也可以包括数据库管理系统、计算机图形软件包、计算机图像处理系统、计算机辅助设计（Computer Aided Design，CAD）软件等，用于支持对空间数据的输入、存储、转换、输出和用户接口。应用分析程序是系统开发人员或用户根据地理专题或区域分析模型编制的用于某种特定应用任务的程序，是系统功能的扩充与延伸。应用分析程序作用于地理专题数据或区域数据，构成 GIS 的具体内容，这是用户最为关心的真正用于地理分析的部分，也是从空间数据中提取地理信息的关键。

数据是 GIS 的操作对象，是 GIS 的"血液"，它包括空间数据和属性数据。数据组织和管理质量，直接影响 GIS 操作的有效性。在地理数据的生产中，当前主要是 4 类数据，即数字线划地图（Digital Line Graphic，DLG）数据、数字栅格地图（Digital Raster Graphic，DRG）数据、数字高程模型（Digital Elevation Model，DEM）数据、数字正射影像图（Digital Orthophoto Map，DOM）数据。空间数据质量通过准确度、精度、不确定性、相容性、一致性、完整性、可得性、现势性等指标来度量。

GIS 空间分析是 GIS 为解决各种空间问题提供的有效基本工具集，但对于某一专门具体计算分析，还必须通过构建专门的应用分析模型，例如土地利用适宜性模型、选址模型、洪水预测模型、人口扩散模型、森林增长模型、水土流失模型、最优化模型和影响模型等才能达到目的。这些应用分析模型是客观世界中相应系统经由概念世界到信息世界的映射，反映了人类对客观世界利用、改造的能动作用，并且是 GIS 技术产生社会经济效益的关键所在，也是维持 GIS 生命力的重要保证，因此在 GIS 技术中占有十分重要的地位。

人员是 GIS 成功的决定因素，包括系统管理人员、数据处理及分析人员和终端用户。在 GIS 工程的建设过程中，还包括 GIS 专业人员、组织管理人员和应用领域专家。什么人使用 GIS 呢？可分为以下一些群体。

（1）GIS 和地图使用者。他们需要从地图上查找感兴趣的东西。

（2）GIS 和地图生产者。他们编辑各种专题或综合信息地图。

（3）地图出版者。他们需要高质量的地图输出产品。

（4）空间数据分析员。他们需要根据位置和空间关系完成分析任务。

（5）数据录入人员。他们需要完成数据编辑。

（6）空间数据库设计者。他们需要实现数据的存储和管理。

（7）GIS 软件设计与开发者。他们需要实现 GIS 的软件功能。

2. GIS 的应用

（1）GIS 主要应用于农业和林业领域，解决农业和林业领域各种资源（如土地、森林、草场）分布、分级、统计、制图等问题。主要回答"定位"和"模式"两类问题。资源配置包括城市中各种公用设施的分布、救灾减灾中物资的分配、全国范围内能源保障、粮食供应等。GIS 在这类应用中的目标是保证资源配置合理并发挥最大效益。

（2）城市规划和管理是 GIS 的一个重要应用领域。土地信息系统和地籍管理涉及土地使用性质变化、地块轮廓变化、地籍权属关系变化等许多内容，借助 GIS 技术可以高效、高质量地完成这些工作，包括生态与环境管理、模拟区域生态规划、环境现状评价、环境影响评价、污染物削减分配的决策支持、环境与区域可持续发展的决策支持、环保设施的管理、环境规划等。

（3）应急响应。解决在发生洪水、战争、核事故等重大自然或人为灾害时，如何安排最佳的人员撤离路线，并配备相应的运输和保障设施的问题。

（4）地学研究与应用地形分析、流域分析、土地利用研究、经济地理研究、空间决策支持、空间统计分析、制图等都可以借助地理信息系统工具完成。

（5）商业与市场，商业设施的建立充分考虑其市场潜力。例如大型商场的建立如果不考虑其他商场的分布、待建区周围居民区的分布和人数，建成之后就可能无法达到预期的市场和服务面。有时甚至商场销售的品种和市场定位都必须与待建区的人口结构（年龄构成、性别构成、文化水平）、消费水平等结合起来考虑。地理信息系统的空间分析和数据库功能可以解决这些问题。

（6）房地产开发和销售过程中也可以利用 GIS 功能进行决策和分析。基础设施管理，城市的地上、地下基础设施（电信、自来水、道路交通、天然气管线、排污设施、电力设施等）广泛分布于城市的各个角落且具有明显地理参照特征。它们的管理、统计、汇总都可以借助 GIS 完成，而且可以大大提高工作效率。选址分析根据区域地理环境的特点，综合考虑资源配置、市场潜力、交通条件、地形特征、环境影响等因素，在区域范围内选择最佳位置，这是 GIS 的一个典型应用领域，充分体现了 GIS 的空间分析功能。

（7）网络分析。建立交通网络、地下管线网络等的计算机模型，研究交通流量，制定交通规则，处理地下管线突发事件（爆管、断路）等。警务和医疗救护的路径优选、车辆导航等也是 GIS 网络分析应用的实例。

（8）可视化应用。以数字地形模型为基础，建立城市、区域的大型建筑工程、风景名胜区的三维可视化模型，实现多角度浏览，可广泛应用于宣传、城市和区域规划、大型工程管理和仿真、旅游等领域。分布式地理信息应用随着网络和互联网技术的发展，运行于内联网（Intranet）或互联网环境下的地理信息系统，其目标是实现地理信息的分布式存储和信息共享，以及远程空间导航等。

因此，GIS 是一种专门用于采集、存储、管理、分析和表达空间数据的信息系统，它既是表达、模拟现实空间世界和进行空间数据分析处理的"工具"，也可看作人们用于解决空间问题的"资源"，同时还是一门关于空间信息分析处理的"科学技术"。

3.3.5　拓展知识：大国重器——北斗导航

1. 概述

北斗卫星导航系统（以下简称北斗系统）是中国着眼于国家安全和经济社会发展需要，自主建设、运行的全球卫星导航系统，是为全球用户提供全天候、全天时、高精度的定位、导航和授时服务的国家重要时空基础设施。

北斗系统提供服务以来，已在交通运输、农林渔业、水文监测、气象测报、通信授时、电力调度、救灾减灾、公共安全等领域得到广泛应用，它是国家重要基础设施，产生了显著的经济效益和社会效益。基于北斗系统的导航服务已被电子商务、移动智能终端制造、位置服务等厂商采用，广泛进入中国大众消费、共享经济和民生领域，应用的新模式、新业态、新经济不断涌现，深刻改变着人们的生产、生活方式。中国将持续推进北斗系统应用与产业化发展，服务国家现代化建设和百姓日常生活，为全球科技、经济和社会发展作出贡献。

北斗系统秉承"中国的北斗、世界的北斗、一流的北斗"发展理念，愿与世界各国共享北斗系统建设发展成果，促进全球卫星导航事业蓬勃发展，为服务全球、造福人类贡献中国智慧和力量。北斗系统为经济社会发展提供重要时空信息保障，是中国实施改革开放 40 余年来取得的重要成就之一，是新中国成立 70 余年来重大科技成就之一，是中国贡献给世界的全球公共服务产品。中国将一如既往地积极推动国际交流与合作，实现与世界其他卫星导航系统的兼容与互操作，为全球用户提供更高性能、更加可靠和更加丰富的服务。

2. 发展历程

20 世纪后期，中国开始探索适合国情的卫星导航系统发展道路，逐步形成了"三步走"发展战略：2000 年年底，建成北斗一号系统，向中国提供服务；2012 年年底，建成北斗二号系统，向亚太地区提供服务；2020 年，建成北斗三号系统，向全球提供服务。

3. 发展目标

建设世界一流的卫星导航系统，满足国家安全与经济社会发展需求，为全球用户提供连续、稳定、可靠的服务；发展北斗产业，服务经济社会发展和民生改善；深化国际合作，共享卫星导航发展成果，提高全球卫星导航系统的综合应用效益。

4. 建设原则

中国坚持"自主、开放、兼容、渐进"的原则建设和发展北斗系统。

（1）自主。坚持自主建设、发展和运行北斗系统，具备向全球用户独立提供卫星导航服务的能力。

（2）开放。免费提供公开的卫星导航服务，鼓励开展全方位、多层次、高水平的国际合作与交流。

（3）兼容。提倡与其他卫星导航系统开展兼容与互操作，鼓励国际合作与交流，致力于为用户提供更好的服务。

（4）渐进。分步骤推进北斗系统建设发展，持续提升北斗系统服务性能，不断推动卫星导航产业全面、协调和可持续发展。

5. 远景目标

2035 年前还将建设完善更加泛在、更加融合、更加智能的综合时空体系。

6. 基本组成

北斗系统由空间段、地面段和用户段 3 部分组成。

（1）空间段。北斗系统空间段由若干地球静止轨道卫星、倾斜地球同步轨道卫星和中圆地球轨道卫星等组成。

（2）地面段。北斗系统地面段包括主控站、时间同步/注入站和监测站等若干地面站，以及星间链路运行管理设施。

（3）用户段。北斗系统用户段包括北斗兼容其他卫星导航系统的芯片、模块、天线等基础产品，以及终端产品、应用系统与应用服务等。

7. 发展特色

北斗系统的建设实践，走出了在区域快速形成服务能力、逐步扩展为全球服务的中国特色发展路径，丰富了世界卫星导航事业的发展模式。

北斗系统具有以下特点：一是北斗系统空间段采用 3 种轨道卫星组成的混合星座，与其他卫星导航系统相比高轨卫星更多，抗遮挡能力强，尤其低纬度地区性能优势更为明显；二是北斗系统提供多个频点的导航信号，能够通过多频信号组合使用等方式提高服务精度；三是北斗系统创新融合了导航与通信能力，具备定位、导航、授时、星基增强、地基增强、精密单点定位、短报文通信和国际搜救等多种服务能力。

（来源：北斗卫星导航系统）

3.4 视频监控技术

【情景导入】

2017 年我国拍摄的大型纪录片《辉煌中国》里，展示了我国天网系统。片中，大数据、人脸识别、全球实时追踪融为一体的中国天网系统，走进大众视野。

V3-6 视频监控技术

天网系统通过在交通要道、治安卡口、公共聚集场所等人口密集的场所安装视频监控设备。一旦有任何危害社会治安的犯罪行为发生，这些监控视频就会利用互联网，把特定区域内所有视频监控点的图像传输到监控中心，监控中心将图像视频与治安案件、刑事案件、交通违章等图像信息进行比对后，犯罪分子就能及时被捉拿归案了。

天网系统能实时检测车辆的车牌、车型，准确识别行人的年龄、性别、穿着，甚至能直接对应身份信息。目前中国已建成世界上最大的视频监控网。"中国天网"对网上追逃发挥着重要作用，1s 内可以将实时照片与全国在逃人员信息系统的几十万数据进行对比，如发现逃犯，警报瞬时响起。

本节让我们来认识一下物联网的视频监控技术。

【思考】

（1）视频监控系统的组成及其作用是什么？

（2）视频监控系统的主要设备有哪些？

3.4.1 视频监控技术概述

视频监控系统也叫闭路电视（Closed Circuit Television，CCTV）监控系统，是通过遥控摄像机及其辅助设备（光源等）直接查看被监视的场地情况，使被监控场地的情况一目了然，便于及时发现、记录和处理异常情况的一种电子系统或网络系统。

视频监控系统是安全技术防范系统的重要组成部分，其利用视频探测技术，监视设防区域并实时显示、记录现场图像。

视频监控系统集成了预防、监视、控制取证和管理等功能，从逻辑上可分为前端、传输、记录、显示、控制与管理 5 个部分，如图 3-15 所示。前端部分由采集视频的各类摄像装置组成，是整个系统的眼睛；传输部分负责网络传输；记录部分通过编码器、网络视频录像机（Network Video Recorder，NVR）等设备进行视频编码与存储；显示部分通过显示器或显示屏等设备进行视频查看与展示；控制与管理部分通过管理终端、手机和服务器等设备实现后台控制与管理。

视频监控系统的应用领域非常广泛，不仅用于金融、文博、军事、珠宝商场、宾馆等的安全保卫，也用于公安、交通、医疗、机场车站港口、工厂等的安全生产及现场管理。概括地说，视频监控系统的作用主要就是对被监控的场景实施实时监视和监听，同时实时地记录场景情况的变化，以便事后查证。

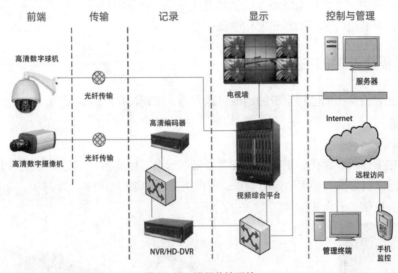

图 3-15　视频监控系统

无论是视频信号、音频信号还是控制信号，都必须借助媒体才能进行传输。承担传输的媒体可归结为两类：无线和有线。

视频监控系统传输部分的功能就是传输图像信号。视频监控系统一般采用有线传输方式，基于有线传输方式的传输系统有：双绞线缆传输系统、同轴电缆传输系统、光纤传输系统和网络传输系统。

3.4.2　物联网与视频监控

视频监控作为安防系统重要组成部分，具有直观、方便、信息内容丰富等特点，广泛应用于众多物联网应用场合。

1. 视频监控在物联网智慧农业的应用

作为农业经营者，最头疼的问题莫过于两点：一是所经营作物的防盗问题；二是作物生长状况的监测。多数经营者在园区安营扎寨日夜守护着作物。由于农业的规模越大，在看护上投入的费用和人力也就越多，这就严重制约了作物产地的发展和扩大。物联网农业智能测控系统能大大地提高生产管理效率，通过视频监控一方面可以实施防盗监控，另一方面可实时监测各基地农业生产状况。依据监测信息，与监控点实现在线交流，开展分析研究，能及时发布生产指导、预警信息，指导基地农业生产，提出决策参考数据，提升农业生产经营管理水平，促进现代农业发展。

2．视频监控在物联网交通监控系统中的应用

作为新兴的交通综合管理体系，智能交通一直是国内外交通运输领域讨论的热点。智能交通的迅速发展，使视频监控系统得到了前所未有的发展。智能视频监控利用计算机视觉技术对视频信号进行处理、分析和理解，在不需要人为干预的情况下，通过对序列图像自动分析，对监控场景中的变化进行定位、识别和跟踪，并在此基础上分析和判断目标的行为。目前我国视频智能监控技术可以有效完成车辆减/超速、车辆逆行、交通堵塞、道路烟雾和火灾等事件的自动监控，并且就车流量、车速、车型、突发事件紧急程度进行预测分析，为道路安全运行与危险情况营救提供必要的数据支持。在收费站、交通或治安检查站等卡口上对过往车辆进行实时抓拍，能获取到车辆行驶速度、车牌号码等数据，并能进行车辆动态布控和违章报警。

3.4.3 视频监控的主要设备

视频监控主要设备根据监控系统的组成可以分为：前端设备、传输设备、中心控制设备、显示/存储设备。

1．前端设备

前端设备由摄像机、镜头、防护罩、安装支架、云台、解码器等组成，主要用于对设防区域进行摄像。室外摄像机根据需要可附带防护罩。摄像机又分为球机、枪机、半球机、筒机，如图3-16所示。防护罩、支架、云台等配件如图3-17所示。

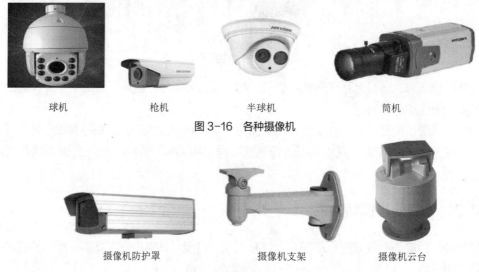

球机　　　　　　　枪机　　　　　　　半球机　　　　　　　筒机

图3-16　各种摄像机

摄像机防护罩　　　　　　　摄像机支架　　　　　　　摄像机云台

图3-17　摄像机部分配件

2．传输设备

视频信号的传输与摄像器件的研究是经典电视发展的两个核心，而带信号的传输一直是视频信号传输的主要方式。

高质量的图像传输是电视监控系统应用的关键，它决定监控系统应用的领域、方式。

目前，在监控系统中用来传输图像信号的介质主要有同轴电缆、双绞线和光纤，对应的传输设备分别是同轴视频放大器、双绞线视频传输设备和光端机。要组建一个高质量的监控网络，就必须搞清楚这 3 种主要传输方式的特点和使用环境，以便针对实际工程需要采取合适的传输介质和设备。

同轴电缆是使用最广泛的视频传输介质，一般用于中短距离的视频信号的传输。同轴电缆的电气特征使得它非常适合传输摄像机到监视器的全视频信号（CCTV 视频信号是由分布很广的低频信号和高频信号组成的）。

视频电缆一般选用 75Ω 的同轴电缆，通常使用的电缆型号为 SYV-75-3 和 SYV-75-5，如图 3-18 所示。它们对视频信号的无中继传输距离一般为 300～500m，当传输距离更长时，可相应选用 SYV-75-7、SYV-75-9 或 SYV-75-12 粗同轴电缆（在实际工程中，粗同轴电缆的无中继传输距离可达 1km 以上）。

图 3-18　同轴电缆及接口

一般来说，传输距离越长则信号的衰减越大，频率越高则信号的衰减也越大。当长距离传输时，由于视频信号的高频成分被过多地衰减而使图像变模糊（表现为图像中物体不清晰，分辨率下降），而当视频信号被衰减得不足以被监视器等视频设备捕捉到时，图像便不能稳定地显示了。

视频电缆的优点：

① 结构简单、施工方便；

② 不需要增加其他设备直接传输；

③ 便于连接至设备端。

视频电缆的缺点：

① 传输距离短（同轴电缆只适合于近距离传输图像信号，当传输距离达到 200m 时，图像质量将会明显下降，特别是色彩变得暗淡，有失真感）；

② 受气候影响大（温度、湿度）；

③ 电缆老化快（同轴电缆使用 3～6 年后，传输信号的衰减约增加 1.2～1.5 倍）；

④ 抗干扰能力差（同轴电缆抗干扰能力有限，无法应用于强干扰环境）；

⑤ 受雷击影响（视频电缆前后端均需要做防雷保护措施）；

⑥ 布线根数多（一根视频电缆只可以传输一路视频信号）；

⑦ 易损坏。

3. 中心控制设备

模拟系统的终端设备一般都集中在控制室，并固定安装在相应的机架和操作控制台上。终端一般包括视音频放大分配器、视频矩阵切换器、多画面分割器、硬盘录像机、控制键盘和显示器等。

视音频信号从前端传输过来一般先经视音频放大分配器，信号在视音频放大分配器中获得补偿放大并分成两路或多路信号给视频矩阵切换器、录像机及相关设备，最后在监视器上还原成声音与图像信号。视频监控还可以和报警联动，和视频安防监控系统联动。

视音频放大分配器，如图 3-19 所示，由于前端每个摄像机只能输出一路图像信号，有时候不够监控中心设备使用，因此，视音频放大分配器的作用就是将一路视频输入信号放大并分配成两路或多路相同的视频输出信号，以保证视频矩阵切换器、录像机、监视器等设备的需要。

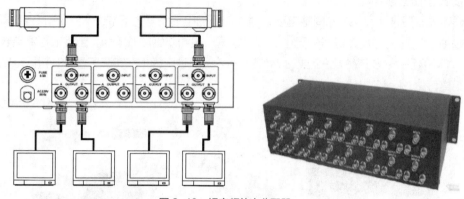

图 3-19　视音频放大分配器

视频矩阵切换器，如图 3-20 所示，最重要的一个功能就是实现对输入视频图像的切换输出。准确概括就是：将视频图像从任意一个输入通道切换到任意一个输出通道显示。一般来讲，一个 M $\times N$ 矩阵：表示它可以同时支持 M 路图像输入和 N 路图像输出。这里需要强调的是，必须要做到任意，即任意的一个输入和任意的一个输出。

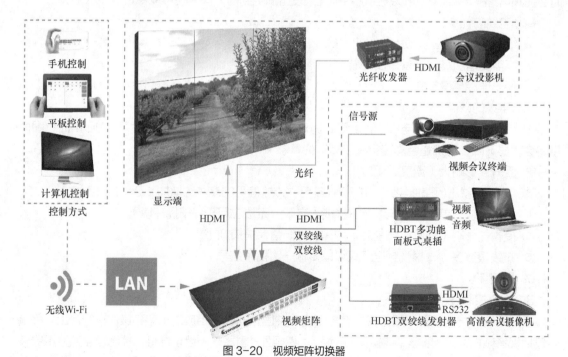

图 3-20　视频矩阵切换器

控制键盘是监控人员控制闭路视频监控设备的平台，通过它可以切换视频、遥控摄像机的云台转动或镜头变焦等，它还具有对监控设备进行参数设置和编程等功能。

4. 显示/存储设备

硬盘录像机（Digital Video Recorder，DVR），即数字录像设备，相对于传统的模拟视频录像机，采用硬盘录像，故常常被称为硬盘录像机。它是一套进行图像存储处理的计算机系统，具有对图像/语音进行长时间录像、录音、远程监视和控制的功能。

3.4.4　拓展知识：人工智能助力视频监控，不只是看清楚那么简单

不断推进的平安城市和雪亮工程建设让视频监控遍布大街小巷，据不完全统计，一个中型城市约有上万路监控，有的甚至有 10 万路以上，每天产生的视频数据相当于千亿幅图片。然而，由于早期技术等因素的限制，传统视频监控摄像机已经无法满足当前社会经济发展的需求。随着前端算力的增强，智能分析软件的进一步发展，智能摄像机毋庸置疑地成为下一代摄像机的发展方向。

传统监控摄像机只能提供实时情况监控，或者回看已经发生的某些事情。而整合了人工智能技术的智能摄像机，让用户能够实时监控情况，并在问题发生之前识别出问题。数据科学家马赫什·萨普塔里希（Mahesh Saptharishi）博士表示："包含视频分析功能的监控系统可以实时分析视频内容，检测出可能构成威胁的异常活动。基本上，视频分析技术可以帮助安全软件'学习'什么是正常情况，这样它就可以检测出异常情况，以及某个可能被忽略的潜在危害行为。"这是人工智能与视频监控结合的关键驱动因素之一。其背后的想法是，先进的软件可以完善人类的判断力，提供更准确、更安全的监控。但这并不意味着取代人类监控，而是让这个过程更细致化和更个性化。

智能监控旨在对监控视频中的物体、行为、事件等对象，通过检测、识别、跟踪等视觉模式识别技术进行智能分析和判断，从而减少或取代人力的干预，所涵盖的技术包括对人脸、行人、车辆、标志等视觉对象的识别和行为分析等，其应用主要分为以下几种。

（1）人脸识别。人脸识别系统有很多潜在的价值，它可以与视频监控系统结合在一起，帮助执法人员在人群中辨认、识别目标人员的面孔，这可能在未来有助于警方追踪罪犯，甚至可以防患于未然，从源头上阻止犯罪的发生。可用于人脸核查、人脸搜索等。

（2）车牌识别。先拍摄到已停止汽车清晰的车牌图像，然后采用图像检测方法检测出图像中车牌的位置，接着进行车牌文字的抽取和识别，通过对车道内通行车辆的视频流进行采集，实现对同一车牌的多次识别，最后输出经过优化选择的结果，一般无需外界触发信号，具有较强的适应能力，对车辆遮挡情况有一定的抵抗能力。主要用于小区车辆的登记、查询以及收费，高速公路违法车辆的抓拍。

（3）语音识别。语音识别根据对说话人的要求分为特定人语音识别和非特定人语音识别。特定人语音识别是指当前的语音识别系统被设计用来识别某个具体使用者的语音，这种情况下数据库中的音频样本均来自使用者本人，所以数据库中语言的发声习惯、语速、语调等均与使用者一致，可以大幅提升识别准确率。非特定人语音识别是指使用一套通用的系统来供所有用户使用，使用门槛低，系统推广性强。主要用于实现人机交互。

（4）表情识别。表情识别是指从给定的静态图像或动态视频序列中分离出特定的表情状态，从而确定被识别对象的心理情绪，实现计算机对人脸表情的理解与识别，从根本上改变人与计算机的关系，从而达到更好的人机交互。主要应用于根据人的表情，推荐不同的商品。

（5）年龄识别。摄像机通过核对识别对象的骨架结构、眼睛和嘴巴的位置以及眼睛和鼻子周围

的皱纹，可以准确无误地判断出识别对象的年龄。主要通过识别客人的年龄，实现精准营销。

视频监控整合人工智能技术，虽然在加强监控的同时也伴随着一些潜在风险，但是潜在的优点显然超过了缺点。且如今人工智能在算法与芯片领域的成熟及成本的下降，使得智能监控的商业化落地更加快速，同时智能监控市场在寻求差异化竞争的过程中形成了百花齐放的形势。

（来源：中国安防展览网）

3.5 嵌入式系统

【情景导入】

在高速发展的智能时代，各类智能设备层出不穷，智能手环、智能手表、智能眼镜等智能穿戴设备，已经随处可见。智能手环可以跟踪用户的日常活动、关注用户的睡眠情况和饮食习惯、实时监测人体健康指标，并将数据与终端设备、云平台同步，帮助用户了解和改善自己的健康状况，分享运动心得。智能眼镜可以将普通眼镜、智能手机、摄像机集于一身，通过计算机化的镜片以智能手机的形式将信息实时展现在用户眼前。

另一些传统的设备或物品，通过应用电子技术，也开始变得智能起来，比如智能鞋垫、智能音箱、智能花盆、智能鱼缸。智能鞋垫能监测人的每日步数和运动情况，也可以用于运动分析和训练指导；智能音箱能实现语音交互、人机互动；智能花盆、智能鱼缸能实现自动照顾花或鱼的自动喂养等。

上述这些智能化的设备都应用了嵌入式系统，由此可见目前嵌入式系统已经渗透到生活的各个领域，正在发挥着越来越大的作用。本节让我们一起来认识一下嵌入式系统。

【思考】

（1）嵌入式系统是什么？
（2）嵌入式系统由什么组成？

3.5.1 嵌入式系统概述

随着计算机技术、网络技术和微电子技术的快速发展，人们进入了后个人计算机（Personal Computer，PC）时代，后 PC 时代是一个嵌入式系统（Embedded System）的网络时代，嵌入式技术也将获得广阔的发展空间。嵌入式系统是先进的

V3-7 嵌入式系统概述

计算机技术、半导体技术和电子技术与各个行业的具体应用结合后的产物，这一点就决定了它必然是一个技术密集、资金密集、高度分散、不断创新的知识集成系统。在生活、工作，以及所有领域，随着物联网的发展应用，嵌入式系统的应用进入了爆炸式发展的阶段，正在改变着人们的生活工作方式。

1. 嵌入式系统概念

关于嵌入式系统的定义有很多，较通俗的定义是指嵌入对象体系中的专用计算机系统。

电气与电子工程师协会（Institute of Electrical and Electronics Engineers，IEEE）对嵌入式系统的定义是："嵌入式系统是控制、监视或者辅助设备、机器和工厂运行的装置"。该定义是从

应用的角度出发，强调嵌入式系统是一种完成特定功能的装置，该装置能够在没有人工干预的情况下独立地进行实时监测和控制。

我国对嵌入式系统定义为：嵌入式系统是以应用为中心，以现代计算机技术为基础，能够根据用户需求（功能、可靠性、成本、体积、功耗、环境等）灵活裁剪软硬件模块的专用计算机系统。

2. 嵌入式系统特点

从构成上看，嵌入式系统是集软硬件于一体的，可独立工作的计算机系统；从外观上看，嵌入式系统像一个"可编程"的电子"器件"；从功能上看，它是对目标系统进行控制，使其智能化的控制器；从用户和开发人员的不同角度来看，与普通计算机相比较，嵌入式系统具有如下特点。

（1）专用性强。由于嵌入式系统通常是面向某个特定应用的，所以嵌入式系统的硬件和软件，尤其是软件，都是为特定用户群设计的，通常具有某种专用性特点。

（2）体积小型化。嵌入式系统把通用计算机系统中许多由板卡完成的任务集成在芯片内部，从而有利于实现小型化，方便将嵌入式系统嵌入目标系统中。

（3）实时性好。嵌入式系统广泛应用于生产过程控制、数据采集、传输通信等场合，主要用来对宿主对象进行控制，所以对嵌入式系统有或多或少的实时性要求。实时性是对嵌入式系统的普遍要求，是设计者和用户应考虑的一个重要指标。

（4）可裁剪性好。从嵌入式系统的专用性特点来看，嵌入式系统的供应者理应提供各式各样的硬件和软件以备选用，力争在同样的硅片面积上实现更高的性能，这样才能在具体应用中更具竞争力。

（5）可靠性高。由于有些嵌入式系统所承担的计算任务涉及被控产品的关键质量、人身设备安全，甚至国家机密等重大事务，且有些嵌入式系统的宿主对象工作在无人值守的场合，如在危险性高的工业环境和恶劣的野外环境中的监控装置。所以，与普通系统相比较，嵌入式系统对可靠性的要求极高。

（6）功耗低。有许多嵌入式系统的宿主对象是一些小型应用系统，如移动电话、MP3 播放器、数码相机等，这些设备不可能配置交流电源或容量较大的电源，因此低功耗一直是嵌入式系统追求的目标。

（7）嵌入式系统本身不具备自我开发能力，必须借助通用计算机平台来开发。

（8）嵌入式系统通常采用"软硬件协同设计"的方法实现。在系统目标要求的指导下，通过综合分析系统软硬件功能及现有资源，协同设计软硬件体系结构，以最大限度地挖掘系统软硬件能力，避免由于独立设计软硬件体系结构而带来的种种弊病，得到高性能、低代价的优化设计方案。

3.5.2 嵌入式系统与物联网

V3-8 嵌入式系统与物联网

1. 嵌入式系统与物联网的关系

物联网是新一代信息技术的重要组成部分，是互联网与嵌入式系统发展到高级阶段的融合。嵌入式系统与互联网、GPS 的连接已成为常态，从而将互联网顺利地延伸到物理对象，并变革成物联网。在微处理器快速发展的同时，出现了大量具有传输控制协议/互联网协议（Transmission Control Protocol/Internet Protocol，TCP/IP）栈的内嵌式单元与方便外接的互联网接口技术。物联网中，微处理器的无限弥散，以"智慧细胞"形式，赋予物联网"智慧地球"的智力特征。作为物联网重要技术组成的嵌入式系统，嵌入式系统视角有助于深刻地、全面地理解物联网的本质。物联网时代，唯有嵌入式系统可以承担起物联网繁重的物联任务，在物联网应用中，首要任务是在嵌入式系统的物联基础上的物联网系统建设。大量的物联网系统开发任务需要嵌入式系统迅速转向物联网，积极推动物联网、云计算技术与产业的发展。

2. 嵌入式系统在物联网方面的应用

嵌入式系统在物联网技术方面的应用十分广泛，涉及工业生产、日常生活、工业控制、航空航天等多个领域，而且随着电子技术和计算机软件技术的发展，不仅在这些领域中的应用越来越深入，而且在其他传统的非信息类设备中也逐渐显现其用武之地。

（1）工业控制

基于嵌入式芯片的工业自动化设备将获得长足的发展，网络化是提高生产效率和产品质量、减少人力资源的主要途径，如工业过程控制、数控机床、电力系统、电网安全、电网设备监测、石油化工系统等。

（2）交通管理

在车辆导航、流量控制、信息监测与汽车服务方面，嵌入式系统已经获得了广泛的应用，内嵌GPS 模块、GSM 模块的移动定位终端已经在各种运输行业获得了成功。目前，GPS 设备已经从尖端科技领域，进入了普通百姓家庭。

（3）信息家电

家电将成为嵌入式系统最大的应用领域，冰箱、空调等电器的网络化、智能化将引领人们的生活步入一个崭新的空间。即使不在家，也可以通过电话、网络对家电进行远程控制。在这些设备中，嵌入式系统将大有用武之地。

（4）家庭智能管理系统

水表、电表、煤气表的远程自动抄表系统，安全防火、防盗系统等，嵌有专用控制芯片，这种专用控制芯片将代替传统的人工操作，完成检查功能，并实现更好、更准确和更安全的性能。目前在服务领域，如远程点菜器等已经体现了嵌入式系统的优势。

（5）公交通信及购物系统

公共交通无接触智能卡（Contactless Smart Card，CSC）、公共电话卡、自动售货机等智能ATM 终端已全面走进人们的生活，在不远的将来手持一张卡就可以"行遍天下"。

（6）环境工程与自然

在很多环境恶劣、地况复杂的地区需要进行水文资料实时监测、防洪体系及水土质量监测、堤坝安全与地震监测、实时气象信息和空气污染监测，利用嵌入式系统将实现无人监测。

（7）机器人

嵌入式芯片的发展将使机器人在微型化、高智能方面的优势更加明显，同时，会大幅度降低机器人的价格，使其在工业领域和服务领域获得更广泛的应用。

3.5.3 嵌入式微处理器

1. 嵌入式系统的组成

嵌入式系统由软件系统和硬件系统两部分组成，组成结构如图 3-21 所示。

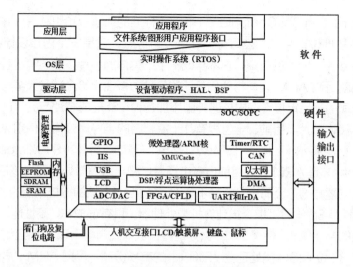

图 3-21 嵌入式系统组成结构

对于使用操作系统的嵌入式系统来说，嵌入式系统软件结构一般包含 3 个层面：应用层、OS层、驱动层。对于功能简单仅包括应用程序的嵌入式系统一般不使用操作系统，仅有应用程序和设备驱动程序。

嵌入式系统基本硬件架构主要包括处理器、外围电路及接口和外部设备三大部分。其中外围电路一般包括时钟、复位电路、程序存储器、数据存储器和电源模块等部件。外部设备一般应配有USB、显示器、键盘和其他设备等及接口电路。硬件架构的核心部件是微处理器，在一片嵌入式微处理器基础上增加电源电路、时钟电路和存储器电路（ROM 和 RAM 等），就构成了一个嵌入式核心控制模块。

2. 嵌入式微处理器分类

根据嵌入式微处理器的用途，可分为以下几类。

（1）嵌入式普通微处理器：在功能上跟普通微处理器基本一致，但是它具有体积小、功耗低、成本低及可靠性高的优点。目前的嵌入式微处理器主要包括：ARM、PowerPC、Motorola 68000系列等。

（2）嵌入式微控制器：就是将整个计算机系统的主要硬件集成到一块芯片中，芯片内部集成ROM/EPROM、RAM、总线、总线逻辑、定时/计数器、定时器电路（也叫看门狗或 Watchdog）、输入/输出、串行口等各种必要功能和外设。

（3）嵌入式数字信号处理器：一种专门用于信号处理的处理器，数字信号处理器（Digital Signal Processing，DSP）芯片内部采用程序和数据分开的结构，具有专门的硬件乘法器，广泛采用流水线操作，提供特殊的 DSP 指令。

（4）嵌入式片上系统：一种在一块芯片上集成很多功能模块的复杂系统，在大量生产时，生产成本远远低于单片部件组成的电路板系统。

根据微处理器的字长宽度，微处理器可分为 4 位、8 位、16 位、32 位、64 位微处理器。

3. ARM 微处理器

ARM 公司于 1991 年 11 月在英国剑桥成立，前身为 Acorn 计算机公司，是精简指令集计算机（Reduced Instruction Set Computer，RISC）标准的缔造者和引领者，并在嵌入式微处理器领域中稳坐"霸主"地位。ARM 公司有个非常大的特点，它是一个内核设计公司，是知识产权（Intellectual Property，IP）供应商，它本身既不生产具体的芯片，也不销售芯片，而是通过转让设计许可赚钱。也就是说 ARM 公司将他们设计的各种内核授权给全球各大半导体公司，再由半导体公司根据自己公司的产品定位，在内核的外围添加各种设计形成芯片产品。这一类以 ARM 为内核的芯片统称为 ARM 芯片。目前，全世界有几十家著名的半导体公司都使用 ARM 公司的授权，包括苹果（Apple）、英特尔（Intel）、IBM、ATMEL、意法半导体（ST Microelectronics，ST）、高通和华为等。Cortex 是 ARM 公司目前占有市场最广的一系列微处理器内核名称；市场上较为热门的 STM32 微控制器是 ST 公司出品的基于 ARM Cortex 内核的微控制器的统称。

ARM 微处理器是 32 位精简指令集计算机微处理器，具有低成本、高性能、低功耗等优点。由于 ARM 公司成功的商业模式，使得 ARM 微处理器在嵌入式市场上取得了巨大的成功，ARM 微处理器系统已占据了 32 位 RISC 微处理器 75%以上的市场份额。早期 ARM 公司微处理器 ARM7、ARM9 和 ARM10 采用冯·诺依曼结构，采用 32 位 ARM 指令集和支持 16 位 Thumb 指令集。Cortex 是 ARM 公司最新系列的微处理器内核名称，其推出的目的是为当时对技术要求日渐广泛的市场提供一个标准的处理器架构。和其他的 ARM 微处理器内核不一样的是，Cortex 系列微处理器内核作为一个完整的处理器内核，除向用户提供标准的 CPU 核心外，还提供了标准的硬件系统架构。

ARM Cortex 系列微处理器首次采用哈佛体系结构，使用 ARMv7 架构，采用 16 位 Thumb2 指令集，该系列微处理器分为 3 个分支：专为在复杂的操作系统和用户级高端应用场合而设的"A"（Application）分支；为实时性应用场合而设的"R"（Realtime）分支；还有专门为对成本敏感的微处理器应用场合而设的"M"（Microcontroller）分支。

随着嵌入式系统技术的发展，从 2007 年 6 月开始，意法半导体公司以 ARM 公司的 Cortex 内核为架构，陆续推出了 Cortex-M0、Cortex-M3、Cortex-M4、Cortex-M33、Cortex-M7 和 Cortex-A7 6 个系列的微控制器和微处理器产品，如图 3-22 所示。

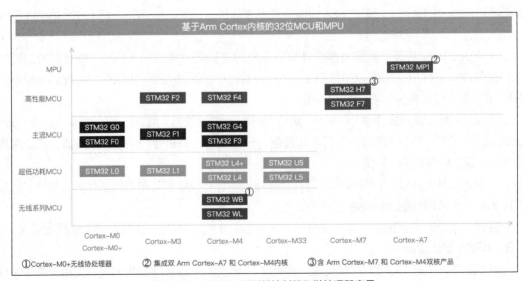

图 3-22　Cortex 系列微控制器和微处理器产品

STM32 微控制器基于"M"分支的内核，是专为实现系统高性能与低功率消耗并存而设计的，同时它足够低廉的价格也向传统的 8 位和 16 位微控制器发起了有力的挑战，STM32 的出现将当前微控制器的性价比水平提升到了一个新的高度。STM32 有完整的开发支持环境：标准软件库、评估板、开发套件，以及第三方的工具和软件。

ST 公司以 Cortex-M 微处理器内核开发出众多 STM32F 系列产品，主要是针对不同的应用领域。M0，M0+：基础版本，由于其过于基础，所以生产不出高性能的 STM32 单片机。M3：目前主流的设计内核选型，应用范围广。M4：较 M3 的内核而言，M4 微处理器添加了 DSP 的数据处理指令；M4 会大大提高微处理器性能和运算速度，而如果需要处理的浮点数据不多，则可以直接选择 M3 内核微处理器，比如项目是平衡车或者平衡器的时候选择 M4 比较好。M7：性能好和功耗高兼具，适合追求极致性能项目。STM32F 系列广泛地应用于需要低功耗、高速度、简单图形及语音处理、控制功能强大、小型操作系统等的产品中。

STM32 主流产品的核心，Cortex-M3 微处理器是一个标准化的微控制器结构，拥有 32 位 CPU、并行总线结构、嵌套中断向量控制单元、调试系统以及标准的存储映射。Cortex-M3 微处理器基于哈佛体系，拥有多重总线，可以进行并行处理，因而提升了整体性能。Cortex-M3 内部设置了 4GB 线性地址空间，被分为代码（Code）区、静态随机存储器（Static Random Access Memory，SRAM）区、外部设备区以及系统设备区。Cortex-M3 微处理器允许数据非对齐存储，以确保内部 SRAM 得到充分利用。Cortex-M3 微处理器还可以使用一种称为 Bit-banding（常译为"位带"）的技术，利用两个 32MB 的"虚拟"内存空间实现对两个 1MB 的物理内存空间进行"位"的置位和清零操作。

3.5.4 嵌入式操作系统

嵌入式操作系统（Embedded Operation System，EOS）是嵌入式应用软件的基础和开发平台。嵌入式操作系统的出现，解决了嵌入式软件开发标准化的难题。嵌入式操作系统具有操作系统的最基本的功能：进程调度、内存管理、设备管理、文件管理、操作系统接口（API 调用）等。

嵌入式操作系统具有的特点：

- 系统可裁减，可配置；
- 系统具备网络支持功能；
- 系统具有一定的实时性。

嵌入式操作系统按照是否实时响应，可分为嵌入式系统可分为实时嵌入式系统与非实时嵌入式系统。实时系统的定义：能够对外部事件做出及时响应的系统。响应时间要有保证。对外部事件的响应包括：事件发生时要识别出来、在给定时间约束内必须输出结果。

嵌入式操作系统中具有一般操作系统的核心功能，负责嵌入式系统的全部软硬件资源的分配，合理组织嵌入式系统内部各部件工作，为用户提供操作和编程界面。它仍具有嵌入式的特点，属于嵌入式操作系统。常用的嵌入式操作系统有下面几种。

（1）µC/OS-Ⅱ：教学免费的、面向中小型嵌入式系统应用。实时、小（几 KB）、多任务、可靠，常用于教学研究。

（2）Vxworks：美国 Wind River（风河）公司于 1983 年开发，是一款高效的内核，具备很好的实时性，开发环境界面也比较友好。主要用于网络设备（交换机、路由器）、通信等，在对实时性要求较高的航空航天、军事通信领域也常使用。

（3）WinCE：它是微软公司针对个人计算机以外的计算机产品所研发的嵌入式操作系统，而CE 则为"Customer Embedded"的缩写。

（4）Linux/μCLinux：最大的特点是开源并且遵循 GNU 通用公共许可证（GNU General Public License，GPL）协议，自从 Linux 在中国普及以来，其用户数量也越来越大，国产红旗Linux 也有很多人使用，μCLinux 面向没有存储管理部件（Memory Management Unit，MMU）的硬件平台。

（5）PalmOS：Palm 公司产品，在个人数字助理（Personal Digital Assistant，PDA，又称掌上电脑）市场占据很大份额，具有开放的操作系统应用程序接口（API），用户可以灵活方便地定制操作系统。

3.5.5　嵌入式开发工具

1. RealView MDK

RealView MDK 是 ARM 公司最先推出的基于微控制器的专业嵌入式开发工具。它采用了ARM 的最新技术工具 RVCT，集成了享誉全球的 μVision IDE，因此特别易于使用，同时具备非常高的性能。μVision IDE 开发工具环境界面如图 3-23 所示。μVision IDE 是一个窗口化的软件开发平台，它集成了功能强大的编辑器、工程管理器以及各种编译工具（包括 C 编译器、宏汇编器、链接/装载器和 16 进制文件转换器）。μVision IDE 包含以下功能组件，能加速嵌入式应用程序开发过程：

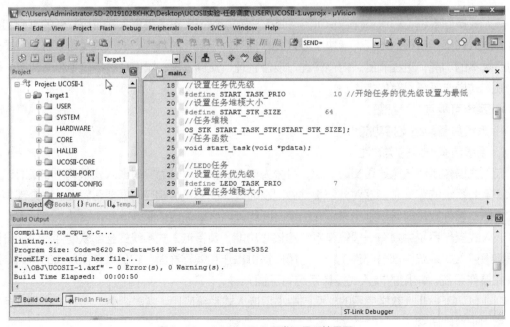

图 3-23　μVision IDE 开发工具环境界面

（1）可根据开发工具配置的设备数据库。

（2）用于创建和维护工程的工程管理器。

（3）集汇编、编译和链接过程于一体的编译工具。

（4）用于设置开发工具配置的对话框。

（5）真正集成高速 CPU 及片上外设模拟器的源码级调试器。

（6）高级图形设备接口（Graphics Device Interface，GDI）接口，可用于目标硬件的软件调试和 Keil ULINK 仿真器的连接。

（7）用于下载应用程序到 Flash ROM 中的 Flash 编程器。

（8）开发工具手册、设备数据手册和用户向导。

μVision IDE 提供以下两种工作模式。

（1）编译模式（Build Mode）：用于维护工程文件和生成应用程序。

（2）调试模式（Debug Mode）：既可以用功能强大的 CPU 和外设仿真器测试程序，也可使用调试器经 Keil ULINK USB- JTAG 适配器（或其他 AGDI 驱动器）连接目标系统来测试程序。

2. IAR for ARM

IAR 是一家公司名称，也是一种开发环境的名称，IAR 公司的发展从针对 8051 研制 C 编译器开始，逐渐发展至今，已经是一家庞大的技术雄厚公司。IAR 集成开发环境从针对单一的微处理器到针对不同的微处理器，拥有多种 IAR 版本开发环境，支持上万种芯片，针对不同内核的微处理器。

IAR for ARM 全称为 IAR Embedded Workbench for ARM，即嵌入式工作平台，与其他的 ARM 开发工具环境相比，具有入门容易、使用方便和代码紧凑等特点。IAR for ARM 的主要组成包括：高度优化的 IAR ARM C/C++ Compiler；IAR ARM Assembler；一个通用的 IAR XLINK Linker；IAR XAR 和 XLIB 建库程序，以及 IAR DLIB C/C++运行库；功能强大的编辑器；项目管理器；命令行实用程序；IAR C-SPY 调试器。

IAR for ARM 支持的器件包括 Cortex-A、Cortex-R、Cortex-M 等系列，多达几千种。

3. STM32Cube

STM32Cube 是 ST 公司提供的一套性能强大的免费开发工具和嵌入式软件模块，能够让开发人员在 STM32 平台上快速、轻松地开发应用。它包含两个关键部分。

（1）图形配置工具 STM32CubeMX。允许用户通过图形化向导来生成 C 语言工程。

（2）嵌入式软件包（STM32Cube 库）。包含完整的 STM32 硬件抽象层（Hardware Abstraction Layer，HAL）库，配套的中间件（包括实时操作系统、USB、TCP/IP 和图形），以及一系列完整的例程。

功能强大的 STM32Cube 新软件平台由设计工具、中间件和硬件抽象层组成，让客户能够集中精力创新。2014 年 3 月 10 日，横跨多重电子应用领域的全球领先的半导体供应商、全球领先的 ARM® Cortex®-M 内核微控制器厂商 ST 公司针对 STM32 微控制器推出一套免费的功能强大的设计工具及软件 STM32Cube™。这个新开发平台可简化客户的开发项目，缩短项目研发周期，并进一步强化 STM32 在电子设计人员心目中解决创新难题的首选微控制器的地位。

STM32Cube™开发平台包括 STM32CubeMX 图形界面配置器及初始化 C 代码生成器和各种类型的嵌入式软件。配置初始化工具能够一步一步地引导用户完成微控制器配置，而嵌入式软件将为用户省去整合不同厂商软件的烦琐工作。嵌入式软件包括一个新的硬件抽象层，用于简化代码在 STM32 产品之间的移植过程。通过一个软件包整合在 STM32 微控制器上开发应用所需的全部通用软件，该平台根除了评估每个软件之间关联性的复杂任务。STM32Cube 提供数千个用例和一个软件更新功能，方便用户快捷、高效地获取最新版本的软件。

STM32Cube 是一个全面的软件平台，包括 ST 产品的每个系列。平台包括 STM32Cube 硬件抽象层和一套中间件组件（实时操作系统、USB、FS、TCP/IP、图形等）。C 代码项目产生涵盖 STM32 初始化部分，兼容 IAR、KEIL 和 GCC 编译器。

3.5.6 拓展知识：边缘计算与嵌入式系统

边缘计算（Edge Computing）是一种在物理上靠近数据生成的位置处理数据的方法，位置即事物和人所在的现场区域，如家庭和远程办公室内。融合网络、计算、存储、应用核心能力的开放平台，就近提供边缘智能服务，满足行业数字化在敏捷连接、实时业务、数据优化、应用智能、安全与隐私保护等方面的关键需求。

边缘运算将原本完全由中心节点处理大型服务加以分解，切割成更小与更容易管理的部分，分散到边缘节点去处理。边缘节点更接近用户终端装置，可以加快资料的处理与传送速度，减少延迟。

边缘计算起源于以云计算模型为核心的大数据处理阶段，也称为集中式大数据处理时代，该阶段特征主要表现为大数据的计算和存储均在云计算中心，数据中心采用集中方式执行，因为云计算中心具有较强的计算和存储能力。这种资源集中的大数据处理方式可以为用户节省大量开销，创造出有效的规模经济效益。但是，云计算中心的集中式处理模式在万物互联的时代表现出其固有的问题。

（1）线性增长的集中式云计算能力无法匹配爆炸式增长的海量边缘数据。

（2）从网络边缘设备传输到云数据中心的海量数据增加了传输带宽的负载量，造成网络延迟时间较长。

（3）边缘设备数据涉及个人隐私和安全的问题变得尤为突出。

（4）边缘设备具有有限电能，数据传输造成终端设备电能消耗较大等。

与云计算不同的是，在边缘计算当中，数据不用再传到遥远的云端，在边缘侧就能解决，更适合实时数据分析和智能化处理，也更加高效而且安全。

海量数据中，由于商业用户和消费者对效率和速度的要求越来越高，低延迟已经成了标配。为了满足这种需求，一种新的计算方式——边缘计算进入了大众视野。边缘计算能在正确的时间将正确的数据放在正确的位置，支持快速和安全访问。

嵌入式系统，是以应用为中心，以计算机技术为基础，并且软硬件可剪裁，适用于应用系统对功能、可靠性、成本、体积、功耗等有严格要求的专用计算机系统。

在边缘计算环境下的嵌入硬件需要有边缘计算功能的模块作为协处理单元，该模块简称边缘计算硬件单元。接着需要将边缘计算硬件单元集成到原有的嵌入式系统硬件平台上，配以相应的嵌入式软件支撑技术，实现具有边缘计算能力的嵌入式系统。

比如智能家居，首先将嵌入式系统部署到生活中的家居产品上。智能家居收集用户所产生的数据，在家庭内部的边缘网关上运行嵌入式边缘操作系统处理数据，降低数据传输带宽的负载。同时利用嵌入式系统对用户的家居数据进行实时更新，为用户提供良好的应用体验。

如今，全球正迈向数字化新时代。以云计算、大数据、人工智能与物联网为代表的数字技术如火如荼地发展。现在人工智能正向嵌入式系统迁移。例如苹果 A11 Bionic 人工智能处理器、亚马逊智能音箱 Echo，这些新科技都具有强大的边缘计算能力。以 Google、苹果主导的手持人工智能、边缘计算人工智能已成为行业趋势，这就是嵌入式人工智能。所谓的嵌入式人工智能，其最大的特征就是人工智能本地化，可以摆脱网络的束缚。

（来源：OmegaXYZ）

【知识巩固】

1. 单项选择题

（1）金属电阻应变片的工作原理是（　　　）。

    A. 基于应变效应导致其电压的变化

    B. 基于应变效应导致其电流的变化

    C. 基于应变效应导致其功率的变化

    D. 基于应变效应导致其材料几何尺寸的变化

（2）光电池采用（　　　）。

    A. 红外效应　　　　　　　　　　B. 光电子发射效应

    C. 光生伏特效应　　　　　　　　D. 内光电效应

（3）频率超过（　　　）Hz 的波称为超声波。

    A. 20M　　　　　　B. 200　　　　　　C. 20k　　　　　　D. 2M

（4）GPS 的空间部分是由（　　　）颗工作卫星组成的。

    A. 4　　　　　　　B. 6　　　　　　　C. 12　　　　　　D. 24

（5）光敏电阻的测光原理是（　　　）。

    A. 红外效应　　　B. 光电子发射效应　　C. 光生伏特效应　　D. 内光电效应

（6）某传感器输出信号电压为 1650mV，已知系统供电为 3.3V，A/D 转换精度为 7 位，则 A/D 转换结果应为（　　　）。

    A. 64　　　　　　　B. 127　　　　　　C. 256　　　　　　D. 1

（7）Cortex-M 微处理器采用的架构是（　　　）。

    A. v4T　　　　　　B. v5TE　　　　　C. v6　　　　　　D. v7

（8）ST 公司与 ARM 公司的关系：（　　　）。

    A. ST 公司是 ARM 公司的子公司

    B. ST 公司是 ARM 公司的母公司

    C. ARM 公司做内核提供处理器架构，授权给 ST 公司进行第二次开发做芯片

    D. ARM 公司设计芯片，ST 公司为 ARM 公司生产芯片

（9）下列不属于传感器的组成元件的是（　　　）。

    A. 敏感元件　　　　B. 转换元件　　　　C. 变换电路　　　　D. 电阻电路

（10）根据不同物体的电磁波特性不同的原理，探测地表物体对电磁波的反射和其发射的电磁

波，从而提取这些物体的信息，完成远距离识别物体的技术称为（　　　）。

    A．3S 技术　　　　　　B．GPS 技术　　　　　C．RS 技术　　　　　D．GIS 技术

2．多项选择题

（1）传感器的组成部分通常有（　　　）。

    A．敏感元件　　　　　B．转换元件　　　　　C．采样器件　　　　　D．A/D 转换器件

（2）根据传感器工作原理进行分类，下列正确的是（　　　）。

    A．应变电阻式传感器　B．有机材料传感器　C．超声波传感器　D．光电传感器

（3）光电传感器一般由（　　　）3 部分组成。

    A．光源　　　　　　　B．光学通路　　　　　C．光耦器件　　　　　D．光电元件

（4）3S 技术包括（　　　）。

    A．遥感技术　　　　　B．地理信息系统　　　C．全球定位系统　　　D．卫星检测系统

（5）常见的嵌入式操作系统有（　　　）。

    A．μC/OS-Ⅱ　　　　　B．DOS　　　　　　　C．WinCE　　　　　　D．Linux

3．简答题

（1）传感器的基本特性是什么？静态特性有哪些？

（2）漫反射式光电传感器的工作原理是什么？

（3）全球定位系统的主要特点有哪些？

（4）视频监控系统设备根据监控系统可以分为哪几个部分？

（5）嵌入式系统的定义是什么？

（6）嵌入式系统的特点是什么？

（7）嵌入式微处理器有哪些种类？各有什么特点？

（8）简述嵌入式系统的组成。

【拓展实训】

活动 1：对某个活动场所进行视频监控，绘制视频监控系统组成框图、设备安装连接图，并描述各设备的作用和意义。

活动 2：结合物联网定位技术应用，详细描述物联网定位技术应用案例场景，采用图片匹配文字形式进行展示，简单分析定位技术的优缺点。

活动 3：登录 ArcGIS 公司的 GeoScene 线上平台，进入 ArcGIS 在线体验中心，学习体验 GIS 在生产、生活中的各种应用。

（1）全班 4~5 人一组，每组选择一个场景开始组织研究；

（2）小组分工，搜集资料，整理资料，描述 GIS 在生产、生活中的案例场景并展示功能；

（3）每组派一名代表汇报，结合选择的主题采用图片和文字的形式展示，要求 GIS 案例场景描述清晰，发表自己的想法；

（4）组与组进行互评，老师点评与总结。

【学习评价】

课程内容	评价标准	分值	自我评价	老师评价
传感器概述	传感器的组成、分类与工作原理	20 分		
无线传感器网络	了解无线传感器网络体系结构与关键技术	20 分		
3S 技术	掌握 3S 技术的特征	20 分		
视频监控系统	熟悉视频监控系统的主要设备	20 分		
嵌入式系统	掌握嵌入式微处理器结构、熟悉嵌入式系统开发工具与流程	20 分		
总分		100 分		

模块4
通过智能家居认识物联网通信技术

04

【学习目标】

1. 知识目标

（1）熟悉有线接入网技术。

（2）熟悉各种无线接入网技术及其特点。

（3）了解各代移动通信技术。

（4）了解量子通信技术。

2. 技能目标

（1）掌握有线接入网的主要技术及设备。

（2）掌握蓝牙、ZigBee、LoRa等主要无线接入网技术及设备。

（3）掌握各代移动通信技术的发展及其特点。

（4）能掌握量子通信的概念与发展。

3. 素质目标

（1）能理解物联网通信技术的分类与各种通信技术特点，能根据应用场景选择合适的物联网通信技术。

（2）能洞察物联网市场需求及其发展动态，掌握物联网通信技术的发展趋势。

（3）能掌握各类接入技术在物联网技术方面的应用。

【思维导图】

【模块概述】

通信技术处于物联网产业的核心环节，具有不可替代性，起到承上启下的作用，向上可以对接传感器等产品，向下可以对接终端产品及行业应用。在物联网感知层中，各式各样的传感器节点感知生活中的温度、湿度、位移、工业数据、人员信息等；在通信网络层，需要将这些节点数据和信息进行安全可靠的通信和传输，节点信息通过各种接入技术进入网络，节点的数据在核心网上被高速地传递和转发。有线接入网技术、无线接入网技术和移动通信技术将成为"全面、随时、随地"传输信息的有效手段，在物联网相关技术中的地位可谓举足轻重。

本模块主要综合传输介质和接入网技术两个角度，对常用的有线接入方式、无线接入方式和通信技术进行介绍。

4.1 智能家居

【情景导入】

V4-1 智能家居

早晨，当我们被闹钟唤醒时，室内的灯缓缓亮起，空调根据今天的实时天气情况调整房间温度，空气净化机正在开足马力净化着空气，加湿器根据今天的空气湿度和你的身体状态调整着室内的湿度。窗帘自动开启，灯光随环境光自动调整，家庭警报系统暂时停止工作，家中所有设备进入日间工作状态。

起床洗漱完毕后，进入餐厅用餐，路过冰箱时，发现冰箱的食品质量指示灯正在闪烁并显示"报告食物情况""您的水果出现腐烂情况，不建议食用。您的主食储备不足，蔬菜储备充足"等提示信息。走到餐桌前，拿出杯子，接一杯咖啡机自动煮好的温热的咖啡，电视上已经在播放你早上最常观看的节目。就这样，我们准备迎接新一天的生活。

许多家庭已经实现了这样智能的生活，"万物互联"的时代已经渗透到我们生活的方方面面。让我们一起看看智能家居是什么样的，它又具体涉及哪些功能。

【思考】

（1）什么是智能家居？
（2）智能家居涉及哪些方面的功能？
（3）智能家居的典型应用是什么样的？

4.1.1 智能家居概述

智能家居是人们一种比较理想的居住环境，它集视频监控、智能防盗报警、智能照明、智能电器控制、智能门窗控制、智能影音控制于一体，与配套的软件结合，人们通过平板电脑、智能手机和笔记本电脑等设备，不仅可以远程观看家里的监控画面，还可以实时控制家里的灯光、窗帘、电器等。

智能家居通常以住宅为平台，利用综合布线技术、网络通信技术、安全防范技术、自动控制技术、音视频技术等将有关设施集成后，构建高效的住宅设施与家庭日常事务的管理系统，从而提升家居生活的安全性、舒适性、便利性、高效性和环保性。

　　智能家居是普通家居在互联网影响之下物联化的体现。智能家居通过物联网技术将家中的各种设备（如音视频设备、照明系统、窗帘控制系统、空调控制系统、安防系统、数字影院系统、影音服务器、影柜系统、网络家电等）连接到一起，提供家电控制、照明控制、电话远程控制、室内外遥控、防盗报警、环境监测、暖通控制、红外转发以及可编程定时控制等多种功能和手段。与普通家居相比，智能家居不仅具有传统的居住功能，兼备建筑、网络通信、信息家电、设备自动化，提供全方位的信息交互功能，甚至可节约各种能源费用，实现环保节能的居住环境。智能家居系统的组成如图 4-1 所示。

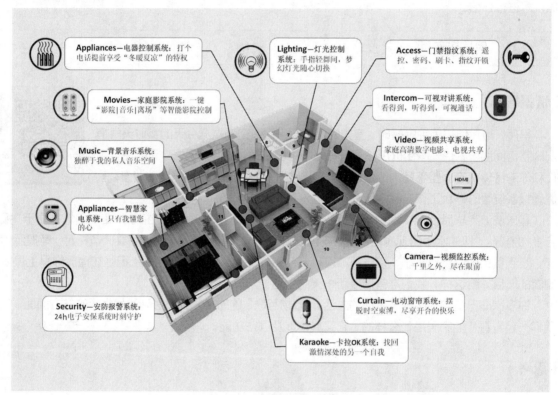

图 4-1　智能家居系统的组成

　　智能家居系统包含的主要子系统有：家居布线系统、家庭网络系统、智能家居（中央）控制管理系统、家居照明控制系统、家庭安防系统、背景音乐系统、家庭影院与多媒体系统、家庭环境控制系统 8 个系统。

　　通俗地说，智能家居是融合了自动化控制系统、计算机网络系统和通信技术于一体的网络化、智能化的家居控制系统。智能家居为用户提供了更方便的家庭设备管理手段，比如，通过无线遥控器、计算机或者语音识别等技术控制家用设备，使多个设备形成联动。同时，智能家居内的各种设备相互间也可以通信，不需要用户指挥也能根据不同的状态互动运行，从而给用户带来最大限度的高效、便利、舒适与安全。

4.1.2　智能家居的主要内容

1. 家庭自动化

家庭自动化指利用微处理电子技术，集成或控制家中的电子产品或系统，例如照明灯、咖啡机、计算机设备、安保系统、暖气及冷气系统、视讯及音响系统等。家庭自动化系统主要是以一个中央微处理器接收来自相关电子产品的信息（外界环境因素的变化，如太阳初升或西落等所造成的光线变化等）后，再以既定的程序发送适当的信息给其他电子产品。中央微处理器必须通过许多界面来控制家中的电子产品，这些界面可以是键盘，也可以是触摸式屏幕、按钮、计算机、电话机、遥控器等；消费者可发送信号至中央微处理器，或接收来自中央微处理器的信号。

家庭自动化是智能家居的一个重要体现，在智能家居刚出现时，家庭自动化甚至就等同于智能家居，但随着网络技术在智能家居中的普遍应用，网络家电/信息家电的成熟，家庭自动化的许多产品功能将融入这些新产品中，从而使单纯的家庭自动化产品在系统设计中越来越少，其核心地位也被家庭网络/家庭信息系统所代替。家庭自动化产品将作为家庭网络中的控制网络部分在智能家居中发挥作用。

2. 家庭网络

首先要把家庭网络和纯粹的"家庭局域网"分开来，"家庭局域网"是指连接家庭里的 PC、各种外设及与互联网连接的网络系统，它只是家庭网络的一个组成部分。家庭网络是在家庭范围内（可扩展至邻居、小区）将 PC、家电、安全系统、照明系统和广域网连接的一种新技术。当前在家庭网络中所采用的连接技术可以分为"有线"和"无线"两大类。有线方案主要包括双绞线或同轴电缆连接、电话线连接、电力线连接等。无线方案主要包括红外线连接、无线电连接、基于无线电频率（Radio Frequency，RF，又称射频）技术的连接和基于 PC 的无线连接等。

家庭网络相比传统的办公网络来说，加入了很多家庭应用产品和系统，如家电设备、照明系统，因此相应技术标准也错综复杂。

3. 网络家电

网络家电是将普通家用电器利用数字技术、网络技术及智能控制技术设计改进的新型家电产品。网络家电可以实现互联，组成一个家庭内部网络，同时这个家庭网络又可以与外部互联网连接。可见，网络家电技术包括两个层面：首先是家电之间的互联问题，也就是使不同家电之间能够互相识别，协同工作；第二个层面是解决家电网络与外部网络的通信，使家庭中的家电网络真正成为外部网络的延伸。

要实现家电间互联和信息交换，就需要：描述家电的工作特性的产品模型，使得数据的交换具有特定含义；信息传输的网络媒介。在解决网络媒介这一难题中，可选择的方案有电力线、无线射频、双绞线、同轴电缆、红外线、光纤。普遍认为比较可行的网络家电包括网络冰箱、网络空调、网络洗衣机、网络热水器、网络微波炉、网络炊具等。网络家电未来的方向也是充分融合到家庭网络中去。

4. 信息家电

信息家电应该是一种价格低廉、操作简便、实用性强、带有 PC 主要功能的家电产品。利用计算机、电信和电子技术与传统家电［包括白色家电，如电冰箱、洗衣机、微波炉等；黑色家电，如电视机、录像机、音响、影音光碟（Video Compact Disc，VCD）、数字视频光盘（Digital Video Disc，DVD）等]相结合的创新产品，是为数字化与网络技术更广泛地深入家庭生活而设计的新型家用电器，信息家电包括 PC、机顶盒、超级 VCD、无线数据通信设备、万维网电视（WebTV）、Internet 电话等，所有能够通过网络系统交互信息的家电产品，都可以称为信息家电。音频、视频和通信设备是信息家电的主要组成部分。另外，将信息技术融入传统的家电当中，使其功能更加强大，使用更加简单、方便，为家庭生活创造更高品质的生活环境。例如模拟电视发展成数字电视，VCD 变成 DVD，电冰箱、洗衣机、微波炉等很多也变成数字化、网络化、智能化的信息家电。

从广义的分类来看，信息家电产品实际上包含网络家电产品，但如果从狭义的定义来界定，我们可以这样做一简单分类：信息家电更多指带有嵌入式处理器的小型家用（个人用）信息设备，它的基本特征是与网络（主要指互联网）相连而有一些具体功能，可以是成套产品，也可以是一个辅助配件。而网络家电则指一个具有网络操作功能的家电产品，这种家电可以理解为我们原来普通家电产品的升级。

4.1.3　智能家居案例

智能家居物联网的应用实例很多，目的是为用户提供舒适、安全、节能环保的服务，下面从智能家电和全屋智能家居两方面分别介绍物联网技术在智能家居领域的应用。

1. 智能家电

智能家电是微处理器和计算机技术引入家用电器设备后形成的产品，具有自动检测故障、自动控制、自动调节，以及与控制中心通信等功能。未来智能家电主要朝着多种智能化、自适应化和网络化 3 个方向发展。多种智能化是指家电尽可能在其特有的工作功能中模拟多种智能思维或智能活动。自适应化是指家电根据自身状态和外界环境的变化，自动优化工作方式和过程的能力，这种能力使得家电在整个生命周期中都能处于最有效、最节省能源的状态。网络化是指家电之间通过网络实现相互操作，用户可以远程控制家电，通过互联网双向传递信息。

智能电视、智能冰箱、智能空调等是智能家电的代表性产品。

智能电视，是基于 Internet 应用技术，具备开放式操作系统与芯片，拥有开放式应用平台，可实现双向人机交互功能，集影音、娱乐、数据传输等多种功能于一体，以满足用户多样化和个性化需求的电视产品。其目的是带给用户更便捷的体验，智能电视目前已经成为电视的潮流趋势。

智能电视的关键特征：

- 具备互联网接入能力；
- 可以接收并回放从互联网获得的各种影像、音乐等数据流；
- 可以下载并执行各种专门开发的应用程序，包括游戏；
- 具有网络通信功能；
- 具备全新的遥控装置，并且可以和各种移动终端连接互动。

智能冰箱（见图 4-2）也是智能家电领域的突破性产品。所谓智能冰箱，就是能对冰箱进行智能化控制、对食品进行智能化管理的冰箱。具体来说，就是能自动进行冰箱模式调换，始终让食物保持最佳存储状态。用户可以通过手机或 PC，随时随地了解冰箱里食物的数量、保鲜保质信息。

同时，冰箱还能为用户提供健康食谱和营养禁忌，并提醒用户定时补充食品等。

图 4-2　智能冰箱

英国《每日邮报》曾有篇报道，称英国科学家设计出了一款"未来冰箱"，这款冰箱会根据食材散发出的味道来判断它是不是新鲜的，然后把不新鲜的食材移动到距离冰箱门最近的地方，以此来提醒主人"该吃它了"；冰箱中的智能菜单系统能帮助精打细算的家庭主妇们过上省时省力的生活，也能为家庭成员提供个性化服务。除此之外，这款冰箱还可以与英国网上超市联网，并根据食物储存情况和用户的偏好给出适当的"菜谱"，然后自动选择送货上门，让用户足不出户就能安享美食。这款冰箱向我们展示了未来冰箱的两大关键特征，即个性化和智能化。

与普通冰箱相比，智能冰箱依赖于快速发展的移动互联网、物联网等先进技术，具有独特的功能。例如通过在线查询冰箱内部信息，可以设置购物清单，提醒用户购买食物；通过手机短信，实时接收冰箱内的食物信息等。智能冰箱的主要功能如表 4-1 所示。

表 4-1　智能冰箱的主要功能

功能分类	功能描述
食品管理功能	① 了解冰箱内的食物数量 ② 了解食物的保鲜周期 ③ 自动提醒食物保质期 ④ 提醒饮食合理搭配
物联云服务功能	① 可以在线查询冰箱内的食物信息 ② 可以设置购物清单，提醒用户购买食物 ③ 可以通过手机短信接收冰箱内的食物信息

续表

功能分类	功能描述
冰箱控制系统	① 冰箱数字化温控 ② 多种调节模式，根据需求随时调节 ③ 实际温度查询，可以查询当前冰箱内的温度 ④ 分时计电，电费一目了然
其他功能	看电影、听音乐、玩游戏、编辑电子相册、上网冲浪等

    智能冰箱的系统组成通常包括冰箱 RFID 监控模块、食品管理系统模块和无线通信模块 3 部分，如图 4-3 所示。

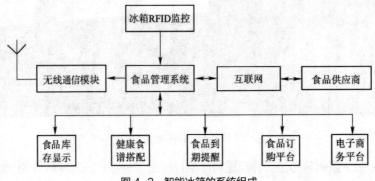

图 4-3 智能冰箱的系统组成

    智能冰箱中的 RFID 监控模块通过食品上的 RFID 电子标签读取食品的属性，如生产日期、保质期等。食品管理系统模块是智能冰箱的核心，实现家庭食品库存显示等主要功能，通过与互联网连接，获取营养学等信息，为健康食谱搭配等功能提供依据，还可以与食品供应商的智慧物流系统连接，按照用户的指令订购所需的各种食品。无线通信模块负责将冰箱内的食品状况及冰箱的运行情况通知给手机用户。

2. 全屋智能家居

    HomeKit 是苹果 2014 年发布的智能家居平台，如图 4-4 所示，让用户能够通过一个应用对所有智能家居类硬件产品进行统一管理。HomeKit 由两个层面的技术组成，一是 HomeKit 本身是一种标准、一种软件技术，各类智能家居硬件厂商的产品要符合 HomeKit 技术规范才能被纳入这个平台；二是 HomeKit 通过 iPhone 或 iPad 上的 iOS App "家庭"使用，让使用者能够直接加入不同的智慧装置来操作。

    HomeKit 是智能家居硬件产品的规范平台，可以使智能家居硬件产品串连沟通，并加入符合规范的硬件产品。HomeKit 能让用户通过苹果产品 iPhone、iPad 或 Mac 上的"家庭"App 或语音助理 Siri 控制智慧装置。也可以通过设定情境一次控制多个硬件产品，或是利用自动化功能来让硬件产品在特定时间或地点执行用户设定的情境。

    通过"家庭"App，用户可以在自己的苹果设备上轻松、安全地掌控各种 HomeKit 配件。例如关灯、看看门口的摄像头、调节客厅温度、调高音乐音量等各种操作。HomeKit 的安防视频功能搭配支持 HomeKit 的路由器，让家庭变得更加安全无虞。"家庭"App 能让用户连接的各种设备更高效、更智能地工作。

图 4-4　HomeKit 智能家居平台

HomeKit 支持全球 100 多个知名品牌提供的 20 多类智能硬件产品，包括开关、空调、空气净化器、门锁、门铃等各类产品，如图 4-5 所示，每款配件均已通过苹果公司的审查和批准。

图 4-5　HomeKit 可连接设备

HomeKit 让家中的每个房间都井然有序。"家庭" App 会按照房间将配件分组，用户只需轻点一下，就可轻松控制家中各处的装置。还可以对语音助理 Siri 说"关掉卧室的灯"或是"打开客厅的窗帘"。另外，按住一个图标，还能执行一些更复杂的任务，如调暗灯光或是调节温度。

HomeKit 家庭安防能守护家庭，还能防止外人的窥探。家庭安防摄像头所拍摄的影像包含家庭中最私密、最敏感的信息。通过 HomeKit 安防视频，家居中枢可以使用设备端智能技术，对摄像头检测到的活动进行私密分析，从而确定是否有人、宠物或车辆出现。当检测到重要活动时，"家庭" App 的每一位用户都会收到完备的通知，从锁定屏幕上即可直接查看视频片段。录制的视频可通过

"家庭"App 查看，有效期为 10 天。这些视频免费并安全地存储于支持的 iCloud 账户中，不会占用存储空间限额。知名摄像头制造商，如 Eufy、Logitech 和 Netatmo 已宣布支持 HomeKit 安防视频，如图 4-6 所示。

图 4-6 HomeKit 安防视频

HomeKit 路由器让家庭智能又安全。连接至互联网的智能家居配件很容易受到攻击。因此，支持 HomeKit 的路由器成为智能家居安全保障的基础防线。HomeKit 路由器可以为家中的每个配件构筑防火墙，这样即使某个配件被入侵，入侵者也无法访问其他设备或个人信息。可以使用"家庭"App 来控制 HomeKit 配件在家庭网络和互联网上能与哪几项服务通信。包括 Eero、Linksys 和 Charter Spectrum 在内的多个知名网络制造商已宣布支持 HomeKit 路由器。

HomeKit 可以让用户创建多种情境，以不同的组合来连接和控制多项家电设备。例如，可以设定"到家"这个情境，当用户回到家时，只要选择这个情境，就可以同时打开空调和电灯。也可以自动化"到家"这个情境，当用户到达指定地点（如家门口），就会执行"到家"情境。自动化也可以是指定时间，用户只要设定下午 5 点，当用户下午 5 点到家门口时，HomeKit 就会自动执行"到家"这个情境。

通过语音助手 Siri 实现无须动手的语音控制。Siri 知道家中支持 HomeKit 的配件，也了解它们的工作状态。可以叫 Siri 打开或关闭某个家电、调暗灯光、切换歌曲，或设置特定的场景。也可以通过 HomePod 智能音箱来控制，即使不在家，也可以在开车回家的路上让 Siri 预先设置好"我回家了"这个场景，这样用户到家时，就已经有一个温暖且明亮的屋子准备就绪了。

使用"家庭"App，可以通过 HomePod 或 iPad 来远程遥控家中的各种智能配件。可以关上车库的门、看看门口的监控，甚至让 Siri 调低恒温器的温度。HomePod 和 iPad 还能为家庭自动执行某些任务。可以根据每天的时间、用户位置、感应器侦测等条件，启动某个配件或场景。这样无论用户离家多远，家庭均可随心掌控。

4.1.4 拓展知识：未来智能家居中最炫的 10 种"黑科技"

1. 悬浮产品

科技的发展让很多电影情节变成了现实，像把物体悬浮在半空中的"特效"，在家里也能轻松实现。这些悬浮产品把科技与设计结合，让家居生活变得更具美感，也更加有趣。

一款叫 Flyte 的灯泡将磁悬浮、无线充电和优秀的产品设计融合到了一起，只要把 Flyte 悬浮灯泡放在木质底座上方，灯泡就会发光，在电磁铁的作用下，灯泡会被固定在底座的中心上方，放手后，灯泡就会一边发光一边缓慢旋转。

一款设计名为"天气制造"（Making Weather）的产品，由一个金属基座，以及距基座上方一英寸处漂浮的逼真云朵设计组成，内置有一个蓝牙播放器和声音感应 LED 灯，能够在音乐播放时营造出虚拟的"雷暴"景象。

2. 环保屋顶

环保和可持续发展是 21 世纪全人类的重要课题，智能电动汽车厂商特斯拉联合太阳城公司（SolarCity）推出了一款环保的"建筑材料"——太阳能瓦片。这款太阳能瓦片不仅能产生电能、存储电能，还采用高强度钢化玻璃制成，使用寿命比普通瓦片更长。白天收集的电能将存储在 Powerwall 储能系统。

3. 能自拍、判断健康状况的智能魔镜

镜子是生活中是不可或缺的物品，功能非常简单，但现在成了各种"黑科技"的"主秀场"。

小度旗下全新科技潮牌"添添"推出的智能健身镜主打"全家健身，快乐运动"，不仅内含丰富 AI 私教课、体感运动游戏，还具备 AI 智能动作指导、全语音操控等多种 AI"黑科技"功能。

在平时，这个智能健身镜看起来就像一面普通的镜子。但是，当用户启动这面智能镜子后，在镜中可以看到时间、天气、新闻等通知，而且可以安装软件看视频。如果想把镜子中的自己拍下来，还可以打开摄像头来自拍，在以后还有可能实现 AR 化妆体验。

4. 赶走起床气的闹钟

要是闹钟也会进化的话，那么 Hello Sense 这款闹钟或许就是闹钟进化的新形态。这款闹钟的主要功能是发现任何潜在影响睡眠质量的因素。它包括两个部分，主体是大的发光球体，可以摆放在床头；小的传感器，可以夹在枕头上，会把用户的移动信息发送给主体球。睡眠追踪器还能够检测室内温度、声音、灯光亮度等信息，然后和用户的睡眠质量、睡眠时间以及起床时间匹配。在合适的时候叫用户起床，赶走起床气！

5. 控制所有家电的智能产品

家里的智能家电越来越多，于是市面上出现了很多控制这些智能家电的智能产品，这类产品通过机器学习与人工智能，让智能家电具备人机沟通、信息互联的功能，使传统家居变得智能起来。简单来说，只需要告诉它们你的想法，它们就可以帮你搞定家里非常多的事情。甚至当你正在路上时，只要有网络连接，就可以帮助你完成许多工作。

如海尔 U-home 是海尔集团在物联网时代推出的美好居住生活解决方案，它采用有线与无线网络结合的方式，把所有设备通过信息传感设备与网络连接，从而实现了"家庭小网""社区中网""世界大网"的"物物互联"，并通过物联网实现了 3C 产品、智能家居系统、安防系统等的智能化识别、管理以及数字媒体信息的共享。海尔 U-home 用户在世界的任何角落、任何时间，均可通过打电话、发短信、上网等方式与家中的电器设备互动，畅享"安全、便利、舒适、愉悦"的高品质生活。

2022 年华为推出全屋智能"1+2+N"解决方案，以 1 套全屋智能主机为中央控制系统，该系统具备稳定可靠的可编程逻辑控制器（Programmable Logic Controller，PLC）和高速全覆盖的

全屋 Wi-Fi 6，构建中控屏和"智慧生活"App 共 2 套核心交互方式，支持丰富的 N 子系统，开启全屋智慧生活的新篇章。

6. 智能厨房

智能厨房不仅让做饭更简单，还让做饭变得更科学和有意思……来自英国的 Moley Robotics 公司最新研发的"黑科技"机器人厨房系统号称是"世界上第一款自动化厨房"，可实现完全自动化的烹饪体验。机器手臂内配有 129 个传感器、20 个电动马达和 24 个关节，能完全模仿人类手臂的动作，还能保证每道菜的口味一模一样。

宜家公司的未来厨房计划，在看似普通的桌面内含有各类高科技，上方有投影显示设备，桌子内置电热丝。投影设备可以轻松识别放上去的食物，并且迅速生成菜谱；还可以把视频里的教程投影在桌面上，方便人跟着学。桌子可以称重、计时，还能直接热锅做饭、热咖啡、给手机充电……

7. 根据人体来调节的家具

什么样的沙发、床最舒适？以前的回答可能是符合人体工学的家具设计或者某种材料，现在的答案是——最适合自己的，可以根据人体来个性化调节的。

智能沙发 Lift-Bit 由一个个可以升降的蜂巢状正六边形座椅组成，可以随意拆分、组合。每个座椅都可以通过内置的马达单独调节高度，可调节范围为 48～78cm。用户可以手动安排它们的结构组合，通过 App 甚至是手势来操控它们，也可以根据自己喜好自行调整，随时个性化定制。

Balluga 是一款由充气"小球"组成的智能床，可以检测床垫不同区域的压力，根据你的身体调节空气囊的膨胀和收缩。同一张床可以通过 App 设置不同的软硬度，还可设定波浪式的按摩。Balluga 自带分区独立空气调节系统，通过吸收床底空气来调节床的温度。

8. 能分清人、动物和车辆的安保摄像头

海康威视是全球领先安防产品及行业解决方案提供商，海康威视专注于物联感知、人工智能和大数据领域的技术创新，提供软硬融合、云边融合、物信融合、数智融合的智能物联系列化软硬件产品，具备大型复杂智能物联系统建设的全过程服务能力。

海康威视基于 AI 开放平台训练的识别算法，率先在视频领域实现了人脸实别、车辆识别等智能化应用，并在全国的公安、交通等各个领域大规模应用。同时在动物领域，也已经实现了对大中型哺乳动物、鸟类、鱼类等野生动物的快速检测、分类、记录与告警，大大降低了人工识别的成本与难度。例如，海康威视与全球享有盛誉的、最大的独立性非政府环境保护组织之一——世界自然基金会（World Wide Fund for Nature，WWF）已共同开展了长江江豚、大熊猫、东北虎等多项野生动物保护公益项目。

9. 能预知风暴的烟雾报警器

Halo 推出的全新智能烟雾报警设备是一款能够检测烟雾和一氧化碳的产品。除了能发出刺耳的警报之外，它还能够有效分辨出家庭中诸如烘焙带来的烟雾和真正生死攸关的危机情况之间的区别，例如只是锅里的菜烧糊了，Halo 能够向用户手机发送提醒，而不会启动全屋应急。不仅如此，Halo 拥有紧急备用电源，备用电量可续航一周，在用户手机、PC"瘫痪"时均可正常工作。Halo+可以根据龙卷风发生时大气压的变化而发出警告，接收来自美国国家海洋和大气管理局（National Oceanic and Atmospheric Administration，NOAA）的信息提醒，并且在网络崩溃或者用户不在家时，及时推送信息。

10．随时随地都能开的智能门锁

从钥匙、卡片到密码、声控、指纹，大多数人对于智能的开门方式并不陌生。门锁早已不局限于安保功能，其操作简单化、智能化也越来越重要。我国小米公司推出的智能门锁，除了钥匙外，能够通过人脸、密码、指纹、近场通信（Near Field Communication，NFC）、蓝牙、手机远程等多种方式实现开门。当房主靠近大门时，通过人脸识别门锁就会自动打开，进门后又会自动关闭。不管你在家、在外都可以通过 App 随时开门或者关门，甚至可以将自家的"密码钥匙"提供给那些经常来访的人。

（来源：电子发烧友）

4.2 有线接入网

【情景导入】

V4-2 有线接入网

当我们在互联网上畅游时，有没有想过，计算机是通过哪种网络接入方式来上网的？回到互联网刚兴起的时期，普通计算机需要通过电话线拨号上网，计算机里必须配备一套叫调制解调器的网络设备，它能把计算机的数字信号翻译成可沿普通电话线传送的模拟信号，从而实现计算机之间的通信。后来出现了如综合业务数字网（Integrated Services Digital Network，ISDN）、非对称数字用户线（Asymmetric Digital Subscriber Line，ADSL）等新技术，也需要使用一种拨号设备，但这时我们可以在上网的同时打电话了。再后来出现了专用光纤网络，网络又快又稳定，通常都叫"千兆光纤网络"。

本节就让我们来认识一下有线接入网技术。

【思考】

（1）常见的有线接入网技术有哪些？各有什么特点？

（2）你家中的网络目前是通过哪种有线接入方式实现的？

4.2.1 有线接入网概述

用户使用接入网进入网络，用户的数据在核心网上被高速地传递和转发。就好像立交桥一样，接入网是立交桥的引桥或者盘桥的匝道，用户通过接入网上立交桥，而核心网是立交桥上的主干道，如图 4-7 所示。这种网络划分方式称为"水平方向"上的划分，在水平方向上，接入网位于用户驻

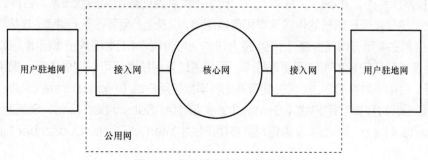

图 4-7 接入网在通信网中的位置

地网和核心网之间，是整个公用网的边缘部分，是公用网中与用户距离最近的一部分，负责使用有线或无线连接，将广大用户一级级汇接到核心网中，常被形象地称作通信网的"最后一公里"。

有线接入网是一种通过有线方式将计算机、终端设备或家庭网络连接到互联网的技术。它使用物理线缆作为传输介质，通过有线连接将设备与互联网进行通信。有线接入网提供了稳定、可靠的网络连接，通常具有较高的速度和较低的延迟。不同类型的有线接入网使用不同的传输介质，如铜线（如双绞线和同轴电缆）或光纤。有线接入相对于无线接入，更不容易受到干扰，能提供更稳定的网络连接，适用于多种场所，如家庭、学校、医院、工厂和企业等。

4.2.2 铜线接入技术

铜线接入技术广泛应用于目前的固定电话网中，该技术通过传统的程控交换机解决了电话用户的接入问题。随着技术的发展，出现了很多接入技术，如局域网（Local Area Network，LAN）技术、混合光纤同轴电缆（Hybrid Fiber Coax，HFC）接入技术、光纤接入技术等。这些接入技术的涌现为用户提供了丰富的接入种类，弥补了铜线接入技术的不足，但仍然无法完全替代传统的铜线接入技术。在我国，传统的电话用户铜线接入网仍是构成整个通信系统的重要部分，它分布面广、所占比重大。

1. 铜线接入技术概述

数字用户线（Digital Subscriber Line，DSL）的概念于20世纪80年代末期提出，是一种以铜制电话双绞线为传输介质的接入传输技术，可以允许语音信号和数据信号同时在一条电话线上传输。

DSL技术在传递公用电话网络的用户环路上支持对称和非对称传输模式，解决了经常发生在网络服务供应商和最终用户间的"最后一公里"的传输瓶颈问题。由于DSL接入方案不需要对电话线路进行改造，可以充分利用已经被大量铺设的电话用户环路，大大降低了额外的开销，因此，利用铜制电话双绞线提供更高数据传输速率的Internet接入更受用户的欢迎。

与最初的拨号接入相比，采用DSL技术可在开通数据业务的同时不影响语音业务，用户能在打电话的同时上网。因此，DSL技术在诞生之初就得到重视，并在一些国家和地区广泛应用。

DSL技术之所以能够在原来只传输语音信号的双绞线上同时传输中高速数据业务信号，是因为采用了专门的信号编码和调制技术，使得语音信号和数据信号在双绞线的有效传输频带范围内可得到合理配置，最大限度地发挥了双绞线的传输能力。在特定的DSL技术中，也有一些情况是利用多条双绞线实现高速数据信号的传输，也就是通过信道扩展实现宽带业务接入。

DSL技术统称为"xDSL"，其中，"x"代表不同种类的数字用户线技术。各种数字用户线技术的不同之处主要体现在信号的传输速率和传输距离，以及上行速率、下行速率的对称和非对称上。对称DSL技术主要用于替代传统T1/E1接入技术，与传统T1/E1接入技术相比，DSL技术具有对线路质量要求低、安装和调试简便等特点，而且通过复用技术还可以提供语音、视频与数据多路传输等服务。目前，对称DSL技术主要有高比特率数字用户线（High-Bitrate Digital Subscriber Line，HDSL）、对称数字用户线（Symmetrical Digital Subscriber Line，SDSL）、多虚拟线（Multiple Virtual Line，MVL）及因特网数字用户线（Internet Digital Subscriber Line，IDSL）等几种。

非对称 DSL 技术适用于对双向带宽要求不一致的应用，如 Web 浏览、多媒体点播及信息发布等，非对称 DSL 技术主要有 ADSL、速率自适应数字用户线（Rateadaptive Digital Subscriber Line，RADSL）及甚高比特率数字用户线（Very High-Bit-Rate Digital Subscriber Line，VDSL）等。

表 4-2 列举了 5 种常见的 DSL 技术的主要技术参数。

表 4-2　5 种常见的 DSL 技术的比较

技术名称	传输方式	最高上行速率 /(Mbit/s)	最高下行速率 /(Mbit/s)	最大传输距离/km	传输介质
HDSL	对称	2.32	2.32	5	1~3 对双绞线
SDSL	对称	2.32	2.32	3	1 对双绞线
ADSL	非对称	1	8	5	1 对双绞线
RADSL	非对称	1	12	5.5	1 对双绞线
VDSL	非对称	2.3	56	2	1 对双绞线

2. ADSL 接入技术

ADSL 是一种利用现有的传统电话线路高速传输数字信息的技术，其上行速率和下行速率不相等。ADSL 下行速率接近 8Mbit/s，上行速率接近 1Mbit/s，并且在同一对双绞线上可以同时传输传统的模拟语音信号。

采用非对称传输模式的主要原因有两个：一是在目前的 DSL 应用中，大多用户从主干网络大量获取数据，而发送出去的数据却少得多；二是非对称传输可以大大减小近端串扰。ADSL 具有较好的速率自适应性和抗干扰能力，可以根据线路状况自动调节到一个合理的速率上。ADSL 的数据传输速率与传输距离的关系是：传输距离越远，衰减越大，数据传输速率越低。但传输距离与衰减并非线性关系。

ADSL 接入技术主要有以下几个特点。

（1）充分利用现有铜线网络及带宽，只要在用户线路两端加装 ADSL 设备即可，方便、灵活、时间短、系统投资小。

（2）同时提供普通电话业务、数字通路（PC）、高速远程接收（电视和电话频道）。

（3）使用高于 3kHz 的频带传输数字信号。

（4）使用高性能的离散多音频调制（Discrete Multi-Tone Modulation，DMT）编码技术。

（5）使用频分多路复用（Frequency Division Multiplexing，FDM）和回波抵消混合技术。

（6）使用分路器（Splitter）信号分离技术。

ADSL 接入的应用有多种，如接入 Internet、接入局域网互连等。ADSL 用户可能是专线用户（一般是企业用户），在这种情况下一般需要静态分配 IP 地址。但绝大多数用户都是通过虚拟拨号、动态获取 IP 地址上网的，这种方式是目前最常用的应用模式之一。

3. VDSL 接入技术

VDSL 是一种数据传输速率更高、速率配置更灵活的铜线传输技术，通过高效信号调制技术，可在一对双绞线上实现视频业务、数据业务和语音业务的全业务传输。

VDSL 系统结构如图 4-8 所示。使用 VDSL 系统，普通模拟电话线不需要改动（上半部分），图像信号由局端的数字终端图像接口经光纤传输给远端。VDSL 的传输速率大大高于 ADSL 和 Modem（调制解调器），它可以大大提高互联网的接入速度，并可用来开展视频信息服务。

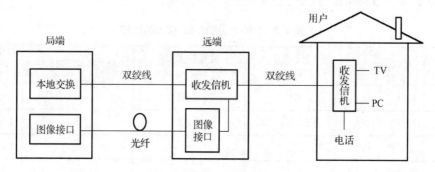

图 4-8　VDSL 系统结构

VDSL 收发信机通常采用离散多音频调制，也可采用无载波调幅/调相（Carrierless Amplitude Phase Modulation，CAP）调制，VDSL 收发信机具有很好的灵活性和优良的高频传输性能。

VDSL 所采用的技术在很大程度上与 ADSL 类似。不同的是，ADSL 必须面对更高的动态范围要求，而 VDSL 相对简单；VDSL 的开销和功耗都比 ADSL 小；用户方的 VDSL 单元需要完成物理层介质访问（接入）控制及上行数据复用功能。另外，在 VDSL 系统中还经常使用以下几种线路码技术。

（1）无载波调幅/调相技术。

（2）离散多音频技术。

（3）离散小波多音频技术。

（4）简单线路码，这是一种四电平基带信号，经基带滤波后传输给接收端。

VDSL 下行信道能够传输压缩的视频信号，压缩的视频信号是低时延和时延稳定的实时信号，这样的信号不适合采用一般的数据通信中的差错重发算法。

VDSL 下行数据有许多分配方法，最简单的方法是：将数据直接广播给下行方向上的每个用户驻地设备（Customer Premises Equipment，CPE）；或者发送到集线器，由集线器将数据分路，并根据信元上的地址或直接利用信号流本身的时分复用将不同的信息分开。

VDSL 的技术优势主要体现在以下几点。

（1）高速传输。VDSL 技术是 xDSL 技术中最快的一种。下行数据的速率理论上可达到 56Mbit/s，上行数据的速率为 1.5M~2.3Mbit/s。

（2）互不干扰。VDSL 数据信号和电话音频信号以频分复用原理调制于各自频段，互不干扰。上网的同时可以拨打或接听电话，避免了拨号上网时不能使用电话的烦恼。

（3）独享带宽。VDSL 利用我国电信运营商深入千家万户的电话网络，先天形成星形结构的网络拓扑构造，骨干网络采用我国电信运营商遍布全国的光纤传输，用户可独享 10Mbit/s 带宽，信息传递快速、可靠、安全。

（4）价格实惠。VDSL 业务上网资费构成为基本月租费和信息费之和，不需要再支付上网通信费。

VDSL 在广域网（Wide Area Network，WAN）的应用主要包括以下方面。

（1）视频业务。VDSL 的高速方案使其成为用于视频点播（Video On Demand，VOD）的优选接入技术。

（2）数据业务。从目前来看，VDSL 的数据业务有很多。在不远的将来，VDSL 将会占据整个住宅 Internet 接入和 Web 访问市场；可能用来替代光纤连接，把较大的办公室和公司连接到数据网络上。

（3）全服务网络。由于 VDSL 支持高比特速率，因此被认为是全业务网络（Full-Service Network，FSN）的接入机制。

4.2.3 光网络技术

光纤通信是现代通信的一次革命性的飞跃。我国是光纤通信技术世界先进的国家之一，全国通信网的传输光纤化超八成以上，光纤光缆年产量更是占全球一半以上。

以数字化、网络化、智能化为特征的信息化浪潮蓬勃的兴起，当今世界正在进入以信息产业为主导的经济发展时期。作为信息传导的主要载体，光纤可谓是社会信息化的"神经"。

1. 光纤的发展

光纤从最初的理论概念到真正实现光通信前后经历了 100 多年的时间。

1842 年，瑞士物理学家让·丹尼尔·科拉顿（Jean-Daniel Colladon）演示了一个简单的实验，在装满水的木桶上钻个孔，然后用灯从桶上边把水照亮，结果放光的水会从水桶的小孔里流出来，水流弯曲，光线也跟着弯曲。通过该现象，可以依靠光折射现象来引导光线的理论被指出。

1887 年，英国科学家查尔斯·弗农·波伊斯（Charles Vernon Boys）在实验室里拉出了第一条光纤。他先将玻璃棒加热，再用弓箭将玻璃棒射出，弓箭带动热玻璃在实验室里拉出了一道长长的玻璃纤维。

20 世纪 60 年代初期，华裔物理学家、教育家高琨提出了利用光纤进行信息传输的可能性和技术途径，由此奠定了现代光纤通信的基础。同时他提出的利用石英玻璃制成的光纤应用越来越广泛，全世界掀起了一场光纤通信的革命。

1970 年，美国康宁公司研制出可用于通信的光纤。1976 年世界第一条民用的光纤通信线路在美国华盛顿到亚特兰大间开通。

在我国，如今我们能随时高速上网，不得不提到"中国光纤之父"——中国工程院院士赵梓森。1977 年，赵梓森和研究团队通过近 3 年的努力，在无比简陋的条件下研制出了中国第一根实用型光纤，随后倡议并支撑建立起"武汉·中国光谷"这个全球最大的光电子产品研产基地。1982 年 12 月 31 日，我国光纤通信的第一个实用化系统——"八二工程"按期全线开通，并正式进入武汉市市话网，标志着我国进入光纤数字化通信时代。

伴随技术不断成熟，现在单根光导纤维的数据传输速率可达几 Gbit/s。在光纤基础上，由几层保护结构包覆后形成的光缆，其传递信息的速度可超 100TB/s，使人们真正感觉到光纤通信巨大的优越性。

2. 光纤通信系统组成

一个基本的光纤通信系统模型由电端机、光端机（光发射机、光接收机）、光中继器及光缆传输线路等组成，如图 4-9 所示。

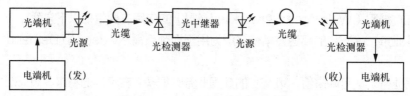

图 4-9 一个基本的光纤通信系统模型

光纤通信系统分为三大部分：光发送、光传输和光接收，光发送完成电光转换任务，光传输部分的作用是把光信号从发送端传到接收端，光接收完成光电转换任务。

发送端的电端机将信号（如话音信号）进行模/数转换，转换后的数字信号，经调制后，由激光器（Laser Diode，LD）发送，此时 LD 发出的就是携带了信息的光波信号。当数字信号为"1"时，LD 发送一个"传号"光脉冲；当数字信号为"0"时，则发送一个"空号"（不发光）。光波经光纤传输后到达接收端，光接收机将数字信号从光波中检测出来，送给电端机，电端机再进行数/模转换，恢复原始信息。至此完成了一次光纤通信过程。

3. 光网络的发展现状与趋势

（1）光纤、光缆发展趋势

由于光纤传输速率的逐步高速化、大容量化，光纤衰减、色散、非线性效应等现象严重影响到光纤系统的质量，因而，人们已将光纤工作的波长由 850nm 向 1310nm 和 1550nm 的长波长移动，进而向 2000nm 方向发展。为降低衰减、色散和非线性效应，研制出了常规单模光纤，G.625光纤现为最广泛应用的光纤，它在波长为 1310nm 时为零色散，1550nm 时为最低损耗，其工作波长为 1310nm。随着光纤通信容量不断增大、中继距离不断增长的需求，采用相干光纤通信系统，可实现越洋无中继通信，但要求保持光的偏振方向不变，以保证相干探测效率，因此常规单模光纤要向着保偏光纤方向发展。随着通信的发展，用户对通信的要求也从窄带电话、传真、数据和图像业务逐渐转向可视电话、电视传播、图文检索和高速数据等宽带业务。由此而促进了光纤用户网。光纤用户网的主要传输媒介是光纤，需要大量适用于用户接入的用户光缆。用户光缆的特点是含纤数量高，每根光缆可达 2000～4000 芯，这种高密度化的带状光缆可减小光缆的直径和重量，又可在工程施工中便于分支和提高接续速度。

（2）光纤通信系统高速化发展趋势

随着信息社会的到来，信息共享、有线电视、电视点播、电视会议、家庭办公、计算机互联网等应运而生，迫使光纤通信向高速化、大容量化发展。实现高速化、大容量化的主要手段是采用分时复用、波分复用和频分复用。现代电信网的发展对光纤通信提出更高的要求，20 世纪 80 年代，对于 Gbit/s 这种高速脉冲传输速率，即便是单模光纤也会受中继站间隔的制约，因此要使用色散移位光纤，它是零色散点移到 1.55μm 波长区的光纤。目前使用这种光纤不仅可以达到 80km 的中继站间隔，而且开发出了 10Gbit/s 传输速率的传输方式。特别是 20 世纪 90 年代后期以来，已实际采用了适用于波分复用技术的传输方式，并引用了 2.5Gbit/s×80 波方式及 10Gbit/s×40 波方式。进入 21 世纪以后，又发布了 10Gbit/s×211 波方式的开发成果。这样一来，就可以达到足够的传输容量，即使对于高速化的 Internet 服务，也足以适应。光纤通信系统向相干光纤通信系统方向发展，成为另一个趋势。目前大多数光纤通信系统采用的是强度调制直接检测方式，在相干光纤通信系统中采用相干检测方式，最大的好处是可提高光接收机的检测灵敏度，从而增加光纤通信系统的无中继传输距离。

（3）光纤通信网络的发展趋势

光纤通信随着计算机网络，特别是互联网的发展，数据信息的传输量越来越大，客户信号中基于分组交换的具有随机性、突发性的分组信号码流的比例逐渐增加。通过光纤通信同步数字体系（Synchronous Digital Hierarchy，SDH）网络承载的数据信号的类型越来越多。就技术而言，其发展方向主要有信道容量不断增加、实用化距离传输已由 40km 到 160km 等。目前，光接入网络的核心是全数字化、软件控制、高度集成和智能化，光纤接入网作为通信网的一部分，直接面向用户，通过把光纤引入千家万户，将使亿万用户的多媒体信息畅通无阻地进入信息高速公路。今后光纤通信将朝着全光传输交换的方向发展，即全光网络，使网络更具智能性。

（4）光弧子通信的发展趋势

掺铒光纤放大器的问世，使损耗问题得到了很好的解决，但是随着弧子脉冲源脉宽越来越窄，色散作用越来越影响弧子的传输，于是对色散进行补偿成为一个紧要技术。现有两大补偿技术：一类是弱色散和局部色散补偿，另一类是周期性全局强色散补偿。实验证明，对工作在零色散波长处的单信道通信系统来说，光弧子通信系统的性能并不比工作常规系统更好。但是工作常规系统容易受到群色散的影响，从而对其传输速率有所限制，特别是在多信道系统中，这种影响又将限制其传输容量。而光弧子系统却可以将不同的波长的多信道复用到一根光纤中传输，因而，多信道光弧子通信系统具有广阔的应用前景。

（5）全光通信网的发展趋势

目前，光通信网络技术采用的光纤介质并不能完全满足不同用户的实际需求，在未来发展进程中，光通信系统的光纤波段必然会得到持续扩大，其数据信息传输容量也会不断增多。因此，为了充分满足骨干网和城域网不同的发展需求，国际上已经研发并定义了多种光纤介质类型，包括 G.655 型、G.656 型光纤介质等。我国光纤介质的研发技术水平向国际进一步靠拢，G.655 型、G.656 型光纤介质，在我国得到了大规模生产。

4. 光接入网的分类

光接入网是指在接入网中部分或全部使用光纤传输技术。根据实际情况光接入网又分为以下 3 类。

（1）混合光纤/双绞线铜缆接入网

这种方案结合应用光纤和双绞线铜缆，发挥各自特长。混合光纤/双绞线铜缆接入网可分为光纤到路边（Fiber to The Curb，FTTC）、光纤到大楼（Fiber to The Building，FTTB）、光纤到居民区（Fiber to The Zone，FTTZ）、光纤到远端模块（Fiber to The Remote module，FTTR）。

光纤到路边是用光纤代替主干铜线电缆（包括部分配线电缆），将光网络单元（Optical Network Unit，ONU）放置在靠近用户的路旁，用户用双绞线或同轴电缆与之连接。这种光纤和铜缆的混合结构成本较低，适用于居住密度较高的地区。

光纤到大楼的原理与光纤到路边的相同，只是 ONU 放置在大楼内，用铜线或同轴电缆延伸到用户，非常适用于现代化智能大楼。

光纤到居民区是将路边光纤接到靠近交接箱的 ONU，再用铜线或双绞线向用户延伸，适用于比较分散的居民区。

光纤到远端模块是将用户模块设置在用户密集区，利用光纤与交换机端局相连，使光纤更靠近用户，形成新的组网方式。

（2）混合光纤/同轴电缆接入网

混合光纤/同轴电缆（HFC）接入技术是把光缆敷设到居民小区，然后通过光电转换节点，利用有线电视（Cable Television，CATV）的同轴电缆网连接到用户，提供综合电信业务的技术。

HFC 在连接上采用同轴电缆调制解调器（Cable Modem）技术，HFC 从技术上分为动态分配带宽速率（适用于 Internet 接入、公共信息查询等）和固定带宽速率（适用于普通电话、可视电话、数据专线等）两类，从传输方式又可分为对称型与非对称型业务。

HFC 通常由光纤干线、同轴电缆支线和用户配线网络 3 部分组成，从有线电视台（前端）出来的节目信号先变成光信号在干线上传输，到用户区域后把光信号转换成电信号，经分配器分配后通过同轴电缆送到用户。它与早期有线电视同轴电缆网络的不同之处主要在于在干线上用光纤传输光信号，在前端需完成电光转换，进入用户区后要完成光电转换。

典型的 HFC 系统结构如图 4-10 所示。下行方向上，有线电视台的电视信号、公用电话网的话音信号和数据网的数据信号送入合路器形成混合信号后，由合路器通过光缆线路送至光纤节点，在光纤节点处进行光电转换和射频放大，再经过同轴配线网网络送至网络接口设备（Network Interface Unit，NIU），并分别将信号送到电视机和电话。数据信号经服务单元内的同轴电缆调制解调器，送到计算机上。上行方向是下行反向的逆过程，只不过用户不回传 CATV 信号。

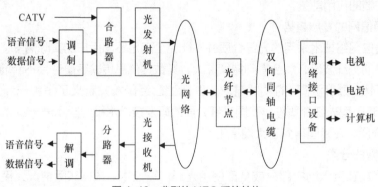

图 4-10　典型的 HFC 系统结构

与其他有线介质相比，HFC 容量大，灵活性强，扩展性也好，性价比优于 DSL。当然，同轴电缆调制解调器技术也有着自己的弱点，首先，以往的有线电视网都是单向广播式地向用户传送电视信号，不符合网络信息双向传输的要求，因此，需要一个改造的过程。其次，由于 HFC 是将数字信号转换为模拟方式传输的，所以传输质量受到影响，而且在模拟方式下，过高的频率会产生大量噪声，因此，其频带利用率较低。最后，HFC 接入方式是以模拟频分多路复用方式传输信息的，一个 ONU 可以为 500～2000 个用户服务，一旦出了问题，影响面很大。

（3）纯光纤接入网

纯光纤接入网是指光纤直接连到用户，中间没有其他传输媒质的情况。通常分为光纤到办公室（Fiber to The Office，FTTO）和光纤到户（FTTH）。作为全光纤的网络结构，光网络单元设置在用户家里，用户与业务节点之间以全光缆作为传输线，因此，无论在带宽方面还是在传输质量和维护方面都十分理想，适合各种交互式宽带业务。

4.2.4　拓展知识：有线接入网的发展趋势

随着多种新技术、新业务形态的不断涌现，有线网络所需要承载的业务也更加多样化。当前，有线网络业务呈现 3 个重要的发展趋势。

1. 视频业务高清/超高清化

随着电视屏幕的增大和分辨率的提升，标清视频已经无法满足用户的日常需求。自 2014 年韩国率先开通 4K 超高清频道后，日本、英国等国家也先后开通了几十个 4K 频道。2019 年 2 月，我国工业和信息化部、国家广播电视总局、中央广播电视总台联合印发了《超高清视频产业发展行动计划（2019—2022 年）》，提出须按照"4K 先行、兼顾 8K"的总体技术路线，大力推进超高清视频产业发展和相关领域的应用，要求到 2022 年我国超高清视频产业总体规模超过 4 万亿元，4K 产业生态体系基本完善，8K 关键技术产品研发和产业化取得突破。在 2020 年 12 月国家广播电视总局发布的《广播电视技术迭代实施方案（2020—2022 年）》中，"主要任务"第一条就是"推进高清/超高清发展"，"实施举措"中明确了一些重点工作，如推动高标清同播向高清化发展，缩短同播过渡期；推动有条件的广播电视台，在不增加现有频道的基础上，开播 4K 频道，开展 8K 制播试验，服务重大活动、综艺和体育赛事等。

根据国家广播电视总局公布的消息，截至 2021 年 3 月底，全国各级播出机构经批准开办的高清电视和超高清电视频道共计 845 个，其中高清频道 838 个，4K 超高清频道 7 个。消息显示，北京、天津、河北等 22 个省（区、市）的省级台基本实现所有频道高清播出，广东省所有地级台频道已 100%实现高清播出，山西、内蒙古、江苏等 9 省（区、市）地级台频道高清率达到 75%以上。在高清安防方面，依托视频压缩技术的革新，H.264 和 H.265 使得利用有限的网络带宽传送高清甚至超高清画质的监控画面成为可能。目前，主流厂商的 4K 网络摄像机已经支持 1200 万像素分辨率，覆盖面更广，清晰度更高。

2. 业务承载 IP 化和宽带化

4K/8K 的高分辨率意味着数据容量的倍增，这给传输技术带来了前所未有的压力，但同时也成为传输技术演进的巨大推动力。对于 4K 直播业务，目前广电运营商在有线网络中承载 4K 直播业务时，通常分配一个频点，码率在 36Mbit/s 左右，例如江苏有线网传输的央视 4K 频道使用 H.265编码、50f/s 帧率，占用带宽 36Mbit/s，使用一个 50Mbit/s 的 256QAM 的 8MHz 频道即可满足传输带宽需求。但是，一个 8K 频道的带宽约为 4K 频道的 4 倍，因此采用单频点的方式难以承载8K 视频的传输。

中国通信标准化协会于 2016 年 9 月发布了《4K 视频传送需求研究》报告，该报告中提出了超高清视频对于传输带宽的需求，如表 4-3 所示。在表中可以看到，随着清晰度的提升，传输带宽也大幅提升，单个数字电视频道承载营运级 4K 已属勉强，对于极致 4K 乃至 8K 承载则无能为力，因此受限于有线网络的频道总数以及单频点的传输容量，未来超高清视频尤其是 8K 视频需要迁移到 IP 通道进行传输，这将是重要的发展趋势。

为了进一步提高用户体验质量，4K 超高清视频点播需要 30M～40Mbit/s 的网络传输能力，直播则需要更大的带宽（点播采用可变码率，考虑到码率波动因素，流畅播放所需带宽至少为平均码率的 1.5 倍；直播采用恒定码率，最小所需带宽为恒定码率的 1.3 倍）。除平面视频外，虚拟现实

（VR）近年来也发展迅速，正由本地虚拟现实向交互式虚拟现实演进，随着多人 VR 互动、空间定位技术、无线 VR 设备的发展，将出现多人交互 VR 游戏、社交活动平台，有效提高用户的体验。同时，VR 将在不同行业领域应用普及，包括 VR 娱乐、健康医疗、教育实训、虚拟课堂等。相较于 4K 超高清视频，VR 业务体现出了更高、更严格的传输要求，具体如表 4-4 所示。

表 4-3　超高清视频对于传输能力的需求

参数		入门级 4K	营运级 4K	极致 4K	8K
分辨率		3840×2160	3840×2160	3840×2160	7680×4320
帧率		25/30(f/s)	50/60(f/s)	100/120(f/s)	120(f/s)
采样位宽		8bit	10bit	12bit	12bit
压缩		HEVC Main Profile	HEVC Main 10	HEVC Range Extension	HEVC Range Extension
平均码流	点播	12M~16Mbit/s	20M~30Mbit/s	30M~45Mbit/s	70M~90Mbit/s
	直播	25M~30Mbit/s	25M~35Mbit/s	40M~55Mbit/s	80M~100Mbit/s
带宽需求	点播	18M~24Mbit/s	30M~45Mbit/s	45M~67.5Mbit/s	105M~135Mbit/s
	直播	25M~30Mbit/s	32.5M~45.5Mbit/s	52M~71.5Mbit/s	104M~130Mbit/s

表 4-4　VR 业务对于传输能力的要求

参数	入门级 VR	应用级 VR	终极 VR
视频分辨率	全视角 4K 2D（全画面分辨率 3840×1920）	全视角 12K 2D（全画面分辨率 11520×5760）	全视角 24K 3D（全画面分辨率 23040×11520）
单眼分辨率	960×960（眼镜，视场角 90°）	3840×3840（专业头显，视场角 120°）	7680×7680（专业头显，视场角 120°）
PPD（Plx/Degree）	11	32	64
色深	8bit	10bit	12bit
压缩率（H.265）	165	215	200（2D）350（3D）
帧率	30f/s	60f/s	120f/s
典型码率	16Mbit/s	279Mbit/s	3.29Gbit/s
典型带宽需求	25Mbit/s	418Mbit/s	4.93Gbit/s
典型网络延迟	40ms	20ms	10ms
典型网络丢包率	1.4×10^{-4}	1.9×10^{-6}	5.5×10^{-8}

3. 数据流量模型的多样化

在数据业务领域，思科可视化网络指数（Visual Networking Index）预测报告（2017—2022 年）显示，视频服务和内容相较于其他所有应用，将继续占据主要领导地位。视频流量已经成为网络的主导流量，全球 IP 视频流量占互联网流量的比重从 2017 年的 75%增加到了 2021 年的 82%，视频流量明显超过整体流量的增速；从 2017 年到 2022 年，互联网视频监控流量增加 7 倍，从全球来看，到 2022 年，所有互联网视频流量的 3%将来自视频监控，高于 2017 年的 2%。

随着网络直播业务的快速发展，当前的互联网视频业务模型正从垂直化（少量集中视频源+大量分散视频用户）向扁平化（大量分散视频源+大量分散用户）发展。大量的用户从网络视频的消费者变成网络视频的生产者。短视频业务迅猛发展，根据中国网络视听节目服务协会发布的《2020中国网络视听发展研究报告》显示，截至 2020 年 6 月，短视频以人均单日 110min 的使用时长超越了即时通信；抖音和快手成为中国短视频行业的领先产品，总共拥有 11 亿以上的日活用户规模。另据中国互联网络信息中心（China Internet Network Information Center，CNNIC）发布的第 47 次《中国互联网络发展状况统计报告》显示，截至 2020 年 12 月，我国网络视频（含短视频）用户规模达 9.27 亿，占网民整体的 93.7%，其中，短视频用户规模达 8.73 亿，占网民整体的 88.3%。

自 2016 年网络直播市场兴起以来，直播平台、观众数量都呈现井喷式发展，网络直播行业进入高速发展期。从网络直播用户来看，2020 年以来，直播获得快速发展，全民直播时代到来，我国网络直播用户规模出现了大幅增长。根据中国互联网络信息中心 2021 年 2 月 3 日发布的第 47 次《中国互联网络发展状况统计报告》统计数据显示，截止到 2020 年 12 月末，中国网络直播用户规模达到 6.17 亿人，占网民整体的 62.4%。

伴随着短视频、网络直播、视频监控等业务的快速发展，数据接入领域的业务对于上、下行带宽需求将从原有的"下行为主"逐步转变为"灵活多样"，从而对接入网络发展提出了更多新的需求。

4.3　无线接入网

【情景导入】

随着移动互联网技术的发展，Wi-Fi 无线网络逐渐融入当代人的日常生活，商场、宾馆、餐厅、咖啡馆等各类公共场所几乎已经实现了 Wi-Fi 全覆盖，人们可以方便地连接网络听歌曲、看视频。甚至在公交、地铁、高铁、飞机上，也开始配置 Wi-Fi 无线网络。想象一下，我们坐在上万米高空的飞机上，也能通过手机观看地球上一场足球比赛的实况转播是多么惬意。

物联网时代，有线网络连接具有空间上的必然局限性，无线接入网技术具有不可比拟的优势。让我们一起来认识无线接入网。

【思考】

（1）无线接入网技术和有线接入网技术有哪些区别？
（2）列举几种常见的无线接入网技术。

4.3.1　无线接入网概述

无线接入网是指部分或全部采用无线电波这一传输媒介连接用户与交换中心的一种接入技术，如采用微波、红外线、激光等无线传输媒介替代有线网络中的电缆/光缆等。物联网的无线接入技术很多，主要分为两类：一类是低速、短距离无线通信 ZigBee、Wi-Fi、蓝牙等；另一类是低功耗广域网（Low-Power Wide-Area Network，LPWAN），即广域网通信技术。LPWAN 又可分为两类：一类是工作于未授权频谱的 LoRa、NB-IoT 等技术；另一类是工作于授权频谱下，3GPP 支持的 2/3/4G 蜂窝移动通信技术。

V4-3 蓝牙技术

4.3.2 蓝牙技术

蓝牙是一个标准的无线通信协议，基于设备低成本的收发器芯片，传输距离近、功耗低。设计者的初衷是用隐形的连接线代替线缆。其目标和宗旨是保持联系，不靠电缆，拒绝插头，并以此重塑人们的生活方式。它通过统一的短程无线链路，在各信息设备之间可以穿过墙壁或公文包，实现方便快捷、灵活安全、低成本、小功耗的话音和数据通信。

1. 蓝牙技术的起源与发展

瑞典的爱立信公司于 1994 年成立了一个专项科研小组，对移动电话及其附件的低能耗、低费用无线连接的可能性进行研究，他们的最初目的在于建立无线电话与 PC 卡、耳机及桌面设备等产品的连接。1997 年爱立信、IBM、英特尔、诺基亚及东芝这 5 个世界著名的无线设备及计算机、半导体设备制造公司商议建立一种全球化的无线通信个人接入与无线连接新手段，后定名为"蓝牙"（Bluetooth）。1998 年 5 月正式发起成立了"蓝牙特别兴趣组织"（Bluetooth Special Interest Group，BSIG），简称蓝牙 SIG。蓝牙 SIG 组织于 1999 年 7 月 26 日推出了蓝牙技术规范 1.0 版本。蓝牙 1.x（从 1.0 至 1.2）在实际工作中传输速率一般不高于 1MHz。随着高质量音频与视频传输、无线激光打印等高速无线传输应用的增加，蓝牙 1.x 标准的传输速度已经远不能满足这些需求。2004 年年底，蓝牙 SIG 推出了蓝牙 2.0 标准。蓝牙 2.0 在传输速度上的提高是显著的，但相比之下电池的续航能力更值得关注。2010 年 7 月，蓝牙 SIG 宣布正式采用以低功耗技术为代表优势的蓝牙核心规格 4.0 版本。2013 年 12 月 6 日，蓝牙 SIG 发布了蓝牙 4.1 版本，当长期演进技术（Long Term Evolution，LTE）与蓝牙同时传输数据时，蓝牙 4.1 可自动协调两者的传输信息，提升连接速度的同时更加智能化。2016 年 6 月 17 日，蓝牙 SIG 在伦敦正式发布了最新的蓝牙 5.0 技术标准。

2. 蓝牙无线频段

蓝牙的频段为 2400M~2483.5MHz。这是全球范围内无须取得执照的工业、科学和医疗频带（Industria Scientific and Medical Band，ISM）的 2.4GHz 短距离无线电频段，蓝牙使用跳频技术，将传输的数据分割成数据包，通过 79 个指定的蓝牙频道分别传输数据包。每个频道的频宽为 1MHz。蓝牙 4.0 使用 2MHz 间距，可容纳 40 个频道。第一个频道始于 2402MHz，每 1MHz 一个频道，至 2480MHz。

蓝牙是基于数据包、有着"主从架构"的协议。一个主设备至多可和同一网域中的 7 个从设备通信。所有设备共享主设备的时钟。分组交换基于主设备定义的、以 312.5μs 为间隔运行的基础时钟。两个时钟周期构成一个 625μs 的槽，两个时间隙就构成了一个 1250μs 的缝隙对。在单槽封包的简单情况下，主设备在双数槽发送信息、单数槽接收信息。而从设备则正好相反。封包容量可长达 1、3 或 5 个时间隙，但无论是哪种情况，主设备都会从双数槽开始传输，从设备从单数槽开始传输。

3. 蓝牙技术的特点

蓝牙技术是为了实现以无线电波替换移动设备所使用的电缆而产生的。它试图以相同成本和安全性完成一般电缆的功能，从而使移动用户摆脱电缆的束缚，这就决定了蓝牙技术具备以下技术特性。

（1）成本低

为了能够替代一般电缆，它必须具备和一般电缆相似的价格，这样才能被广大普通消费者接受。从技术角度来看，蓝牙芯片集成了无线、基带和链路管理层功能，而链路管理层功能可以通过软件来实现，如果由软件实现链路管理层功能，那么芯片将被简化，价格也将变得合理。

（2）功耗低、体积小

蓝牙技术本来目的就是互连小型移动设备及其外设，它的目标市场是移动笔记本电脑、移动电话、小型的 PDA 以及它们的外设，因此蓝牙芯片必须具有功耗低、体积小的特点，以便于集成到小型便携设备中去。蓝牙产品输出功率很小（只有 1mW），仅是微波炉使用功率的百万分之一，是移动电话使用功率的一小部分。

（3）近距离通信

蓝牙技术通信距离为 10m，如果需要的话，还可以选用放大器使其扩展到 100m。这已经足够在办公室内任意位置摆放外围设备，而不用再担心电缆长度是否够用。

（4）安全性

同其他无线信号一样，蓝牙信号很容易被截取，因此蓝牙协议提供了认证和加密功能，以保证链路级的安全。蓝牙系统认证与加密服务由物理层提供，采用流密码加密技术，适合于硬件实现，密钥由高层软件管理。如果用户有更高级别的保密要求，可以使用更高级、更有效的传输层和应用层安全机制。认证可以有效防止电子欺骗以及不期望的访问，而加密则可保护链路隐私。除此之外，跳频技术的保密性和蓝牙有限的传输范围也使窃听变得困难。

然而，在提供链路级认证和加密的同时，也阻碍了一些公共性较强的应用模型的用户友好访问，如服务发现和商业卡虚拟交换等。因此，为了满足这些不同的安全需求，蓝牙协议定义了 3 种安全模式。模式 1 不提供安全保障，模式 2 提供业务级安全保障，模式 3 则提供链路级安全保障。

4．蓝牙技术和产品应用领域

蓝牙技术的实质内容是要建立通用的无线接口及其控制软件的开放标准，使计算机和通信进一步结合，使不同厂家生产的便携式设备在没有电线或电缆相互连接的情况下，能在近距离范围内互连互通，具体应用示例如图 4-11 所示。

用户可以通过蓝牙技术实现个人计算机与手机、打印机、键盘、鼠标的无线连接，体验无电缆的连接的便捷

图 4-11　蓝牙技术的具体应用示例

作为"电缆替代"技术提出的蓝牙技术发展到今天已经演化成了一种个人信息网络的技术。它

将内嵌蓝牙芯片的设备互连起来，提供话音和数据接入服务，实现信息的自动交换和处理。

蓝牙技术主要针对三大类的应用：话音/数据接入、外围设备互连和个人局域网。话音/数据的接入是将一台计算机通过安全的无线链路连接到通话设备（如 PDA、手机），完成与广域通信网络的互联。外围设备互连是指将各种设备通过蓝牙链路连接到主机（如照相机、打印机、扫描仪）。蓝牙技术的另一个实力体现在构成特设网络，在一个网络中可连接 8 个设备。个人局域网由便携式计算机、手机、打印机等组成，可形成点对点、点对多点连接。移动电话作为信息网关，使各种便携式设备之间交换内容，采用通用移动接口、开放的技术平台及标准。通过使用跳频方式、短数据包和前向纠错（Forward Error Correction，FEC）来保证各台站之间稳定、可靠的传输。

4.3.3　ZigBee 技术

V4-4　ZigBee 技术

在实际应用中人们发现，尽管蓝牙技术有许多优点，但仍然存在着应用的局限性。对于工业生产、智能家居和遥测遥控等领域而言，蓝牙技术较为复杂，不仅功耗大、距离短，搭建的组网规模也较小。ZigBee 技术的问世正好弥补了这些不足。

ZigBee 译为"蜂舞协议"，它与蓝牙类似。是一种新兴的短距离无线通信技术，用于传感控制应用。

ZigBee 无线通信技术是基于蜜蜂相互间联系的方式而研发出的一项应用于互联网通信的网络技术。相较于传统网络通信技术，ZigBee 无线通信技术表现出更为高效、便捷的特征。作为一项近距离、低成本、低功耗的无线网络技术，ZigBee 无线通信技术关于组网、安全及应用软件方面的技术基于 IEEE 批准的 802.15.4 无线标准。

ZigBee 适用于传输距离短、数据传输速率低的一系列电子元器件设备。ZigBee 无线通信技术可用于数以千计的微小传感器间，依托专门的无线电标准达成相互协调通信。ZigBee 无线通信技术还可应用于小范围的基于无线通信的控制及自动化等领域，可省去计算机设备、一系列数字设备间的有线电缆，更能够实现多种不同数字设备间的无线组网，使它们实现相互通信，或者接入互联网。

ZigBee 技术本质上是一种速率比较低的双向无线网络技术，其主要发展方向是建立一个基础构架，这个构架基于互操作平台以及配置文件，并拥有低成本和可伸缩嵌入式的优点。

1. ZigBee 的特点

ZigBee 作为一项新型的无线通信技术，具有传统网络通信技术不可比拟的优势，既能够实现近距离操作，又可降低能源的消耗，主要表现为以下几个方面。

（1）低功耗。ZigBee 能源消耗显著低于其他无线通信技术，在低耗电待机模式下，两节 5 号干电池可支持 1 个节点工作 6 ~ 24 个月，甚至更长。这是 ZigBee 的突出优势。相比较，蓝牙能工作数周，Wi-Fi 可工作数小时。

（2）低成本。ZigBee 研发及使用所需投入的成本偏低，ZigBee 通过大幅简化协议（不到蓝牙的 1/10），降低了对通信控制器的要求，而且 ZigBee 免协议专利费。

（3）低速率。ZigBee 工作在 20k ~ 250kbit/s 的速率，分别提供 250kbit/s（2.4GHz）、40kbit/s（915MHz）和 20kbit/s（868MHz）的原始数据吞吐率，满足低速率传输数据的应用需求。

（4）近距离。传输范围一般介于 10 ~ 100m，在增加发射功率后，亦可增加到 1 ~ 3km。这指的是相邻节点间的距离。如果通过路由和节点间通信的接力，传输距离将可以更远。

（5）短时延。ZigBee 的响应速度较快，一般从睡眠转入工作状态只需 15ms，节点连接进入网络只需 30ms，进一步节省了电能。相比较，蓝牙需要 3~10s，Wi-Fi 需要 3s。

（6）高容量。ZigBee 可采用星状、片状和网状网络结构，由一个主节点管理若干子节点，最多一个主节点可管理 254 个子节点；同时主节点还可由上一层网络节点管理，最多可组成 65000 个节点的大网。

（7）高安全。ZigBee 提供了 3 级安全模式，包括安全设定、使用访问控制列表（Access Control List，ACL）防止非法获取数据以及采用高级加密标准（Advanced Encryption Standard，AES）的对称密码，以灵活确定其安全属性。

（8）免执照频段。使用工业、科学和医疗频带（ISM），在 IEEE 802.15.4 中共规定了 27 个信道：在 2.4GHz 频段，共有 16 个信道，信道通信速率为 250kbit/s；在 915MHz 频段，共有 10 个信道，信道通信速率为 40kbit/s；在 868MHz 频段，有 1 个信道，信道通信速率为 20kbit/s。

2. ZigBee 协议栈的结构

ZigBee 协议栈属于高级通信协议，是基于 IEEE 制定的 802 协议，主要约束了网路的无线协议、通信协议、安全协议和应用需求等方面的标准。ZigBee 的网络协议栈是分层结构的，自下而上主要由 4 层结构构成，分别为物理层（PHY）、介质访问控制（MAC）层、网络层（NWK）和应用层（APL）。其中物理层、MAC 层由 IEEE 802.15.4 标准定义，网络层和应用层标准由 ZigBee 联盟制定，应用层由应用支持子层（Application Support Sub-Layer，APS）、厂商定义的应用程序对象和 ZigBee 设备对象 3 部分组成，如图 4-12 所示。

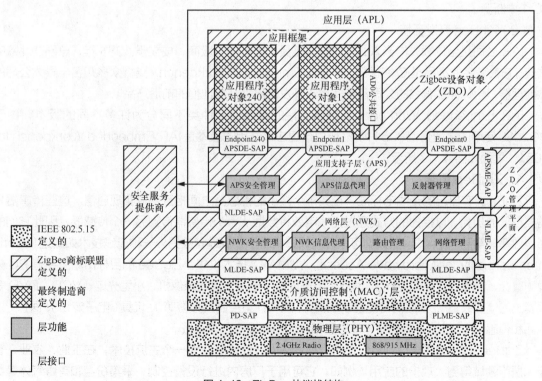

图 4-12　ZigBee 协议栈结构

物理层：作为 ZigBee 协议结构的最低层，提供了最基础的服务，为上一层 MAC 层提供了服务，如数据的接口等，同时也起到了与现实（物理）世界交互的作用。

MAC 层：负责不同设备之间无线数据链路的建立、维护、结束、确认的数据传送和接收。

网络层：保证了数据的传输和完整性，同时可对数据进行加密。

应用层：根据设计目的和需求把不同的应用映射到 ZigBee 网络上。

3. ZigBee 技术解决方案

（1）CC2530

CC2530 是用于 2.4GHz IEEE 802.15.4、ZigBee 和消费电子射频（Radio Frequency for Consumer Electronics，RF4CE）应用的真正的单片系统（System on Chip，System on A Chip，SoC）解决方案，CC2530 芯片结合了 RF 收发器，增强型 8051 CPU，系统内可编程闪存，8KB RAM 和许多其他功能强大的模块。如今 CC2530 主要有 4 种不同的闪存版本：CC2530F32/64/128/256，分别具有 32K/64K/128K/256KB 的闪存。其具有多种运行模式，使得它能满足超低功耗系统的要求。同时 CC2530 运行模式之间的转换时间很短，使其进一步降低能源消耗。CC2530 具备一个 IEEE 802.15.4 兼容无线收发器，其中的 RF 内核控制模拟无线模块，另外它还提供了一个连接外部设备的端口，从而可以发出命令和读取状态，操纵各执行电路的事件顺序。同时无线设备还包括数据包过滤模块和地址识别模块。

CC2530 单片机包括许多不同的外设，其主要的外设包括：21 个通用 I/O 引脚、4 个定时器、1 个睡眠定时器、1 个"看门狗"定时器、2 个串行通信接口、8 路 12 位模-数转换器（Analog to Digital Converter，ADC）、5 通道直接存储器访问（Direct Memory Access，DMA）控制器、18 个中断源。

（2）ZigBee 开发环境

IAR 公司是全球领先的嵌入式系统开发工具和服务的供应商，成立于 1983 年，总部在北欧的瑞典。它最著名的产品是 C 编译器——IAR Embedded Workbench，支持众多知名半导体公司的微处理器，全球许多著名的公司都在使用该开发工具来开发他们的前沿产品。

IAR Embedded Workbench 根据支持的微处理器种类不同分为许多不同的版本，由于 CC2530 使用的是增强型 8051 内核，所以这里应该选用的版本是 IAR Embedded Workbench for 8051，界面如图 4-13 所示。

4. ZigBee 前景

ZigBee 有自己的无线电标准，在数千个微小的传感器之间相互协调实现通信。这些传感器只需要很低的功耗，以接力的方式通过无线电波将数据从一个传感器传到另一个传感器，因此它们的通信效率非常高。并且，这些数据可以进入计算机用于分析或者被另外一种无线技术如威迈（World Interoperability for Microwave Access，WiMAx）技术收集。ZigBee 的目标市场主要有 PC 外设（鼠标、键盘、游戏操控杆）、消费类电子设备（电视、盒式录像机、小型光碟、VCD、DVD 等设备上的遥控装置）、家庭内智能控制（照明、煤气计量控制及报警等）、玩具（电子宠物）、医护（监视器和传感器）、工控（监视器、传感器和自动控制设备）等领域。

ZigBee 技术的先天性优势，使得它在物联网行业逐渐成为一个主流技术，在工业、农业、智能家居等领域得到大规模的应用。例如，它可用于厂房内进行设备控制，采集粉尘和有毒气体等数据；在农业，可以实现温度、湿度、pH 值等数据的采集并根据数据分析的结果进行灌溉、通风等联动动作；在矿井，可实现环境检测、语音通信和人员位置定位等功能。

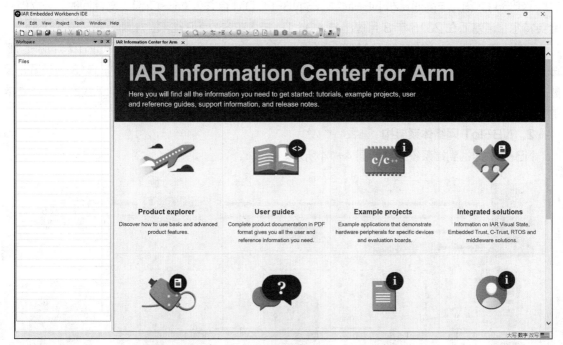

图 4-13　IAR Embedded Workbench for 8051 界面

ZigBee 无线通信技术凭借其一系列特征优势，在众多智能家居中得到广泛推广，而对于该项技术的应用，离不开互联网技术的有力支持。因为家居房屋建筑面积存在一定局限性，所以为 ZigBee 无线通信技术应用创造了适用条件。在实际应用中，可采取适用的控制手段，诸如遥控器控制、声音控制等，即可通过遥控器装置对冰箱、微波炉等进行指令控制；可通过声音指令以实现电视机的开机或关机操作，等等。为了确保控制的高效性，应当保证信号口的有效连接，唯有如此方可实现对家居设备的有效控制。将 ZigBee 无线通信技术应用于智能家居领域，一方面可提高家居操作的便捷性，缩减家居成本；另一方面可改善人们的生活居住体验，切实彰显该项技术的实用性。除此之外，ZigBee 无线通信技术还可实现有效的信号抗干扰功能，为人们创造便利的同时，可缩减对其他用户造成的信号干扰。

4.3.4　NB-IoT 技术

NB-IoT 是 IoT 领域一个新兴的技术，支持低功耗设备在广域网的蜂窝数据连接，也被叫作低功耗广域网（LPWAN）。NB-IoT 支持待机时间长、对网络连接要求较高设备的高效连接。

V4-5　NB-IoT
技术

NB-IoT 构建于蜂窝网络，只消耗大约 180kHz 的带宽，可直接部署于 GSM 网络和 LTE 网络等，以降低部署成本，实现平滑升级。

1. NB-IoT 演变

2014 年 5 月，华为联合沃达丰在 3GPP 的 GSM/EDGE 无线接入网（GSM/EDGE Radio Access Network，GERAN）研究项目中提出 NB-M2M 技术。同年，高通公司提交了窄带正交频分复用（Narrow Band Orthogonal Frequency Division Multiplexing，NB-OFDM）技术。2015 年 5 月，华为与高通宣布 NB-M2M 与 NB-OFDM 合并为 NB-CIoT。与此同时，爱立信联合英特尔、诺基亚在 2015 年 8 月提出与 4G LTE 技术兼容的 NB-LTE 方案。

2015 年 9 月，在 3GPP 的 RAN 第 69 次会议上经过激烈讨论，最终将 NB-CIoT 与 NB-LTE 进一步融合，并重新命名为 NB-IoT。2016 年 6 月 16 日，NB-IoT 作为 3GPP R13 一项重要课题，其对应的 3GPP 协议相关内容获得了 RAN 全会批准，正式宣告了这项受到无线产业广泛支持的 NB-IoT 标准核心协议历经两年多的研究终于全部完成。

2. NB-IoT 网络体系架构

NB-IoT 的端到端系统架构如图 4-14 所示。

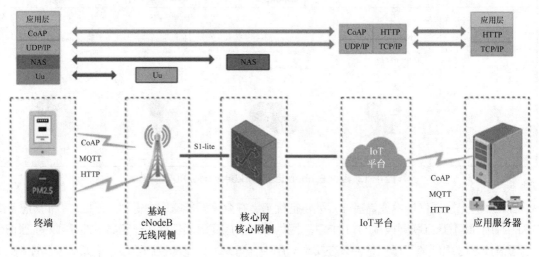

图 4-14　NB-IoT 的端到端系统架构

NB-IoT 终端通过空口 Uu 连接到基站。eNodeB：主要承担空中接入处理，小区管理等相关功能，并通过 S1-lite 接口与 IoT 核心网进行连接，将非接入层数据转发给高层网元处理。这里需要注意，NB-IoT 可以独立组网，也可以与 EUTRAN（Evolved Universal Terrestrial Radio Access Network，演进的通用陆基无线接入网）融合组网。核心网：承担与终端非接入层交互的功能，并将 IoT 业务相关数据转发到 IoT 平台进行处理。同理，这里可以使用 NB 独立组网，也可以与 LTE 共用核心网。IoT 平台：汇聚从各种接入网得到的 IoT 数据，并根据不同类型转发至相应的业务应用服务器进行处理。应用服务器：是 IoT 数据的最终汇聚点，根据客户的需求进行数据处理等操作。

3. NB-IoT 的四大特点

（1）广覆盖

NB-IoT 为实现覆盖增强采用了重传（可达 200 次）和低阶调制等机制，在同样的频段下，NB-IoT 比现有的 GPRS 提升 20dB，覆盖面积扩大了 100 倍。对于地下车库、地下室、地下管道等信号难以到达的地方也能较好覆盖。

NB-IoT 有效带宽为 180kHz，下行采用正交频分复用，上行有两种传输方式：单载波传输和多载波传输。其中单载波传输的子载波带宽为 3.75kHz 和 15kHz 两种，多载波传输的子载波带宽为 15kHz，支持 3、6、12 个子载波传输。

（2）海量连接

理想情况下每个扇区可连接约 5 万台设备。

NB-IoT 比 2G/3G/4G 有 50 ~ 100 倍的上行容量提升（特定业务模型），可提供现有无线技术 50 ~ 100 倍的接入数，特别适用于路灯、井盖、水电表等大量通信接入处。

（3）低功耗

NB-IoT 应用（如智能抄表、环境监控、智能农业等）安装环境没有电源供应，需要使用电池，为了满足电池达到 5 ~ 10 年寿命的使用需求，NB-IoT 网络借助节电模式和超长非连续接收技术极大降低了终端功耗，可使设备在生命周期绝大部分时间处于极低功耗状态，从而保障电池的使用寿命。

（4）低成本

低成本体现在 NB-IoT 芯片的低成本和网络部署的低成本。

NB-IoT 终端采用窄带技术，基带复杂度低，只使用单天线，采用半双工方式，射频模块成本低，大部分不必要的功能都可以裁剪，同时采用芯片级系统内置功放，降低了对终端 Flash 存储空间、终端尺寸、终端射频等的要求，从而极大降低了 NB-IoT 的终端成本。网络部署成本低，支持独立部署、带内部署和保护带部署 3 种部署方式。

4. NB-IoT 的广泛应用

因为 NB-IoT 自身具备的低功耗、广覆盖、低成本、大容量等优势，使其可以广泛应用于多种垂直行业，如远程抄表、井盖监控、资产跟踪管理、智能路灯监控、智慧停车、智慧农业等。

以 NB-IoT 在畜牧业中的应用为例。畜牧业主要分为圈养和放养，中国的北部和西部边疆为主要放牧区。放养的优势在于牲畜肉质品质高、降低饲料成本等，但是随之而来的是在牲畜管理上的诸多不便。人工放牧是最原始和最直接的办法，但是会有以下一些弊端。

（1）人工放养需要专人放养，浪费人力。

（2）人工放养有安全隐患，有被野生动物袭击的危险。

（3）人工放养不善于系统性管理，利用 GPS+GPRS 畜牧定位系统可以解决这种问题。但是，牛、羊群个体规模庞大，GPRS 通信基站会有容量不足的情况，电池续航也会存在问题。再者，农场都比较偏远，信号覆盖强度也会有问题。

NB-IoT 能够有效解决上述问题，主要通过下列技术特性：

（1）NB-IoT 通信基站能容纳的用户容量是 GPRS 的 50 ~ 100 倍。

（2）NB-IoT 的模块待机时间可达 5 ~ 10 年，从牲畜出生到宰杀都无须更换电池，可减少工人工作量。

（3）NB-IoT 更强、更广的信号覆盖，可实现偏远地区数据正常传输。

4.3.5 LoRa 技术

V4-6　LoRa 技术

LoRa 是一种基于扩频技术的远距离无线传输技术，是 LPWAN 通信技术的一种，是 Semtech 公司创建的低功耗局域网无线标准。低功耗一般很难覆盖远距离，远距离一般功耗高。LoRa 的名字来源于远距离无线电（Long Range Radio），它的最大特点就是采用扩频技术在同样的功耗条件下比其他无线方式传播的距离更远，实现了低功耗和远距离的平衡，它在同样的功耗下比传统的无线射频通信距离增加 3～5 倍。

1. LoRa 的特性

（1）传输距离：城镇可达 2～5km，郊区可达 15km。

（2）工作频率：ISM 频段运行，主要包括 433MHz、868MHz、915MHz 等。

（3）技术标准：IEEE 802.15.4g。

（4）调制方式：基于扩频技术，是线性调频扩频（Chirp Spread Spectrum，CSS）的一个变种，具有前向纠错（FEC）能力，是 Semtech 公司私有专利技术。

（5）容量：一个 LoRa 网关可以连接成千上万个 LoRa 节点。

（6）其他特性。

- 电池寿命：长达 10 年。
- 安全：AES 128 加密。
- 传输速率：几万到几十万 bit/s，速率越低传输距离越长。

2. LoRa 数据包结构

LoRa 数据包包含：前导码（Preamble）、可选类型的报头（Header）、数据有效负载（Payload）及是否在数据包中使用循环冗余校验（Cyclic Redundancy Check，CRC）等消息，如图 4-15 所示。

Preamble	Header	CRC	Payload	Payload CRC
	仅显示报头模式			

图 4-15　LoRa 数据包

前导码用于保持接收机与输入的数据流同步。前导长度是一个可以通过编程来设置的变量，所以前导码的长度可以扩展。LoRa 有两种数据包格式：显式和隐式。根据所选择的操作模式，报头有两种形式。

（1）显式报头模式

显式数据包的报头较短，主要包含字节数、编码率及是否在数据包中使用循环冗余校验等信息。报头按照最大纠错码（4/8）发送。另外，报头还包含自己的 CRC，使接收机可以丢弃无效的报头。

（2）隐式报头模式

在特定情况下，如果有效负载长度、编码率以及 CRC 为固定值或已知，则可以通过隐式报头模式来缩短发送时间。

注意：如果将扩频因子（Spreading Factor，SF）设定为 6，则只能使用隐式报头模式。

3. LoRaWAN 网络结构

LoRaWAN 是 LoRa 广域网（LoRa Wide Area Network）的简称，遵循 Low-Rate Wireless Personal Area Networks（IEEE802.115.4-2011）协议，是基于 LoRa 技术的一种通信协议。LoRa 整体网络结构分为终端节点、集中器/网关、网络服务器、应用程序服务器等，网络结构如图 4-16 所示。

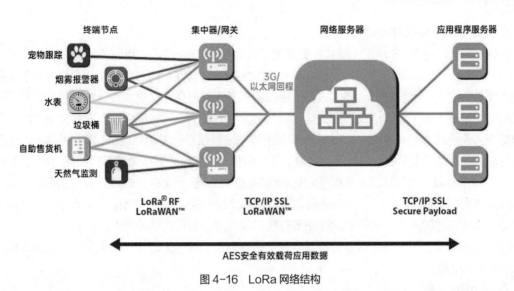

图 4-16　LoRa 网络结构

　　终端节点可以同时发送数据给多个基站，一般 LoRa 终端和网关之间可以通过 LoRa 无线技术进行数据传输，而网关和核心网或广域网之间的交互可以通过 TCP/IP，星形拓扑结构如图 4-17所示，当然可以是有线连接的以太网，亦可以为 3G/4G 类的无线连接网络。

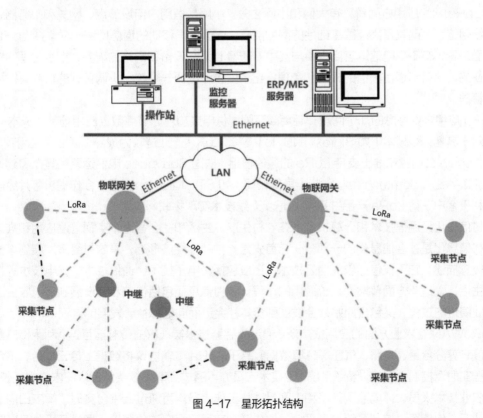

图 4-17　星形拓扑结构

　　为了保证数据的安全性、可靠性，LoRaWAN 采用了长度为 128bit 的对称加密算法 AES 进行完整性保护和数据加密。

4．LoRaWAN 工作模式

LoRaWAN 一般有 3 种工作模式，分别为 Class A、Class B、Class C 工作模式。

（1）Class A：双向通信终端设备。这一类的终端设备允许双向通信，每一个终端设备上行传输会伴随着两个下行接收窗口。终端设备的接收槽是基于其自身通信需求设计的，其微调基于一个随机的时间基准（ALOHA 协议——由美国夏威夷大学开发的一种网络协议，取名来自于 Aloha，是夏威夷人表示致意的问候语）。Class A 所属的终端设备在应用时功耗最低，终端发送一个上行传输信号后，服务器能很迅速地进行下行通信，任何时候，服务器的下行通信都只能在上行通信之后。

（2）Class B：具有预设接收槽的双向通信终端设备。这一类的终端设备会在预设时间中开放多余的接收窗口，为了达到这一目的，终端设备会同步从网关接收一个信标（Beacon），通过信标将基站与模块的时间同步。这种方式能使服务器知晓终端设备正在接收数据。

（3）Class C：具有最大接收槽的双向通信终端设备。这一类的终端设备持续开放接收窗口，只在传输时关闭。

5．LoRa 应用

从目前的 LoRa 应用情况来看，主要有数据透传和 LoRaWAN 协议应用。目前还是用 LoRa 作为数据透传的多，由于网关技术和开发的门槛比较高，使用 LoRaWAN 协议组网的应用还是比较少。

从 LoRa 网络应用方面看，有大网和小网之分。小网是指用户自设节点、网关和服务器，自成一个系统网络；大网就是大范围基础性的网络部署，就像中国移动的通信网络一样。从 LoRa 行业从业方面来看，有不少电信运营商也参与其中。随着 LoRa 设备和网络的增多，相互之间的频谱干扰是存在的，这就对通信频谱的分配和管理提出了要求，需要一个统一协调管理的机制，需要一个大网的管理。

LoRa 应用需要考虑的几个问题：距离或范围、供电或功耗、节点数、应用场景、成本。

相对于其他无线技术（如 Sigfox、NB-IoT 等），LoRa 产业链较为成熟、商业化应用较早。此前，Microchip 公司宣布推出支持 LoRa 的通信模组，法国 Bouygues 电信运营商宣布将建设一个新的 LoRa 网络。Semtech 也与一些半导体公司（如 ST、Microchip 等）合作提供芯片级解决方案，有利于客户获得 LoRa 产品并采用 LoRa 无线技术实现物联网应用。

农村信息化是通信技术和计算机技术在农村生产、生活和社会管理中实现普遍应用和推广的过程。农村信息化是社会信息化的一部分，它首先是一种社会经济形态，是农村经济发展到某一特定过程的概念描述。它不仅包括农业信息技术，还应包括微电子技术、通信技术、光电技术等在农村生产、生活、管理等方面普遍而系统应用的过程。农村信息化包括传统农业发展到现代农业进而向信息农业演进的过程，又包含原始社会发展到资本社会进而向信息社会发展的过程。

LoRaWAN 在农业方面的应用很广泛，通过传感器技术实现农业传感器互连，利用传感器采集土壤湿度、养分含量、光照、气压等环境数据，基于 LoRa 传输协议将数据上传云平台，平台根据环境数据实时调控温控系统、灌溉系统等；技术人员亦可通过高清摄像头监控农田农作物生长情况；农民、农业技术人员、环境监测人员和农产品销售工作人员均可通过云平台实时了解农田内的农作物生长情况；传感器、控制系统与云平台一体化联动实现远程自动化管理。通过云平台可以实时地查看农田内的环境数据、监控视频、传感器状态、设备远程控制、人员管理等，同时工作人员登录手机 App 也可以远程随时随地查看农田内的各项关键数据，并且各项数据自动采集存储在云服务器中，为更科学的栽培积累了更多数据。

4.3.6　UWB 技术

V4-7　其他无线
接入技术

　　超宽带（Ultra Wide Band，UWB）技术是一种无线载波通信技术，它是一种使用 1GHz 以上频率带宽的无线载波通信技术。不采用正弦载波，而是利用纳秒级的非正弦波窄脉冲传输数据，因此其所占的频谱范围很宽，其数据传输速率可以达到几百 Mbit/s 以上。

　　UWB 技术具有系统复杂度低、发射信号功率谱密度低、对信道衰落不敏感、截获能力弱、定位精度高等优点，尤其适用于室内等密集多径场所的高速无线接入。

　　UWB 技术始于 20 世纪 60 年代兴起的脉冲通信技术。UWB 技术利用频谱极宽的超宽基带脉冲进行通信，故又称为基带通信技术、无线载波通信技术，主要用于军用雷达、定位和低截获率/低侦测率的通信系统中。2002 年 2 月，美国联邦通信委员会发布了民用 UWB 设备使用频谱和功率的初步规定。该规定中，将相对带宽大于 0.2 或在传输的任何时刻带宽大于 500MHz 的通信系统称为 UWB 系统，同时批准了 UWB 技术可用于民用商品。随后，日本于 2006 年 8 月开放了超宽带频段。由于 UWB 技术具有数据传输速率高（达 1Gbit/s）、抗多径干扰能力强、功耗低、成本低、穿透能力强、截获率低、与现有其他无线通信系统共享频谱等特点，UWB 技术成为无线个人局域网（Wireless Personal Area Network，WPAN）通信技术的首选技术。

1. 技术特点

　　UWB 技术解决了困扰传统无线通信技术多年的有关传播方面的重大难题，具有对信道衰落不敏感、发射信号功率谱密度低、截获率低、系统复杂度低、能提供数厘米的定位精度等优点。

　　（1）系统结构的实现比较简单

　　当前的无线通信技术所使用的通信载波是连续的电波，载波的频率和功率在一定范围内变化，利用载波的状态变化来传输信息。而 UWB 技术则不使用载波，它通过发送纳秒级非正弦波窄脉冲来传输数据信号。UWB 系统中的发射器直接用脉冲小型激励天线，不需要传统收发器所需要的上变频，从而不需要功用放大器与混频器。UWB 系统允许采用非常低廉的宽带发射器。同时在接收端，UWB 系统的接收机也有别于传统的接收机，它不需要中频处理，因此，UWB 系统结构的实现比较简单。

　　（2）高速的数据传输

　　民用商品中，一般要求 UWB 信号的传输范围为 10m 以内，根据经过修改的信道容量公式，民用商品数据传输速率可达 500Mbit/s，UWB 技术是实现个人通信和无线局域网的一种理想调制技术。UWB 技术以非常宽的频率带宽来换取高速的数据传输，并且不单独占用已经拥挤不堪的频率资源，而是共享其他无线技术使用的频带。在军事应用中，UWB 技术可以利用巨大的扩频增益来实现远距离、低截获率、低检测率、高安全性和高速的数据传输。

　　（3）功耗低

　　UWB 系统使用间歇的脉冲来发送数据，脉冲持续时间很短，一般在 0.20～1.5ns，有很低的占空比，系统耗电很低，在高速通信时系统的耗电量仅为几百微瓦至几十毫瓦。民用 UWB 设备的功率一般是传统移动电话所需功率的 1/100 左右，是蓝牙设备所需功率的 1/20 左右。军用的 UWB

电台耗电也很低。因此，UWB 设备在电池寿命和电磁辐射上，与传统无线通信设备相比，有着很大的优势。

（4）安全性高

作为通信系统的物理层技术，UWB 技术具有天然的安全性能。由于 UWB 信号一般把信号能量弥散在极宽的频带范围内，对于一般通信系统来说，UWB 信号相当于白噪声信号，并且在大多数情况下，UWB 信号的功率谱密度低于自然的电子噪声的功率谱密度，从电子噪声中将脉冲信号检测出来是一件非常困难的事。采用编码对脉冲参数进行伪随机化后，脉冲的检测将更加困难。

（5）多径分辨能力强

由于常规无线通信的射频信号大多为连续信号或持续时间远大于多径传播时间，多径传播效应限制了通信质量和数据传输速率，且超宽带无线电发射的是持续时间极短且占空比极小的单周期脉冲，多径信号在时间上是可分离的。

（6）定位精确

冲激脉冲具有很高的定位精度。采用 UWB 技术，很容易将定位与通信合一，而常规无线电难以做到这一点。UWB 技术具有极强的穿透能力，可在室内和地下进行精确定位，而 GPS 只能工作在 GPS 定位卫星的可视范围之内。与 GPS 提供绝对地理位置不同，超宽带无线电定位器可以给出相对位置，其定位精度可达厘米级，此外，超宽带无线电定位器在价格上更为便宜。

（7）工程简单、造价便宜

在工程实现上，UWB 技术比其他无线技术要简单得多，可全数字化实现。它只需要以一种数学方式产生脉冲，并对脉冲进行调制，而实现上述过程所需的电路都可以被集成到一个芯片上，设备的成本很低。

2. 应用

UWB 技术应用按照通信距离大体可以分为两类。

一类是短距离高速应用，数据传输速率可以达到数百 Mbit/s，主要是构建短距离高速 WPAN、家庭无线多媒体网络以及替代高速率短程有线连接，如无线 USB 和 DVD，其典型的通信距离是 10m。

另一类是中长距离（几十米以上）低速率应用，通常数据传输速率为 1Mbit/s，主要应用于无线传感器网络和低速率连接。同时，由于 UWB 技术可以利用低功耗、低复杂度的收发信机实现高速数据传输，所以 UWB 技术在近年来得到了迅速发展。它在非常宽的频谱范围内采用低功率脉冲传输数据，而不会对常规窄带无线通信系统造成大的干扰，并可充分利用频谱资源。基于 UWB 技术而构建的高速率数据收发机有着广泛的用途。

4.3.7　60GHz 无线通信技术

60GHz 无线通信技术是指通信载波为 60GHz 频率附近的无线通信技术。

1. 发展现状

在当前无线通信频谱资源越来越紧张以及数据传输速率越来越高的必然趋势下，60GHz 频率无线通信技术也越来越受到关注，成为未来无线通信技术中最具潜力的技术之一。

60GHz 无线通信技术属于毫米波通信技术，面向 PC、数字家电等应用，能够实现设备间数

Gbit/s 的超高速无线传输。毫米波与较低频段的微波相比，特点是：①可利用的频谱范围宽，信息容量大；②易实现窄波束和高增益的天线，因而分辨率高，抗干扰性好；③穿透等离子体的能力强；④多普勒频移大，测速灵敏度高。

60GHz 无线通信技术原始数据的最高速度达到 25000Mbit/s，而 802.11n 标准和 UWB 只能分别实现 600Mbit/s 和 480Mbit/s 的传输速度。例如，用 802.11n 需要近 1h 才能传完的 DVD，用 60GHz 无线通信技术则只需要 15s。

2. 主要优点

和当前众多的无线通信技术相比，60GHz 无线通信技术被深入研究是因为它有着自身的特点，由于毫米波的这些特点使得毫米波技术和应用得到了迅速的发展。更为重要的是，60GHz 无线通信技术频谱资源完全免费，消费者不用负担昂贵的频谱资源使用费用。因此 60GHz 无线通信技术在经济上具有很大的优势，以吸引众多公司和研发团体投入 60GHz 无线通信技术的研究。

（1）频谱资源：60GHz 频段大部分都还没有被使用

近年来，各国政府都在 60GHz 频率附近划分了连续的免执照即可使用的频谱资源。比如，美国将免许可的频率范围划分为 7GHz（57G～64GHz），日本也将其划分为 7GHz（59G～66GHz），而欧洲更是高达 9GHz（57G～66GHz），我国目前也开放了 59G～64GHz 的频段。随着无线频谱资源的越来越稀缺，60GHz 无线通信技术在 60GHz 频率周围能够利用的资源之多，频段之广，要远远超出其他几种无线通信技术。

（2）传输速率高

由于 60GHz 无线通信技术拥有极大的带宽，而传输速率是随着带宽的增加而增加的，因此 60GHz 无线通信技术的理论传输速率极限可以达到数 Gbit/s。对于其他几种无线通信技术来说，由于频谱资源和带宽的限制，要达到 Gbit/s 的传输速率从理论上来说不是不可能，但是必须要采用高阶调制等极其复杂的技术，大大增加了实现的难度，并且对信道的信噪比要求更高，在现实中几乎不可能实现。而 60GHz 毫米波无线通信技术因为有足够的带宽资源，无须使用复杂技术就可以在较低的信噪比条件下达到 Gbit/s 的传输速率，性能是其他无线传输技术的数十倍。

（3）抗干扰性强

60GHz 频段无线信号的方向性很强，使得几个不同方向的 60GHz 频段通信信号之间的互干扰非常小，几乎可以忽略不计。使用该频段进行无线通信的技术很少，而主要使用的无线通信技术的载频基本远远小于 60GHz，因此，通信系统之间的干扰也很小，同样可以忽略不计。

（4）高安全性

传输路径的自由空间损耗在 60GHz 频率附近时约为 15dB/km，并且，墙壁等障碍物对毫米波的衰减很大。这使得 60GHz 无线通信技术在短距离通信的安全性能和抗干扰性能上存在得天独厚的优势，有利于近距离、小范围组网。

（5）方向性

99.9%的波束集中在 4.7° 范围内，此无线频率适合点对点的无线通信对高方向性天线的要求。发射功率可以满足高速无线数据通信（大于 1Gbit/s）的需求。

由于 60GHz 频段的无线频点处于大气传播中的衰减峰值，频段不适合长距离通信（大于 2km），故可以全部分配给短距离通信。60GHz 微波传输适合室内更小的距离（小于 50m），其衰减（15dB/km）可以忽略，在以 60GHz 为中心的 8GHz 范围内，衰减也不超过 10dB/km。因此，无线本地通信有 8GHz 的带宽可用。对短距离通信来说，60GHz 的频段最具有吸引力。

4.3.8 WLAN

无线局域网（WLAN）是利用无线技术实现快速接入以太网的技术。利用 WLAN 技术，在不便敷设电缆或临时应用场合，可以建立本地无线连接，使用户以无线方式接入局域网中。如在家庭、公司、学校的楼宇内，或者在机场、宾馆、网吧等公共场所。WLAN 具有安装便捷、使用灵活、经济节约、易于扩展等有线网络无法比拟的优点。

WLAN 既可以是整个网络都使用无线通信方式，称为独立式 WLAN；也可以是 WLAN 无线设备与有线局域网结合，称为非独立式 WLAN。后者主要是为用户接入有线局域网提供了无线接入手段，目前在实际应用中以非独立式 WLAN 为主。

1. WLAN 的基本组成

WLAN 一般包括 3 种基本组件：无线接入点（Access Point，AP）、无线工作站（Station，STA）和空中端口，如图 4-18 所示。

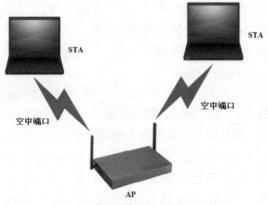

图 4-18　WLAN 的 3 种基本组件

（1）AP

AP 是 WLAN 的核心设备，是一种配备有 WLAN 适配器的网络设备，类似于移动通信中的基站，一般是固定的，它通过有线或无线的方式连接到有线网络上，是 WLAN 的用户设备进入有线网络的接入点。主要用于宽带家庭、大楼内部以及园区内部，典型距离覆盖几十米至上百米，目前主要技术为 IEEE 802.11 系列。

（2）STA

STA 是 WLAN 的用户设备，是一种配备有 WLAN 适配器的终端设备，如笔记本电脑、智能手机等，一般 STA 具有移动性，WLAN 中的 STA 根据网络结构的不同，可以直接相互通信或通过无线 AP 通信。

（3）空中端口

空中端口是 WLAN 设备的信道，可以支持单个点对点连接。空中端口是可以相互通信的 WLAN 设备间的一种关联，可以通过它来建立单个无线连接的逻辑实体。STA 只有一个空中端口，只能支持单个无线连接；无线 AP 则需要有多个空中端口，能够同时支持多个无线连接。可以把空中端口间的逻辑连接理解成有线局域网中的网段。

2. WLAN 的网络结构

WLAN 按照网络拓扑结构可分为两类：自组织网络和有中心网络。

（1）自组织网络

自组织网络又称 Ad-Hoc 网络、对等网络、无中心网络等。自组织网络不需要固定设备支持，各用户终端自行动态组网，通信时，每个终端均可成为数据发送的源结点、转发结点和目的结点，每个结点均可向网络中的相邻其他结点进行数据的转发，如图 4-19 所示。

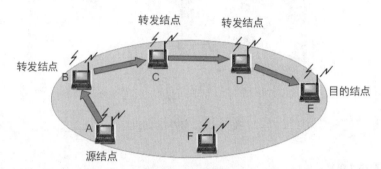

图 4-19　自组织网络

自组织网络要求网络中任意两个站点均可直接通信。采用这种拓扑结构的网络一般使用公用广播信道，各站点都可竞争公用信道，而介质访问控制（MAC）协议大多采用载波监听多路访问（Carrier Sense Multiple Access，CSMA）类型的多址接入协议。这种结构的优点是网络抗毁性好、建网容易且费用较低。但当网中用户数（站点数）过多时，信道竞争成为限制网络性能的要害。并且为了满足任意两个站点可直接通信，网络站点布局受环境限制较大。因此，这种网络拓扑结构适用于用户数相对较少的网络。

（2）有中心网络

有中心网络又称基础设施网络（Infrastructure Network）。在有中心拓扑结构中，要求一个无线站点充当中心站，所有站点对网络的访问均由其控制。这样，当网络业务量增大时，网络吞吐性能及网络时延性能的恶化并不剧烈。由于每个站点只需在中心站覆盖范围内就可与其他站点通信，故网络中心点布局受环境限制亦小。此外，中心站为接入有线主干网提供了一个逻辑接入点。有中心网络拓扑结构的弱点是抗毁性差，中心站点发生故障容易导致整个网络瘫痪，并且中心站点的引入增加了网络成本。

在实际应用中，有中心的 WLAN 往往与有线主干网络结合起来使用。这时，中心站点充当无线局域网与有线主干网的转接器。

一个基本服务集（Basic Service Set，BSS）包括一个无线 AP 和若干用户终端，所有的站点在本 BSS 以内都可以直接通信，但在和本 BSS 以外的站通信时，都要通过本 BSS 的基站。BSS 内 AP 的作用和网桥相似。一个 BSS 可以是孤立的，也可与另外的一个或多个 BSS，构成扩展服务集（Extended Service Set，ESS），如图 4-20 所示。

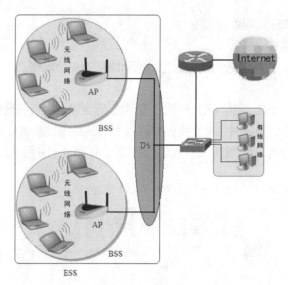

图 4-20　有中心网络

4.3.9　WiMAX

1. WiMAX 概述

WiMAX 即微波接入的全球范围互操作，是基于 IEEE 802.16 标准的一项无线宽带接入技术，其信号传输半径可达 50km，基本上能覆盖到城郊。正是由于这种远距离传输特性，WiMAX 不仅是解决无线接入的技术，还能作为有线网络接入（Cable Modem、DSL）的无线扩展，方便地实现偏远地区的网络连接。由于成本较低，将此技术与需要授权或免授权的微波设备结合之后，将扩大宽带无线市场，改善企业与服务供应商的认知度。一如当年对提高 IEEE 802.11 使用率有很大功劳的 Wi-Fi 联盟，WiMAX 也成立了论坛。WiMAX 论坛在 2001 年由众多无线通信设备/器件供应商发起组成，是一个非营利性组织。以英特尔为首，目标是促进 IEEE 802.16 标准规定的宽带无线网络的应用推广，提高大众对宽频潜力的认识，保证采用相同标准的不同厂家宽带无线接入设备之间的互通性，力促供应商解决设备兼容问题，借此提高 WiMAX 技术的使用率，让 WiMAX 技术成为业界使用 IEEE 802.16 系列宽频无线设备的标准。

2. WiMAX 的优势

① 实现更远的传输距离：WiMAX 能实现的 50km 的无线信号传输距离是无线局域网所不能比拟的。网络覆盖面积是 3G 发射塔的 10 倍，只要建设少数基站就能实现全城覆盖，这样就使得无线网络应用的范围大大扩展。

② 更高速的宽带接入：WiMAX 所能提供的最高接入速度是 70Mbit/s，这个速度是 3G 所能提供的宽带速度的 30 倍。

③ 优良的"最后一公里"网络接入服务：作为一种无线城域网技术，它可以将 Wi-Fi "热点"连接到互联网，也可作为 DSL 等有线接入方式的无线扩展，实现"最后一公里"的宽带接入。WiMAX 可为 50km 线性区域内提供服务，用户无须线缆即可与基站建立宽带连接。

④ 多媒体通信服务：由于 WiMAX 较 Wi-Fi 具有更好的可扩展性和安全性，从而能够实现电

信级的多媒体通信服务。

基于上述优势，WiMAX 能给用户提供真正的无线宽带网络服务，甚至是移动通信服务。可以想象，实现 WiMAX 之后，用户将在很大程度上摆脱无线局域网"热点"的约束，从而实现更自由的移动网络服务。WiMAX 的网络架构目标是基于 IEEE 802.16 和因特网工程任务组（Internet Engineering Task Force，IETF）协议，构建基于全 IP 的 WiMAX 端到端的网络架构，包含参考模型、参考点以及模块化的功能分解，满足可运营的固定/游牧/便携/简单移动/全移动模式下多种宽带应用场景的要求，满足不同等级服务质量（Quality of Service，QoS）的各种现有业务的需求以及与现有的有线或无线网络互连互通。

4.3.10 拓展知识：可见光通信——隐身于光波中的密码

可见光即电磁波谱中人眼可以感知的部分，除了提供给人类丰富的色彩世界、照亮夜晚的黑，也被科研人员逐步发掘出更多潜力，可见光通信便是其中之一。

可见光通信技术的原理是将需要传输的信息调制到发光二极管（Light Emitting Diode，LED）的驱动电流上，使 LED 灯以极高的频率闪烁。闪烁频率可以躲过人眼，却绕不过光电探测器，后者只需检测到这种高频闪烁携带的通信信息，就可以对 LED 灯光照射下的电器进行万能遥控，还可以让计算机、手机连接上互联网。

谈到无线网，人们更熟悉的是肉眼不可见的电磁波。且不论是原来的 2G 还是现在的 5G，皆由其将移动终端接入互联网。而随着光纤通信的发展，光的传输又重回大众视野。

可见光通信和光纤通信，原理并无太大差异，都是由发射器发出信息，再由接收器"翻译"，主要区别只是传输介质不同。虽然发射的信息只有 0 和 1 两种状态，但是经过编码的可见光波就可生成不同组合的编码，传递复杂的信息。

在中国科学院半导体研究所可见光通信实验室中，一盏暖白色的灯在白天也亮着。它负责的不仅仅是照明，还将房间内的计算机、空调、电视等电器连接在一起，只需呼唤智能音箱，使用者便可借助灯光随意控制房间内任意电器。其秘密就在每个电器终端安装的一个小小接收器上。

很多人担心光线容易被遮挡，影响信号传递，但反过来想，光是直线传播的，虽然无法穿透不透明的阻隔，但如果在光线直射下，信号则会更强，而且保密性更佳。甚至即便是充当可见光发射点的两盏很近的灯，也不会互相产生影响，反而会因为两个点直射的信号覆盖范围不交叉而保证了很好的通信信噪比。因此，可见光通信的劣势也是优势。

就目前研究结论看，可见光通信除了信号光源发射功率高的优势外，还可以省去再额外拉线安装互联网接口的麻烦。且相较于电磁波而言，可见光没有辐射的隐忧，使用起来更安全。此外，像医院、核电站和空间站等对电磁干扰有严格限制的场所，可见光通信也能派上用场。由此，可见光通信既解决了无线频谱资源拓展的问题，也解决了能源环保问题。

既然可见光通信具有独特的优势，那么为何白炽灯年代不推广可见光通信技术，而非得是 LED 灯呢？专家解释说，首先，LED 灯具备多方面的优势，例如使用寿命长、安全可靠以及节能度高等，被普遍认为属于下一代主流照明技术；其次，用固态半导体芯片作为发光材料的 LED，更容易被人"控制"。

随着环保节能减碳日益受到重视，半导体照明的应用也日益广泛。传统 LED 相对成本较低，虽然目前 LED 的主要赛道还是显示器与照明器材，但是随着通信技术的积累与材料的拓宽，可见光通信未来的应用场景将越来越广泛。

（来源：中国科学报，有删改）

4.4 移动通信网络

V4-8　移动通信网络

【情景导入】

1897 年，一艘名叫"圣保罗"号的邮轮缓慢地行驶在大西洋上，船上或坐或站挤满了人。奇怪的是，所有人脸上都挂着兴奋、期待与焦虑，却无一人发出声响，仿佛虔诚地在等待着一件伟大事物的降临。

突然，一连串"嘀、嘀、嘀"的电报声打破了这原本不该有的平静，这断断续续的声音犹如漆黑夜空中突然闪过的耀眼流星，瞬间划破长空。只见一人突然跳起来，大呼："成功了，成功了，我们终于成功了……"顿时，所有人沸腾了起来，连海浪击打船舷的"啪、啪"声都被人群欢呼声盖过。

这个跳起来的人叫马尼克，这一天他在邮轮上收到了 150km 外由怀特岛发来的无线电报。

也正是这一天，他向世界宣告了一个新生事物——"移动通信"诞生了。虽然学术界一直都不缺乏对世界无线电通信发明人的争议，但是通常 1897 年被认为是人类移动通信元年。

【思考】

（1）从移动通信的诞生到目前移动通信技术的应用，经历了哪几代技术的演变？

（2）移动通信技术在物联网技术中有哪些应用？

移动通信是指通信双方或至少一方处于移动中进行信息交互的通信，即移动体与移动体、移动体与固定体之间的通信。通常是一个有线和无线结合的通信系统。

4.4.1　移动通信概述

移动通信系统由于用户的移动性，管理技术要比固定通信复杂，移动通信网中依靠的是无线电波的传播，传播环境比有线媒介的传播环境复杂，移动通信有着与固定通信不同的特点。

1. 移动通信技术发展

全球移动通信经过 1G、2G、3G 和 4G 的发展阶段，目前已经迈入 5G 的时代。移动通信技术的发展演变如图 4-21 所示，1G 实现了移动通话，2G 实现了短信、数字语音和手机上网，3G 带来了基于图片的移动互联网，而 4G 则推动了移动视频的发展，5G 网络则视为物联网、车联网等万物互联的基础。从用户体验看，5G 具有更高的速率、更宽的带宽，能够满足消费者对虚拟现实、超高清视频等更高的网络体验需求。

（1）第一代移动通信技术

第一代移动通信技术（1G）是指最初的模拟、仅限语音的蜂窝电话标准，相关标准制定于 20 世纪 80 年代。

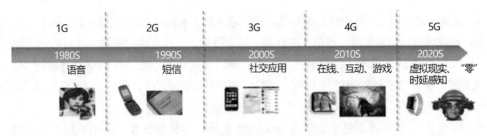

图 4-21 移动通信的发展演变

第一代移动通信主要采用的是模拟技术和频分多路访问（FDMA）技术。由于受到传输带宽的限制，不能进行移动通信的长途漫游，只能进行区域性的移动通信。第一代移动通信有多种制式，我国主要采用的是全接入通信系统（Total Access Communication System，TACS）。第一代移动通信有很多不足之处，如容量有限、制式太多、互不兼容、保密性差、通话质量不高、不能提供数据业务和自动漫游等。

中国的第一代模拟移动通信系统于 1987 年 11 月 18 日在广东第六届全运会上开通并正式商用，采用的是英国 TACS 制式。从中国电信 1987 年 11 月开始运营模拟移动电话业务到 2001 年 12 月底中国移动关闭模拟移动通信网，1G 系统在中国的应用长达 14 年，用户数最高曾达到了 660 万。

（2）第二代移动通信技术

从 1985 开始，欧盟各国着手 GSM 系统标准的开发，1988 年欧洲邮电委员会的移动通信特别小组完成了技术标准的制定，两年之后开始正式投入商用。自 20 世纪 90 年代以来，以数字技术为主体的第二代移动通信系统得到了极大的发展，短短的 10 年，其用户就超过了十亿。我国从 1995 年开始建设 GSM 网络，到 2000 年 3 月全国 GSM 用户数已突破 5000 万，并实现了与近 60 个国家的国际漫游业务。2005 年发展到近 2.8 亿用户，并超过固定电话用户数，成为世界上最大的移动经营网络。

（3）第三代移动通信技术

第三代移动通信系统是第二代的演进和发展，而不是重新建设一个移动网。在 2G 的基础上，3G 增加了强大的多媒体功能，不仅能接收和发送话音、数据信息，而且还能接收和发送静、动态图像及其他数据业务。2000 年 5 月，国际电信联盟正式公布第三代移动通信标准，我国提交的时分同步码分多路访问（Time Division-Synchronous Code Division Multiple Access，TD-SCDMA）正式成为国际标准，与宽带码分多路访问（Wideband CDMA，WCDMA）、美国 CDMA2000 成为 3G 时代主流的三大技术标准。

（4）第四代移动通信技术

4G 是真正意义上的高速移动通信系统，2005 年初，日本最大的移动通信运营商 NTT DOCOMO 公司演示的 4G 系统在 20km/h 下实现 1Gbit/s 的实时传输速率，该系统采用 4×4 天线多输入多输出（Multiple-in Multiple-out，MIMO）技术和可变扩频系数 OFDM（Variable Spread Factor OFDM，VSF-OFDM）技术。2013 年 12 月，工信部在其官网上宣布向中国移动、中国电信、中国联通颁发"LTE/第四代数字蜂窝移动通信业务（Time Division-Synchronous Code Division Multiple Access Long Term Evolution，TD-LTE）"经营许可，也就是 4G 牌照。

（5）第五代移动通信技术

国际电联将 5G 应用场景划分为移动互联网和物联网两大类。凭借低时延、高可靠、低功耗的特点，

5G 的应用领域非常广泛，不仅能提供超高清视频、浸入式游戏等交互方式再升级；将支持海量的机器通信，服务智慧城市、智能家居；也将在车联网、移动医疗、工业互联网等垂直行业"一展身手"。

2015 年 3 月 1 日，英国《每日邮报》报道，英国已成功研制出 5G 网络，并进行 100m 内的传送数据测试，每秒数据传输高达 125GB，是 4G 网络的 6.5 万倍，理论上 1s 可下载 30 部电影，并称将于 2018 年投入公众测试，2020 年正式投入商用。

2015 年 9 月 7 日，美国移动运营商 Verizon 宣布，将从 2016 年开始试用 5G 网络，2017 年 5G 将在美国部分城市全面商用。

2016 年 5 月 31 日，第一届全球 5G 大会在北京举行。本次会议由中国、欧盟、美国、日本和韩国的 5 个 5G 推进组织联合主办。

2017 年 12 月，发改委发布《关于组织实施 2018 年新一代信息基础设施建设工程的通知》，要求 2018 年在不少于 5 个城市开展 5G 规模组网试点，每个城市 5G 基站数量不少 50 个、全网 5G 终端不少于 500 个。

2019 年 6 月 6 日，工信部正式向中国电信、中国移动、中国联通、中国广电发放 5G 商用牌照，中国正式进入 5G 商用元年。

2021 年，我国已建成 5G 基站超过 115 万个，占全球 70%以上。

截至 2022 年 8 月 10 日，中国 5G 网络基站数量达 185.4 万个，终端用户超过 4.5 亿户，均占全球 60%以上，全国运营商 5G 投资超过 4000 亿元。

1G 时代由美国领先；2G 时代欧盟一家独大；3G 时代虽说是欧盟、美国、中国三足鼎立，但实际上是中、美联合抗衡欧盟；4G 时代美国凭借智能手机实现了"弯道超车"，与中国平分秋色；5G 时代以目前全球基站建设情况来看，中国正以领先的姿态高速发展。

2. 移动通信网的系统构成

典型的移动通信网的系统构成如图 4-22 所示，包括移动交换中心（Mobile Switching Center，MSC）、基站（Base Station，BS）、移动台（Mobile Station，MS）、中继传输系统、数据库等。

移动交换中心的主要功能包括信息交换功能、集中控制管理功能。通过关口 MSC 与公用电话网相连。

基站负责和本小区内移动台之间通过无线电波进行通信，并与 MSC 相连，以保证移动台在不同小区之间移动时也可以进行通信。

移动台即手机或车载台。

中继传输系统在移动交换中心和基站之间的传输均采用有线方式。

数据库用来存储用户的有关信息。

3. 移动通信的特点

（1）用户的移动性。就是要保持物体在移动状态中的通信，因而它必须是无线通信，或无线通信与有线通信的结合。

（2）电波传播条件复杂。因移动体可能在各种环境中运动，电磁波在传播时会产生反射、折射、绕射、多普勒效应等现象，产生多径干扰、信号传播延迟和展宽等现象。

（3）噪声和干扰严重。在城市环境中的汽车火花噪声、各种工业噪声，移动用户之间的互调干扰、邻道干扰、同频干扰等。

（4）系统和网络结构复杂。它是一个多用户通信系统和网络，必须使用户之间互不干扰，能协调一致地工作。此外，移动通信系统还应与市话网、卫星通信网、数据网等互连，整个网络结构是很复杂的。

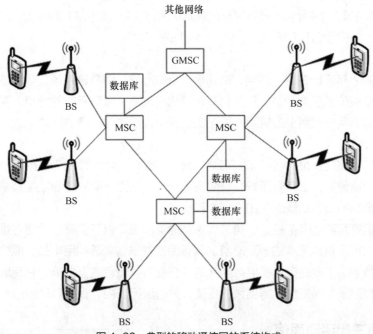

图 4-22　典型的移动通信网的系统构成

（5）要求频带利用率高、设备性能好。

4．移动通信网中的基本技术

（1）移动通信网的覆盖方式包括大区制和小区制。大区制指一个基站覆盖整个服务区，小区制是指将整个服务区划分为若干小区。

（2）移动通信网的用户多址方式分为：频分多路访问、时分多路访问、空分多址、码分多路访问。

① 频分多路访问（FDMA）：在通信时，不同的移动台占用不同频率的信道进行通信。

② 时分多路访问（Time Division Multiple Access，TDMA）：把时间分成周期性的帧，每一帧再分割成若干时隙。TDMA 中，给每个用户分配一个时隙，使各个移动台在每帧内只能按指定的时隙向基站发射信号。

③ 空分多址（Space Division Multiple Access，SDMA）：也称为多光束频率复用，它通过标记不同方位的相同频率的天线光束来进行频率的复用。

④ 码分多路访问（Code Division Multiple Access，CDMA）：通信系统中，不同用户传输信息所用的信号不是靠频率不同或时隙不同来区分的，而是用各自不同的编码序列来区分的。CDMA 技术的原理是基于扩频技术，即将需传送的具有一定信号带宽的信息数据，用一个带宽远大于信号带宽的高速伪随机码进行调制，使原数据信号的带宽被扩展，再经载波调制并发送出去。

4.4.2　第二代移动通信

第二代移动通信技术（2G），以数字语音传输技术为核心。用户体验速率为 10kbit/s，峰值速率为 100kbit/s。一般定义为无法直接传送如电子邮件、软件等信息；只具有通话和一些如时间日期等传送的手机通信技术规格。不过手机短信在它的某些规格中能够被执行。

2G 技术基本可被分为两种，一种是基于 TDMA 所发展出来的以 GSM 为代表的技术，另一种则是 CDMA 规格，采用复用（Multiplexing）形式的一种技术。

（1）GSM

GSM 于 1992 年开始在欧洲商用，最初仅为泛欧标准，随着该系统在全球的广泛应用，其含义已成为全球移动通信系统。GSM 系统具有标准化程度高、接口开放的特点，强大的联网能力推动了国际漫游业务，用户识别卡的应用，真正实现了个人移动性和终端移动性。

（2）窄带 CDMA

窄带 CDMA，也称 cdmaOne、IS-95 等，是 1995 年在中国香港开通第一个商用网。CDMA 技术具有容量大、覆盖好、话音质量好、辐射小等优点，但由于窄带 CDMA 技术成熟较晚，标准化程度较低，在全球的市场规模远不如 GSM 系统。

与第一代模拟蜂窝移动通信相比，第二代移动通信系统提供了更高的网络容量，改善了话音质量和保密性，并为用户提供无缝的国际漫游。具有保密性强、频谱利用率高、能提供丰富的业务、标准化程度高等特点。主要业务是提供数字化的话音业务及低速数据业务。它克服了模拟移动通信系统的弱点，话音质量、保密性能得到大的提高，并可进行省内、省际自动漫游。

4.4.3 第三代移动通信

第二代移动通信替代第一代移动通信系统完成模拟技术向数字技术的转变，但由于第二代采用不同的制式，移动通信标准不统一，用户只能在同一制式覆盖的范围内进行漫游，因而无法进行全球漫游。由于第二代数字移动通信系统带宽有限，限制了数据业务的应用，也无法实现高速率的业务如移动的多媒体业务，因此出现了第三代移动通信技术。

1. 3G 通信的标准

3G 以宽带多媒体移动通信为目标，数据传输速率：高速移动环境下 144kbit/s；步行慢速移动环境中 384kbit/s；室内静态环境中 2Mbit/s。

国际电信联盟在 2000 年 5 月，将 WCDMA、CDMA2000 和 TD-SCDMA（我国提出的标准）确定为第三代移动通信（3G）的三大主流技术标准，写入了 3G 技术指导性文件《2000 年国际移动通信计划》（International Mobile Telecommunications-2000，简称 IMT-2000）。2007 年 10 月 19 日，国际电信联盟（ITU）又批准 WiMAX 成为第四个全球 3G 标准。

2. 3G 通信业务应用

3G 与 2G 相比，最大的优势是它能提供至少 384kbit/s 的高速数据接入，可支持分组域的多媒体业务——具有实时的基于分组的业务。3G 的开启，将对三网的融合产生推动作用，对消费者的生活产生很大的影响。它为电信运营商提供了一个业务开发和创新的平台，使电信服务无处不在，3G 通信业务应用主要表现在如下几个方面。

（1）高级话音业务：话音质量高，可提供移动视频电话、数字电话、多媒体电话通信。

（2）移动接入互联网业务：移动业务和互联网业务的统一，上网速度快，人们可以随时随地地接入互联网，浏览信息或者处理公务等。

（3）定位业务：3G 网络比 2G 网络有更强的定位功能，手机导航系统为用户提供电子地图、路况信息、所处位置等。

（4）监测和控制业务：能实时地在手机屏幕上，确认设在家中和商店等处的摄像头的录像和声音，也可以控制家内的电器设备等。

（5）移动多媒体业务：视频点播、音乐点播、互动游戏、远程医疗等。

（6）金融证券业务：与银行证券公司合作，通过手机可以转账、支付、卖股、查看股票信息、外汇信息等。

（7）电视媒体广播业务：与广播服务商合作，提供手机电视、节目预告、媒体信息、彩信服务等。

（8）视频社区业务：移动电话会议，可以通过手机进行交流、联欢、开会等。

4.4.4 第四代移动通信

4G 是第四代移动通信技术的简称，是集 3G 与 WLAN 于一体并能够传输高质量视频图像且图像传输质量与高清晰度电视不相上下的技术。4G 可以在多个不同的网络系统、平台之间找到最快速与最有效率的通信路径，以进行最即时的传输、接收与定位等动作。

第四代移动通信技术是在数据通信、多媒体业务的背景下产生的，包括正交频分复用、调制与编码技术、智能天线技术、MIMO 技术、软件无线电技术、多用户检测技术等核心的技术。

1. 4G 的优势

4G 具有的优势有很多，主要体现在以下几方面。首先 4G 的数据传输速率较快，可以达到100Mbit/s，与 3G 相比，是其 20 倍。其次，4G 具有较强的抗干扰能力，可以利用正交分频多任务技术，进行多种增值服务，防止信号对其造成干扰。最后，4G 的覆盖能力较强，在传输的过程中智能性极高。

4G 全方位优于上一代技术，具体来讲它的优势特征就体现在以下几个方面：极强的信号传播能力；极快的传输速度；极高的智能化水平；极灵活的通信方式；更好的兼容性、提供增值服务、高质量通信、频率效率高等。

2. 4G 应用领域

4G 在通信领域得到了很广泛的应用，缩短了人与人之间的距离，利用 4G 网络进行电视信号的传输，一方面可以降低传输的成本，另一方面可以提高电视信号的质量和速度，甚至实现超长距离的传输。

在大中型医院中，医院为了在医护人员与患者之间建立比较完善的沟通系统，在医院内部设置了依靠移动医疗服务的综合信息化解决系统，也就是移动医护。通过 4G，医护人员和患者之间的沟通更加方便，一方面可以提高医护人员的工作效率和质量，另一方面可以避免延误病情，从根本上减少医院医患纠纷的现象，推动医院真正成为救死扶伤的机构，不会因为救治不及时而导致患者出现意外。

综上所述，在智能设备日益普及和互联网技术不断进步的情况之下，信息技术也迎来了一个很重要的发展机会。通过使用 4G，人们的生活水平能够提升到一个新的层次，随着新技术的不断开发和运用，人们也会享受到更加优质的服务。

4.4.5 第五代移动通信

第五代移动通信技术（5G）是最新一代蜂窝移动通信技术，也是继 2G、3G 和 4G 之后的延伸。5G 的性能目标是高数据速率、减少延迟、节省能源、降低成本、提高系统容量和大规模设备连接。

1. 5G 的特点

革命性技术：全双工技术、Massive MIMO 多天线（大于 128×128）、高阶频段（30G～100GHz）速率高达 10Gbit/s。

5G 不再仅仅是更高速率、更大带宽、更强能力的空中接口技术，而是面向业务应用和用户体验的智能网络。标志性能力指标为"Gbit/s 用户体验速率"，一组关键技术包括大规模天线阵列、超密集组网、新型多址、全频谱接入和新型网络架构。大规模天线阵列是提升系统频谱效率的最重要技术手段之一，对满足 5G 系统容量和速率需求将起到重要的支撑作用；超密集组网通过增加基站部署密度，可实现百倍量级的容量提升，是满足 5G 千倍容量增长需求的最主要手段之一；新型多址技术通过发送信号的叠加传输来提升系统的接入能力，可有效满足 5G 网络千亿设备连接需求；全频谱接入技术通过有效利用各类频谱资源，可有效缓解 5G 网络对频谱资源的巨大需求。

5G 网络主要有三大特点：极高的速率，极大的容量，极低的时延。相对 4G 网络，传输速率提升 10～100 倍，峰值传输速率达到 10Gbit/s，端到端时延达到毫秒级，连接设备密度增加 10～100 倍，流量密度提升 1000 倍，频谱效率提升 5～10 倍，能够在 500km/h 的速度下保证用户体验。

2. 5G 的应用

5G 为物联网提供了超大带宽。与 4G 相比，5G 网络可以支持 10 倍以上的设备。可以应用于自动驾驶、超高清视频、虚拟现实、万物互联的智能传感器。与 2G、3G、4G 仅面向人与人通信不同，5G 在设计之时，就考虑了人与物、物与物的互联，全球电信联盟接纳的 5G 指标中，除了对原有基站峰值速率的要求，对 5G 提出了八大指标：基站峰值速率、用户体验速率、频谱效率、流量空间容量、移动性能、网络能效、连接密度和时延。

通俗理解就是说：5G 最大的不同，是将真正帮助整个社会构建万物互联。比如无人驾驶、云计算、可穿戴设备、智能家居、远程医疗等海量物联网应用，等到 5G 发展到足够成熟的阶段，能够实现真正意义上的物物互联、人物互联。新的技术革命人工智能、新的智能硬件平台 VR、新的出行技术无人驾驶、新的场景万物互联等颠覆性应用，在 5G 的助力下，才可喷薄展开，5G 应用领域如图 4-23 所示。

5G 的到来不仅能解决基础通信的问题，更能解决人与人、人与物、物与物直接的互联问题。

5G 的目标是提供无限的信息接入，并且能够让任何人和物随时随地共享数据，使个人、企业和社会受益。

5G 采用万物互联的开放式、软件可定义的架构：在此架构上有不同的虚拟网络切片，适应成千上万的 5G 应用场景，5G 不仅能满足人与人之间的通信需求，更适合物联网高速通信平台，以用户为中心构建全方位信息生态系统；提供各种可能和跨界整合。

图 4-23　5G 应用领域

4.4.6　拓展知识：星链网络

2022 年 1 月，埃隆·马斯克（Elon Musk）的 SpaceX 公司公布了其星链（Starlink）互联网服务的最新情况，称已服务 14.5 万余用户。1 月，该公司在佛罗里达州发射了一枚"猎鹰 9 号"（Falcon 9）火箭，该火箭携带着 49 颗星链卫星进入了轨道。

星链是该公司卫星互联网计划，即建立一个由数千颗卫星组成的互联网络。在太空行业这些卫星被称为星座，其作用是向地球上任何地方的消费者提供高速互联网服务。当前 SpaceX 在轨道上有大约 1800 颗星链卫星。

星链网络是一种空间通信技术，空间通信是一种以航天器为对象的无线电通信，卫星互联网通过卫星为全球提供互联网接入服务。卫星通信系统由空间段、地面段、用户段 3 部分组成，如图 4-24 所示。一条完整的通信链路包括地面系统、上行和下行链路以及通信卫星。

（1）空间段：由若干通信卫星形成的卫星星座。通信卫星载有基于特定频段的有效载荷，在系统中作为无线电信号的转发站。有效载荷中的天线分系统负责接收上行信号，经过转发器分系统对信号放大-变频-放大后，转换成下行信号，再通过天线分系统传送至地面。一般一个卫星带有多个转发器，每个转发器可以同时接收/转发多个地面站信号。在固定的功率及带宽下，转发器数量与单星容量成正比。

（2）地面段：用于完成卫星网络与地面网络的连接。包括关口站、地面卫星控制中心、遥测和指令站等，同时也包含主站与"陆地链路"相匹配的接口，可实现卫星与地面、终端与终端的互联互通，以及对卫星网络的管理控制功能。

（3）用户段：包括各类用户终端设备。如车载、机载、船载终端，以及手持终端等便携移动终端。

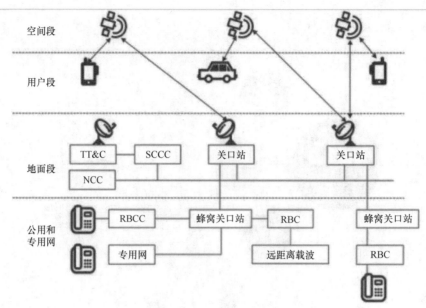

图 4-24　卫星通信系统

卫星互联网主要依靠低轨卫星。按照轨道高度划分，卫星星座主要分为低轨、中轨、高轨三类。其中低轨卫星具有低时延、链路损耗小、发射灵活、覆盖范围广、应用场景丰富、成本低等特点，最适合发展卫星互联网业务。单层星座系统由相同轨道高度卫星组成，多层星座系统由不同轨道高度卫星组成。

SpaceX 是当今规模最大的卫星运营公司。SpaceX 的发射总共分为 3 个阶段：第一阶段用于部署 550km，倾角 53° 的 24 个轨道面上的 1584 颗 Ka/Ku 频段卫星完成初步覆盖，2020—2021 年部署完 800 颗后可满足美国、加拿大等国天基互联网需求。第二阶段，由部署于 1110km、1130km、1275km 和 1325km 的 4 种不同轨道高度的 2825 颗 Ka/Ku 频段卫星完成全球组网，轨道面个数分别为 32 个、8 个、5 个和 6 个，各轨道面分别部署 50~75 颗卫星，预计 2024 年完成部署。第三阶段，由部署在 335~345km 轨道高度的 7518 颗 V 频段卫星组成轨道更低的低轨星座，增加星座容量。2019 年底，SpaceX 对"星链"星座计划进行调整，将在 12000 颗卫星的基础上，再增加 30000 颗卫星，一旦计划按预期推行，将形成 4.2 万颗卫星组成的庞大系统。

近年来，SpaceX 的估值已经飙升至超过 1000 亿美元，业内分析人士认为这在很大程度上都应该归功于其星链服务的市场潜力。

（来源：本翼资本，有删改）

4.5　量子通信

【情景导入】

2016 年 8 月 16 日 1 时 40 分，我国在酒泉卫星发射中心用"长征二号丁"运载火箭成功将世界首颗量子科学实验卫星"墨子号"发射升空。它承载着率先探

V4-9　量子通信

索星地量子通信可能性的使命，并将首次在空间尺度验证量子理论的真实性。随着此次发射任务的圆满成功，人类将首次完成卫星和地面之间的量子通信，标志着我国空间科学研究又迈出重要一步。量子通信系统的问世，点燃了建造"绝对安全"通信系统的希望之火。

【思考】

（1）为什么说量子通信系统的问世，点燃了建造"绝对安全"通信系统的希望之火？

（2）信息安全在我们生活中有多重要？

4.5.1　量子通信概述

量子是物理世界里最小的、不可分割的基本单元，是能量的最基本携带者。它是光子、质子、中子、电子、介子等基本粒子的统称。可以说，整个世界都是由量子组成的。

量子通信是量子信息学的一个重要分支，它利用量子力学原理对量子态进行操控，在两个地点之间进行信息交互，可以完成经典通信所不能完成的任务。量子通信旨在实现高度安全和保密的数据传输，传统的通信方式依赖于经典比特（0 和 1）来表示和传输信息，而量子通信利用量子比特的特殊性质来实现更高级别的安全性。量子通信是迄今唯一被严格证明无条件安全的通信方式，可以有效解决信息安全问题。

量子通信的主要目标是利用量子纠缠和量子隐形传态等量子现象，实现信息的安全传输和无法破解的加密。通过量子密钥分发，可以实现信息的安全传输，因为任何对量子系统的干扰都会被检测到，从而保证密钥的安全性。

量子加密通信之所以是安全的，主要由量子力学的基本原理决定的。量子加密通信不依赖于传统的计算复杂性，而是基于量子力学中的海森堡测不准原理和不可克隆定理等基本原理。它利用光子的量子态作为密钥或信息本身的载体，收发双方可以通过量子测量的方法检测出这些光子在传输的过程中是否遭到了窃听者的截获，一旦确认遭到窃听则丢弃所传输的密钥或信息，从而确保过程的安全。

当量子通信与实际应用相结合时，可以带来许多好处和创新，主要有以下方面。

（1）安全性：量子通信提供了更高级别的安全性，因为它利用了量子纠缠和量子测量的原理。对于量子密钥分发（QKD）来说，信息传输是基于量子态的，任何窃听者的干扰都会被检测到。这使得量子通信成为保护敏感信息和防范窃听攻击的有力工具。

（2）量子加密：量子通信可用于实现量子加密，其中数据通过量子态传输，并且只有特定的接收方能够解读和访问信息。由于量子态的特性，量子加密具有非常高的安全性和无法破解性。

（3）远程量子通信：量子通信允许远程传输量子态，这为量子计算和量子通信的连接提供了重要基础。通过量子电报和量子中继站，可以将量子比特的状态传输给远程的接收方，实现遥距通信。

（4）量子网络：量子通信还涉及构建和连接多个量子设备和中继站，形成复杂的量子网络。这种网络可以支持分布式的量子计算、量子通信和量子存储任务，为实现量子互联网的概念奠定基础。

尽管量子通信技术的发展仍面临着诸多挑战，如噪声和误差的控制、可靠的量子中继和大规模量子网络的实现，但它具有巨大的潜力和前景。随着量子技术的不断进步，量子通信有望在安全通信和量子网络领域带来重大的突破和创新。

4.5.2　量子通信发展现状

量子通信技术自从 1992 年第一个量子密钥分发实验成功以来，在国内外都得到了迅猛发展。

1. 国外发展

为了解国外的发展历程，下面列出国外的几个量子通信实验。

（1）1993 年，英国国防部研究局实现了在光纤中利用 BB84 协议进行了 10km 距离上的量子密钥分发。

（2）2000 年，美国洛斯阿拉莫斯国家实验室实现了 1.6km 自由空间的量子密钥分发。

（3）2002 年，瑞士日内瓦大学的 Gisin 小组在 67km 的光纤上演示了量子密钥分发。

（4）2004 年，日本 NEC 公司在光纤上的量子密钥分发距离达到了 150km。

（5）2006 年，德国、奥地利、意大利、英国的 4 所大学在两个海岛之间进行了夜晚 144km 的自由空间量子密钥分发实验。

（6）2008 年，欧盟在维也纳开通了有 8 个用户的量子网络。

（7）2008 年，意大利和奥地利的科学家首次识别出从 1500km 高的卫星上反射回地球的单批光子，从而为星地量子通信打下了基础。

（8）2012 年，美国洛斯阿拉莫斯（Los Alamos）国家实验室演示了量子保密通信在政府能源电网可靠网络基础设施数据传输中的优势。

（9）2018 年，欧盟计划启动总额 10 亿欧元的量子技术项目，希望借此促进包括通信网络安全和通用量子计算机等在内的多项量子技术发展。

（10）2020 年，美国公布打造国有量子互联网的计划，目标是十年内建成与现有互联网并行的第二互联网——量子互联网，使用量子力学定律安全共享信息并连接新一代计算机和传感器。

2. 国内发展

在国内，量子通信以中国科技大学的潘建伟和郭光灿两个研究小组为主，他们的研究成果经常发表于 *Nature* 等重要国际刊物。可以说，中国的量子通信水平已居世界前列。以下是中国量子通信领域的主要发展历程。

（1）1995 年，中国科学院物理所首次用 BB84 协议完成了演示实验。

（2）2003 年，中国科技大学在校园内铺设了 3.2km 的量子通信系统。

（3）2005 年，郭光灿小组在北京和天津之间完成了 125km 的光纤量子通信实验。

（4）2012 年，潘建伟团队成功建设"合肥城域量子通信实验示范网"。该网络有 46 个节点，连接 40 组"量子电话"用户和 16 组"量子视频"用户。

（5）2012 年，中国学者在青海湖完成了百公里量级纠缠光子对的量子密钥分发实验。

（6）2013 年，中国科学院联合相关部门启动了上千公里的光纤量子通信骨干网工程"京沪干线"项目。这一项目于 2017 年 9 月 29 日正式完成。

（7）2016 年，中国酒泉卫星发射中心发射了全球首颗量子科学实验卫星——"墨子号"。"墨子号"设立了三大科学目标：千公里级量子密钥分发、千公里级星地双向量子纠缠分发以及千公里级地星量子隐形传态。仅用 1 年时间，"墨子号"就提前并圆满实现全部三大既定科学目标，并突破了高精度跟瞄、星地偏振态保持与基矢校正、星载量子纠缠源等一系列关键技术。

（8）2017 年，世界首条量子保密通信干线——"京沪干线"正式开通。量子保密通信"京沪干线"总长超过 2000km，覆盖四省三市共 32 个节点，包括北京、济南、合肥和上海 4 个量子城域网，通过两个卫星地面站与"墨子号"相连，总距离达 4600km。

（9）2021 年 1 月，我国建成全球首个星地量子通信网，科研团队成功实现了跨越 4600km 的星地量子密钥分发，此举标志着我国已成功构建出天地一体化广域量子通信网络，为未来实现覆盖全球的量子保密通信网络奠定了科学与技术基础。

（10）2021 年 3 月，"十四五"规划纲要正式发布，明确提出在量子信息领域组建国家实验室、实施重大科技项目、谋划布局未来产业、加强基础学科交叉创新等一系列规划部署。

4.5.3 量子通信原理

量子通信与传统的密码学不同，量子密钥分配是密码学与量子力学结合的产物，它以量子态为信息载体，利用量子力学的一些基本物理原理来传输和保护信息。量子通信原理由量子纠缠、量子不可克隆定理、秘钥分配和隐形传态 4 个部分构成。

1. 量子纠缠

量子纠缠描述复合系统（具有两个以上的成员系统）之一类特殊的量子态，此量子态无法分解为成员系统各自量子态之张量积。量子纠缠技术起到安全地传输信息的目的。利用固定的两个量子态纠缠的粒子，携带信息传递到另一个地区，根据纠缠原理，必须是和它纠缠过的粒子才可与其再次形成纠缠态。这样便可以起到很好的加密作用：即 A 和 B 两个纠缠的粒子表达一定的信息，以 A 为密钥，把 B 传送到另一地点，那么若想破译信息，则必须用 A 粒子再次和 B 形成纠缠态方可破译。这样大大保证了信息传递的安全，且破译具有唯一性。

2. 量子不可克隆定理

量子不可克隆定理的具体内容可从以下 3 方面表述。

（1）不存在任何物理过程，能做出两个不同的非正交态的完全复制。

（2）量子系统的任意未知量子态不能被完全复制。

（3）要从非正交量子态编码中获得信息，这些态不遭破坏是不可能的。

3. 量子密钥分配

秘密通信依赖于密钥，如果发送者艾丽斯（Alice）和接收者鲍勃（Bob）通信双方拥有他们自己才知道的私人密钥，就可以进行秘密通信。艾丽斯可以把密钥的对应位加上她的消息编码的每一位，发送给鲍勃，鲍勃收到这个随机位串后，利用密钥就可提取出艾丽斯发来的消息。窃听者即使截获传输中的信号，也不可能获得任何信息，因为单独传输中的位串本身并不携带信息，信息是编码在传输串和密钥中的。

4. 量子隐形传态

量子隐形传态又称量子遥传、量子隐形传输、量子隐形传送、量子远距传输或量子远传，是一种利用分散量子缠结与一些物理信息的转换来传送量子态至任意距离的位置的技术，是一种全新的通信方式。它传输的不再是经典信息而是量子态携带的量子信息。

4.5.4　量子通信工作方案

量子通信有两种工作方案。

一种是直接通信方案，常见的如"乒乓协议"等，采用量子通信手段直接传送信息。这种方案也叫量子隐形传态，是将甲地的某一粒子的未知量子态，瞬间转移给乙地的另一个粒子。但量子隐形传态目前处于实验室阶段，在实际的量子通信中尚未有成功实现的报道。

另一种是应用最广、发展势头正猛的间接通信方案，也称为量子密钥分发方案。它有两个信道：一个是经典信道，使用普通的有线或无线方法发送密文；另一个是量子信道，专门用于产生密钥。每发送一次信息，通信双方都要重新生成新的密钥，即每次加密的密钥都不一样，实现了报文发送的"一次一密"，并且在密钥发送的过程中还可以检测有无侦听者，所以它可以在原理上实现绝对安全可靠的通信。目前所谓的量子通信一般采用的是通过量子信道分发密钥的方案。

量子通信技术的局限性主要表现在以下方面。

（1）量子通信采用点对点的方式，限制了其灵活性和机动性。若采用星地通信，则只有当卫星经过接收者头顶上方时才能进行。这也决定了量子通信不适合用于情况瞬息万变的战场通信，只适合用于线路固定的军事指挥通信。

（2）量子通信采用的单光子传输方式，对使用环境有较高要求。如果是在自由空间传输，那么只能在晴朗无雾的夜晚进行通信，以避免背景光源和尘埃对单光子产生影响。

（3）单光子传输方式决定了很难实现远距离、高速的量子密钥分发。目前的单光子通信距离在光纤中虽然达到了 100km 甚至更远，但光子的损耗很大，导致成码率很低。如果要提高成码率，必须减短光子在光纤中一次性传输的距离。

4.5.5　量子通信发展方向

量子通信技术发展成熟后，将广泛地应用于军事保密通信及政府机关、军工企业、金融、科研院所和其他需要高保密通信的场合。量子通信未来有以下几个发展方向。

（1）采用量子中继技术，扩大通信距离。由于单光子在传输过程中损耗很大，对于远距离传输，必须采用中继技术。然而量子态的不可克隆定理给量子中继出了很大难题，因为量子态不可复制，所以量子中继不能像普通的信号中继一样，把弱信号接收放大后再转发出去。量子中继只能在光子到达最远传输距离之前接收其信号，先存储起来，再读出这个信号，最后以单光子形式发送出去。量子中继有很多方案，包括光量子方案、固态原子方案等。

（2）采用星地通信方式，实现远程传输。采用卫星通信后，两地之间的量子通信更加方便快捷。在真空环境中，光子基本无损耗，损耗主要发生在距地面较近的大气中。

（3）建立量子通信网络，实现多地相互通信。量子通信要想实用化，必须覆盖多地形成网络。国内外都建成了多个实用的量子通信网络，下一步的发展是增加节点数，扩展通信距离，形成大覆盖面积的广域网。

4.5.6　拓展知识：薛定谔猫

"薛定谔猫"（Schrödinger's Cat）是奥地利著名物理学家埃尔温·薛定谔（Erwin

Schrödinger，1887 年 8 月 12 日—1961 年 1 月 4 日）提出的一个思想实验，是指将一只猫关在装有少量镭和氰化物的密闭容器里。镭的衰变存在概率，如果镭发生衰变，会触发机关打碎装有氰化物的瓶子，猫就会死；如果镭不发生衰变，猫就存活。根据量子力学理论，由于放射性的镭处于衰变和没有衰变两种状态的叠加，猫就理应处于死猫和活猫的叠加状态。这只"既死又活"的猫就是所谓的"薛定谔猫"。但是，不可能存在"既死又活"的猫，且必须在打开容器后才知道结果。

该实验试图从宏观尺度阐述微观尺度的量子叠加原理的问题，巧妙地把微观物质在观测后是粒子还是波的存在形式和宏观的猫联系起来，以此求证观测介入时量子的存在形式。随着量子物理学的发展，薛定谔猫还延伸出了平行宇宙等物理问题和哲学争议。

"薛定谔猫"的物理学背景在于，一个粒子的态在被观测前具有多种可能态，用物理的语言来讲就是多个波函数的叠加。但是在观测之后，发现这个粒子其实处于叠加的多个波函数中的某一个。这样的实验事实令人费解：为什么粒子的态可以同时处于这个态，又处于那个态？而在观测之后，又固定在一个态上面了？为什么粒子的行为取决于是否观测它？"薛定谔猫"这个思想实验通俗易懂，描述了微观领域中，粒子违反逻辑的行为。

以波尔为首的哥本哈根学派认为，测量的动作造成了波函数坍缩，原本的量子态服从一定的概率分布，最终坍缩成某一个可以存在的量子态。但是爱因斯坦觉得，这种解释就像是上帝在掷骰子选数字一样，根本不靠谱。哥本哈根诠释提出来的时候，被普遍反对，这不符合客观规律。哥本哈根诠释提出了不确定性原理。不确定性原理意味着，一个东西在不在某个地方（处于某个态）是不确定的。这完全令人匪夷所思，但是又是实验事实。观测者对于被观测物的观测行为存在扰动，换句话说，我们看这个世界，这个世界就存在。不看的话，谁也不知道这个世界是什么样。量子世界的本质就是概率。传统观念中的严格因果关系在量子世界是不存在的，必须以一种统计性的解释来取而代之。换句话说，我们不知道一个东西在不在某个地方，只能说，这个东西有多少可能在某个地方。"薛定谔猫"这个思想实验曾经是物理学的"灾难"。它告诉物理学家，我们什么都不知道，什么东西都不是客观的，而且一个东西的存在与否都得看概率，没个准信。这几乎摧毁了物理学家们所信奉的机械唯物主义。也因此，"薛定谔猫"成为物理学史上最著名的思想实验之一。

（来源：百度百科）

【知识巩固】

1. 单项选择题

（1）蓝牙技术的另一个实力体现在构成特设网络，在一个网络中可连接（　　）个设备。

    A. 32　　　　　　　　B. 8　　　　　　　　C. 2　　　　　　　　D. 16

（2）一个 NB-IoT 扇区能够支持（　　）个连接。

    A. 10 万　　　　　　　B. 100　　　　　　　C. 256　　　　　　　D. 1000

（3）一个 ZigBee 网络的理论最大节点数是（　　）个节点。

    A. 256　　　　　　　　B. 8　　　　　　　　C. 32　　　　　　　D. 65536

（4）LoRa 有两种数据包格式：（　　）。

    A. 显式和隐式　　　　B. 前导码和可选报头　　C. 报头和有效负载　　D. 开放式和封闭式

（5）LoRa 一般有（　　）种工作模式。

A. 1　　　　　B. 2　　　　　C. 4　　　　　D. 8

（6）LoRa 技术标准为（　　）。

A. IEEE 802.11a　B. IEEE 802.15.4g　C. IEEE 802.15.1　D. IEEE 802.15.3

（7）蓝牙使用的无线频段为（　　）。

A. 2400M～2483.5MHz　　　　　　B. 915MHz

C. 868MHz　　　　　　　　　　　D. 433MHz

（8）ZigBee 的响应速度较快，一般从睡眠转入工作状态只需（　　）。

A. 15ms　　　　　B. 30ms　　　　　C. 3～10s　　　　D. 3s

（9）蓝牙一般从睡眠转入工作状态需要（　　）。

A. 15ms　　　　　B. 30ms　　　　　C. 3～10s　　　　D. 3s

（10）下面基于 IEEE 802.16 标准的无线城域网接入技术为（　　）。

A. ZigBee　　　　　B. 蓝牙　　　　　C. Wi-Fi　　　　D. WiMAX

2. 多项选择题

（1）蓝牙技术主要针对三大类的应用：（　　）。

A. 话音/数据接入　　B. 个人局域网　　C. 广域网　　　　D. 外围设备互连

（2）移动通信网的用户多址方式：（　　）。

A. 频分多路访问方式　　　　　　　B. 时分多路访问方式

C. 空分多路访问方式　　　　　　　D. 码分多路访问方式

（3）NB-IoT 技术的特点有（　　）。

A. 广覆盖　　　　　B. 海量连接　　　　C. 低功耗　　　　D. 低成本

（4）蓝牙使用的无线频段为（　　）。

A. 2.4GHz　　　　　B. 915MHz　　　　C. 868MHz　　　　D. 433MHz

（5）WLAN 一般包括 3 种基本组件：（　　）和无线工作站。

A. AP　　　　　　B. STA　　　　　　C. 空中端口　　　　D. 基站

（6）第三代移动通信（3G）的三大主流技术标准为（　　）。

A. WCDMA　　　　B. CDMA2000　　　C. TD-SCDMA　　　D. LTE

（7）纯光纤接入网通常分为（　　）。

A. FTTO　　　　　B. FTTH　　　　　C. FTTC　　　　D. FTTR

3. 简答题

（1）蓝牙技术特点有哪些？

（2）NB-IoT 的端到端系统架构由哪几部分组成？

（3）NB-IoT 的特点有哪些？

（4）什么是光接入网？

（5）简述 ZigBee 协议栈结构组层以及各部分的作用。

（6）ZigBee 技术有哪些特点？

【拓展实训】

活动 1：通过与周围同学、朋友交谈，以及对手机、运营商等相关资料的查询，完成手机上网技术、速度以及流量使用情况调研，设计"手机上网速度与流量使用情况调查表"。

活动 2：选取一种实际应用场景，选择合适的通信技术，进行网络规划与设计，并对成果进行展示汇报。

（1）全班 4~5 人一组，每组选择一个场景开始组织研究；

（2）根据选择的应用场景对小组成员进行分工、搜集资料、整理资料，选择合适的通信技术对网络进行规划与设计；

（3）每组派一名代表汇报，结合选择的主题采用图片配文字的形式展示，要求对所用到的通信技术表述清楚，正确分析用到的通信设备，能清晰描述系统架构；

（4）组与组进行互评，老师点评与总结。

【学习评价】

课程内容	评价标准	配分	自我评价	老师评价
无线接入网	掌握几种常见无线接入技术	30 分		
移动通信技术	掌握移动通信的基本概念	20 分		
有线接入网	了解有线接入技术特点	20 分		
光网络	掌握光网络技术特点	20 分		
量子通信	了解量子通信技术应用	10 分		
	总分	100 分		

模块5
通过智能安防认识
物联网安全

05

【学习目标】

1. 知识目标
（1）掌握物联网安全的概念、体系结构、实施策略。
（2）理解物联网安全的层次模型。
（3）熟悉信息安全的概念和基本属性。

2. 技能目标
（1）掌握信息安全、物联网安全的概念和体系结构。
（2）掌握信息安全、物联网安全的威胁及防范措施。
（3）熟悉物联网安全的体系、层次与策略。

3. 素质目标
（1）培养物联网安全方面的基础性信息素养能力。
（2）培养基于物联网安全系统的创新思维。

【思维导图】

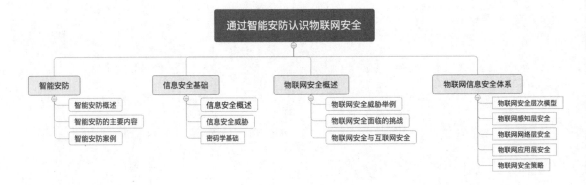

【模块概述】

　　物联网在给人们的生活带来便利的同时，也会给人们带来种种隐忧。2014 年，研究人员演示了如何在 15s 的时间内入侵家里的恒温控制器，通过收集恒温控制器的数据，入侵者就可以了解到家中什么时候有人，他们的日程安排是什么等信息。许多智能电视带有摄像头，即便电视没有打开，入侵智能电视的攻击者也可以使用摄像头来监视你和你的家人。攻击者在获取对于智能家庭中的灯光系统的访问权限后，除了可以控制家庭中的灯光外，还可以访问家庭的电力系统，从而可以增加家庭的电力消耗，导致金额极大的电费账单。种种安全问题提示人们，在享受物联网带来的方便快捷的同时，也要关注物联网的安全问题。

本模块从信息安全的基础出发，主要介绍物联网安全的概念、体系以及实施策略。

5.1 智能安防

【情景导入】

走进智能楼宇，无论是灯光、温度还是室内空气流通，都与一般的写字楼略微有些不同，体感更加柔和、舒适。而这些正是物联网技术在楼宇集中管理控制方面的应用。比如，会议室根据不同的议程设置，灯光会进行自动调节，需要放映幻灯片时，灯光就会相应调暗。通过基础设施平台，可以管理楼宇的灯光、空调、新风、窗帘等设备，达到节能、高效的目的。又比如，在员工车库刷卡进入写字楼时，其办公室的空调等电器设备就会开始运行，下班刷卡时则会自动关闭。据测算，智能楼宇每年至少可以节约 10%的能源支出。

智能楼宇就是智能安防的一种应用，那么你了解智能安防吗？智能安防又具体涉及哪些功能？让我们一起来学习。

【思考】

（1）什么是智能安防？
（2）智能安防涉及哪些方面的内容？
（3）智能安防的典型应用是什么样的？

5.1.1 智能安防概述

V5-1 智能
安防概述

智能安防系统是在传统安防系统的基础上，结合互联网、移动互联网和物联网技术，融合机器视觉、深度学习、智能算法、控制系统、仿真系统等技术形成的智能化系统。智能安防系统与传统安防系统的最大区别在于智能化，智能安防系统能够通过机器实现智能判断，从而实现对异常或突发事件的处理，最大程度地保护受保护场所的人员生命和财产安全。

智能安防系统是针对公共安全监测领域覆盖范围广、监测指标多、连续性要求高、所处环境不适合人工监测、感知的信息内容与人民群众的生活密切相关等特点，应用物联网技术，尤其是传感器网络技术，构建的一个由感知层、网络层、应用层共同构成的信息系统工程。

所谓安防，即公共安全的防范，实际包括人身安全、财产安全、地域安全、社会安全等全方位立体化的安全防范。物联网技术的普及应用，使得城市的安防从过去简单的安全防护系统向城市综合化体系演变。城市的安防项目涵盖众多的领域，有街道社区、楼宇建筑、银行邮局、道路、机动车辆、警务人员、移动物体、船只等，特别是针对重要场所，如机场、码头、水电气厂、桥梁大坝、河道、地铁等场所。引入物联网技术后，我们可以通过无线移动、跟踪定位等手段建立全方位的立体防护，从而形成兼顾整体城市管理系统、环保监测系统、交通管理系统、应急指挥系统等应用的综合体系。

由于物联网具备实时感知、准确定位、有效控制等基本安防要素，而安防中公共安全管理的关键是预先感知，如智能视频监控也具有物联网的天然属性，因而两者极易融合，从而很自然地形成物联网智能安防技术。因此，智能安防是物联网技术与安防技术两者融合而成的新技术应用。智能安防对公共安全的监测主要包含保障各类生产场景安全的监测、对生产者安全的监测、对特定物品安全的监测、对人员密集场所的监控、对重要设备设施的监控，以及事故应急处理时对场景、人员、物品的信息搜集与事件预警等。

5.1.2 智能安防的主要内容

1. 智能视频监控

智能视频监控是利用计算机视觉技术对视频信号进行处理、分析和理解，在不需要人为干预的情况下，通过自动分析序列图像对监控场景中的变化进行定位、识别和跟踪，并在此基础上分析和判断目标的行为，能在异常情况发生时及时发出警报或提供有用信息，有效地协助安全人员处理危机，并最大限度地减少误报和漏报现象。

一个完整的安防视频监控系统主要由前端设备、传输设备、控制设备、终端设备 4 部分组成。

（1）前端设备。安防视频监控系统的前端设备，主要是拾取视频图像的 CCD 与 CMOS 摄像机，以及它的配套设备：防护罩、支架、云台、摄像机直流电源、终端解码器等。此外，如需要监听，还涉及拾音器等。

（2）传输设备。传输设备主要是所选的线缆设备。其有线设备如同轴电缆、双绞线、光纤光缆等；无线设备如微波、红外等。

（3）控制设备。控制设备主要是音视频编码压缩及图像分析处理与控制的设备，如 CPU、DSP 及各种所需的服务器与控制器等。

（4）终端设备。终端设备主要是图像显示（如电视墙）与存储录像设备，以及声光报警显示设备等。

2. 防盗防火探测报警

防盗防火探测报警主要包括两大部分的内容：一是探测技术，二是报警技术。探测技术主要体现在位于保护现场的各种各样的防盗防火探测器；而报警技术则体现在根据探测器的信号，在满足报警条件时才控制发出报警信号的报警控制器。

如图 5-1 所示，一个完整的防盗防火探测报警系统主要由前端防盗/防火探测器、传输设备、报警控制主机、报警显示与记录设备 4 部分组成。

（1）前端防盗/防火探测器。前端防盗/防火探测器比较多，包括红外、微波、声音、开关、电磁感应、周界、感烟、感温、感光、特殊气体等各种传感/探测器，它相当于人的五官，以探测现场有没有盗贼入侵和火灾的异常信息。

V5-2 智能安防的主要内容

（2）传输设备。传输设备也就是连接探测器与报警控制器的一些线缆或无线通信设备，它相当于人的神经系统，以保障将前端所探测的信号传输到报警控制主机。

（3）报警控制器。报警控制器主要是报警控制主机，即带控制键盘的微型计算机或单片机等。它相当于人的大脑，主要负责控制、管理报警系统的工作状况，并输出特定的报警信息至指定的接警中心。

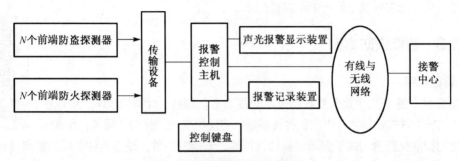

图 5-1 防盗防火探测报警系统

（4）报警显示与记录设备。报警显示与记录设备主要是声光报警显示装置与报警记录装置，如报警喇叭、报警光源、打印机、记录仪等。显示装置也可以是控制键盘自带的显示屏或计算机显示屏；报警信息的记录可保存在主机内存中，也可保存在硬盘中，但所保存的报警信息不能更改。

3. 出入口控制系统

出入口控制系统（Access Control System，ACS）是采用现代电子设备与软件信息技术，在出入口对人或物的进、出进行放行、拒绝、记录和报警等操作的控制系统。系统对出入人员、物品的编号、出入时间、出入门编号等情况进行登录与存储，从而成为确保区域的安全、实现智能化管理的有效措施。出入口控制系统主要应用于门禁管理、停车场管理、楼宇可视对讲管理、保安巡查管理等方面

如图 5-2 所示，一个完整的出入口控制系统主要由监控中心管理、信息采集识读、出入口控制、执行机构四大部分组成。

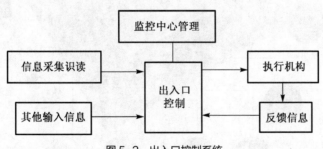

图 5-2 出入口控制系统

（1）监控中心管理。它是出入口控制系统的神经中枢，主要起到业务决策、设备设置，数据查询、统计、维护等作用。具体工作是，根据业务需要确定授权形式与内容，担负整个出入口的统一监控和综合管理任务，并协调监控整个出入口控制系统的运行。

（2）信息采集识读。它主要用于采集人、车或物的特征或代表其身份的编码信息。识读部分通过识读设备获取目标的操作及编码、特征信息，并对其进行识别，然后将识别信息传递给控制部分

处理，同时它也可接受控制部分的指令。

（3）出入口控制。它主要用于采集与检测输入信息，接收中心管理部分的指令，或接收反馈信息，结合控制规则进行核实、分析和处理，然后向执行机构输出相应的指令，或通知其他的设备。因此，控制部分的主要任务是根据识读部分的信息，向能控制出入通道启闭的执行机构发出操作指令。

（4）执行机构部分。它是实现出入口控制功能的最后一个关键部分，主要用于在接收到控制部分指令时，完成允许或禁止通行的动作或指示。

5.1.3 智能安防案例

1. 智能楼宇

智能楼宇（图 5-3）是在互联网技术的基础上，融合了计算机技术、建筑技术、自动化技术等先进技术，借助各类传感器，将建筑物内的结构、管理、系统等实现最优的智能化整合，赋予建筑物高效、智能、节能的特性，使建筑物各项功能具备自动化控制和管理的能力，能够对建筑物内的暖通、供水、电力、燃气等进行综合管理，具有结构上的灵活性、调控上的智能性、系统上的综合性的特点。

图 5-3 智能楼宇

　　智能楼宇安防系统是一个系统性、综合性的工程，它包含建筑物各方面的安防功能，如门禁系统、住宅防盗报警系统、监控系统、通信系统、火灾报警系统、周边防范报警系统等，运用了先进的指纹识别、面部识别等技术，具有较高的自动化水平。智能楼宇安防系统通过各类传感器和通信技术将门禁、防盗、报警、监控等各子系统联结起来，便于对智能楼宇进行综合性的管理。安防系统的各子系统覆盖整栋建筑物，使建筑物都处于安防系统的监控之下，防止出现死角。在智能楼宇的监控过程中，要遵循国家法律法规的规定，对涉及居民隐私的地方要进行技术处理，防止居民隐私信息的外泄。智能楼宇安防系统应做好预警和应急措施，在意外事故发生以后，能够及时地进行处理，防止意外事故的进一步扩大。

　　智能楼宇安防系统在楼宇智能化管理中主要包括以下几个方面。

　　（1）门禁管理系统

　　门禁管理系统是智能楼宇安防系统中最常用的一项功能，在建筑物内设置门禁系统，主要是为了防范来自外部的威胁，保障建筑物内部的安全与安静，为小区居民创建一个安全的生活环境。建筑物的门禁系统主要由两个方面组成，一是建筑物大门处的门禁系统，此处的门禁系统较为严格，技术上也相对复杂，功能上涉及行人、车辆的进出验证。在行人的进出上应设置身份验证系统，只允许身份验证通过的人进入建筑物，验证不通过的不予开门。对于车辆，只允许车牌经过验证的车辆进入建筑物，否则不予开门。二是住宅楼的门禁系统。住宅楼的门禁系统防护范围更加精准，通常在住宅楼下设置门禁系统，通过门禁感应器进出住宅楼。设置语音对讲或可视化对讲系统，访客通过可视化对讲系统可与住宅楼内的住户进行沟通。住宅楼处的门禁系统通常由微控主机、通信传输模块、电控防盗门组成，为提高门禁安防系数，还会接入智能楼宇的安防系统，对门禁系统的使用情况进行记录和监控，大大提高门禁系统的安全系数。

　　（2）住宅防盗报警系统

　　智能楼宇的住宅防盗报警系统是安防系统的重要组成部分，通过在住户的门窗、楼道、卧室、厨房等位置安装各类传感器，如红外传感器、声控传感器等。再通过通信技术，如电缆或无线网络接入住宅防盗报警系统中，由住宅防盗报警系统进行统一的管理。通过各类传感器24h监控各区域，在采集到异常信息后，传感器通过通信系统将异常信息上传至住宅防盗报警系统中，再由住宅防盗报警系统经过识别、分析以后，下发相应的指令。若识别为非法闯入、异常人员走动，系统将会下发报警指令，触发住宅防盗报警系统的报警功能，提醒居民做好防范。并通过地位传感器对报警位置进行定位，便于安全人员的及时到达。其次在住宅防盗报警系统中要做好传感器的调校工作，可设置传感器的灵敏值，如对于楼道人流量较大的地方，灵敏值要设置得低一些，防止传感器误报对居民生活造成干扰。

　　（3）火灾报警系统

　　智能楼宇的火灾报警系统由传感器、报警器和自动灭火装置组成。其中传感器分为红外、烟雾、温度等传感器，对建筑物内各区域进行监测，尤其是厨房、库房、电力设备区等位置。在监测这些区域时，若发现温度上升过快、烟雾较大等信息，则会触发火灾报警器。报警器会对传感器的信息进行识别，若判定为火灾事故，则会立刻发出警报，提醒居民撤离，同时将火灾信息通过通信网络传送至智能楼宇的安防控制中心，便于值班室工作人员的及时处理。为防止报警器故障，还可以设置报警器的手动触发方式。报警器在触发警报的同时，还会触发自动灭火装置，对发生火灾的区域第一时间进行扑灭。为保障自动灭火装置的正常运转，安防系统的工作人员要定期对自动灭火装置进行检修，对于老旧的灭火装置（如灭火器），要进行及时更换。

（4）指纹识别技术

指纹识别技术已成为人们生活中使用较多的一种安防技术，得益于指纹识别技术的进步，指纹识别的安全性大大增强，同时也衍生出多种产品，如指纹识别防盗门。在提升智能楼宇安防系统的自动化水平工作方面，可以通过采用指纹识别技术来实现。如可以对本小区内的住户进行指纹录入，然后在小区大门和住宅楼防盗门处，设置指纹识别门禁系统，可以极大地方便居民的生活，起到防止外来人员进入的作用。

2．智慧停车

近年来，随着汽车行业的迅猛发展以及消费的不断升级，汽车保有量在迅速上升，城镇停车难问题日益凸显。智慧停车（见图 5-4）是指将无线通信技术、移动终端技术、GPS 技术、GIS 技术等综合应用于城镇停车位的采集、管理、查询、预订与导航服务，实现停车位资源的实时更新、查询、预订与导航服务一体化，实现停车位资源利用率的最大化、停车场利润的最大化和车主停车服务的最优化。简单来说，智慧停车的"智慧"就是"智能找车位+自动缴停车费"。服务于车主的日常停车、错峰停车、车位租赁、汽车后市场服务、反向寻车、停车位导航等。

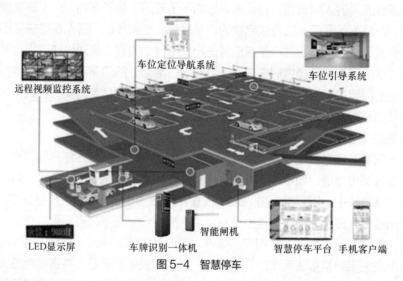

车位定位导航系统

车位引导系统

远程视频监控系统

LED显示屏　　车牌识别一体机　　智能闸机　　智慧停车平台　手机客户端

图 5-4　智慧停车

智慧停车的目的是让车主更方便地找到车位，包含线下、线上两方面的智慧。线上智慧体现为车主用手机 App、微信、支付宝等，获取指定地点的停车场车位空余信息、收费标准、是否可预订、是否有充电和共享服务等信息，并实现预先支付、线上结账功能。线下智慧体现为让司机更好地将车停入车位。

智慧停车主要包括以下功能。

（1）车牌识别

车牌识别（见图 5-5）是利用采集的车辆动态视频或静态图像进行车牌号码、车牌颜色自动识别的技术。车牌识别技术的核心包括车牌定位算法、车牌字符分割算法和光学字符识别算法等。一个完整的车牌识别系统应包括车辆检测、图像采集、车牌识别等几部分。

停车场通过将车牌识别设备安装于出入口，记录车辆的车牌号码、出入时间，并与自动门、栏杆机的控制结合，就可以实现车辆的自动计时收费。当车辆检测部分检测到车辆到达时触发图像采集单元，采集当前的视频图像。车牌识别单元对图像进行处理，定位出车牌位置，再将车牌中的字符分割出来进行识别，之后组成车牌号码输出。

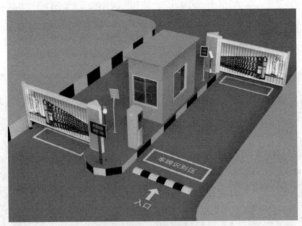

图 5-5　车牌识别

相对于传统取卡入场，车牌识别通行可以实现免停车、免开窗，提升了用户体验，降低了停车场 IC 卡片遗失耗损的成本，提升了车主的通行效率，实现了车辆快捷进出停车场。

（2）车位引导

车位引导（见图 5-6）是智慧停车发展相当重要的一环，它能帮助车主快速找到停车位，避免盲目驶入，有效提高交通道路利用率，缓解车辆拥堵。目前主流车位引导系统主要有 3 类：停车区位引导、超声波车位引导和视频车位引导。

图 5-6　车位引导

停车区位引导通常由区位主控制器、车道控制器、剩余车位显示屏、车辆检测器等设备组成，通过在各个区位检测车辆的车牌信息，可以智能化引导有多个区位的停车场。在车辆进口处设置一块剩余车位显示屏，为车主实时显示剩余停车位和各个分区停车位的信息，提示车主是否有剩余车位可以进入，并且选择有剩余车位的停车场分区进入。在车场内部，又会在各个分区入口设置剩余车位显示屏，显示当前区域和邻近区域的停车位剩余数量，便于司机选择合适的停车位。

超声波车位引导系统将超声波探测器安装在车位上方，利用超声波反射的特性侦测车位上是否停有车辆，从而通过系统对车辆进行引导。超声波引导系统适用于车流量大，车位紧张的停车场，它能帮助车主实时快速地了解场内空余车位信息，从而快速、高效地停车。

视频车位引导系统将摄像机安装在车位上方，通过视频分析车位上是否停有车辆，从而通过系统对车辆进行引导。视频车位引导系统适用于车流量较大、管理相对混乱的大型商业广场、机场等。其中视频车位引导技术领先，一个视频检测终端可以同时检测识别 3 个车位，车主可通过寻车终端或手机 App 查询并导航停车位，此外，停车场安装 LED 车位指示屏，大大地提升了车主停车与找车效率。

（3）无人值守

依靠停车场智能前端硬件搭建与运维平台远程托管功能的开发，无人值守技术已广泛应用于智慧园区停车管理（见图 5-7），一方面大大减少了管理人员的工作负担，提升了管理效率；另一方面降低了基础工作人员配置，减少了运营成本。而对车主而言，停车管理无人值守模式的建立，规范了车主的行车行为，有益于良好的园区停车管理。

图 5-7　无人值守停车场

（4）移动支付

传统停车场支付一般以现金支付为主要手段，且是人工收费，人工收费漏洞太大，统计报表不及时，浪费人力、物力，成本也高。在"互联网停车"的环境下，很多停车场都通过铺设智能设备，对停车场的停车流程做升级改进，来引导用户线上支付。这样可在一定程度上节约停车时间，为停车场管理也带来了便捷。

从管理方的角度来看，电子化停车费缴纳让停车费管理更智能科学，对账更方便清晰。此外，移动支付停车费免去车主排队缴费的困扰，减少了忘带现金的尴尬，免排队、免找零，停车缴费更加快捷，很好地支撑了停车场无人值守模式的运作。

（5）大数据管理

基于对管理方与车主日常运营数据的不断积累，通过智能管理平台，使客户、硬件、系统联网，基于大数据开展车流、客流、信息流的对比决策分析，在提升停车场管理效率的同时为经营决策提供数据支持，促进停车场经营转型与运营增收，大数据管理尤其适用于大型联网的集团物业管理。

智慧园区停车管理是城市停车建设非常重要的一环，需因地制宜地开展停车场建设与管理工作，规范停车运营，不仅要解决停车难、管理难的问题，更要建立良好与规范的停车秩序。破解停车难问题，智慧停车被视为解决城市静态交通难题的有效手段。

5.1.4　拓展知识：安防变得智能后，你的生活发生了哪些改变？

住处更舒适，工作场所更安全。智能家居产品线不断充实，从原先只能预约煮饭、开关空调，到现在可以实时查看家庭监控，不仅只是简单的摄像头监控，还可以查看老人和家里小动物的生活情况。对于上班族来说真是很省心。在智能化的楼宇内办公，当你踏入办公楼的那一刻，智能数字监控就开始对你周围的环境进行实时监测。电梯可以自动侦测大楼电力，从而在你踏入电梯前发出提醒；房门知道你何时离开办公室，会自动将办公室上锁。

大场景下的井井有条。在张学友的演唱会上，警方多次利用人脸识别技术现场抓获逃犯，当时还上了微博"热搜"，这也是安防智能化给我们生活带来的变化。大型的体育赛事和演唱会等集会，智能安防可以精准侦测到身边的隐患，降低危险发生的可能性。然而作为观众的我们，可能并没有什么察觉。智能安防让我们能全身心地投入一场演唱会中、一场精彩的比赛中。

5.2 信息安全基础

【情景导入】

2021 年，全国公安机关深入推进"净网 2021"专项行动，针对民众关注的个人信息保护问题，全力组织开展侦查打击工作，共破获侵犯公民个人信息案件 9800 余起，抓获犯罪嫌疑人 1.7 万余名，有力维护了网络空间秩序和人民群众合法权益。同年公安部公布了侵犯公民个人信息犯罪十大典型案例，详细讲述了公民个人信息被泄露的多种途径。

其中涉及信息安全的案例有：湖北公安网安部门侦查查明，武汉某公司工作人员徐某等人，利用李某编写的多款外挂程序，通过系统接口漏洞，窃取酒店、燃气、医疗健康等 33 个网站后台公民个人信息 3000 余万条用于债务催收等；福建公安网安部门侦查查明，犯罪嫌疑人谢某诱骗某电商平台店铺客服点击木马链接，窃取 200 余家店铺的买家个人信息 1000 余万条，向林某等人层层贩卖，最终流向电信网络诈骗团伙；广东公安网安部门侦查查明，珠海某艺术品策划公司从某 App 维护人员汪某处购买 App 在运营过程中获取的古董持有人员个人信息 200 万余条，以协助拍卖古董为名，骗取客户服务费、托管费，非法牟利 1.9 亿余元。

上述案例提醒大家，务必充分认识到个人信息安全与财产安全密切相关，务必强化防范意识，避免信息泄露。同时也再次警告，侵犯公民个人信息者，必将受到法律严惩！

【思考】

（1）请思考案例中的信息泄露问题应如何防范？
（2）列举你身边可能存在哪些信息安全事件。

V5-4 信息安全概述与信息安全威胁

5.2.1 信息安全概述

1. 信息安全的概念

信息安全的概念在 20 世纪经历了一个漫长的历史阶段，自 20 世纪 90 年代以来逐渐得到了深化。进入 21 世纪，随着信息技术的不断发展，信息安全问题也日渐突出。如何确保信息系统的安全已成为全社会关注的问题。国际上对于信息安全的研究起步较早，投入力度大，已取得了许多成果，并得以推广应用。我国已有一批专门从事信息安全基础研究、技术开发与技术服务工作的研究机构与高科技企业，形成了我国信息安全产业的雏形，当前我国对从事信息安全工作的技术人才需求仍较为旺盛。

信息安全是指信息系统（包括硬件、软件、数据、人、物理环境及其基础设施）受到保护，不因偶然的或者恶意的事件而遭到破坏、更改、泄露，系统连续、可靠、正常地运行，信息服务不中断，最终实现业务连续性。其中包括如何防范商业企业机密泄露、防范青少年对不良信息的浏览、个人信息的泄露等。

2. 信息安全的属性

网络环境下的信息安全体系是保证信息安全的关键，包括计算机安全操作系统、各种安全协议、安全机制（数字签名、消息认证、数据加密等），以及安全系统，如网络准入控制（Network Admission Control，NAC）、数据泄露防护（Data Leakage Prevention，DLP）等，只要存在安全漏洞便可以威胁全局安全。信息安全具有以下属性。

（1）真实性：对信息的来源进行判断，能对伪造来源的信息予以鉴别。

（2）保密性：保证机密信息不被窃听，或窃听者不能了解信息的真实含义。

（3）完整性：保证数据的一致性，防止数据被非法用户篡改。

（4）可用性：保证合法用户对信息和资源的使用不会被不正当地拒绝。

（5）不可抵赖性：建立有效的责任机制，防止用户否认其行为，这一点在电子商务中是极其重要的。

（6）可控制性：对信息的传播及内容具有控制能力。

5.2.2　信息安全威胁

1. 信息安全的主要威胁

在日常生活中，信息安全遭遇的威胁主要有以下几种。

（1）信息泄露：信息被泄露或透露给某个非授权的实体。

（2）破坏信息的完整性：数据被非授权地增加、删除、修改或破坏而受到损失。

（3）拒绝服务：对信息或其他资源的合法访问被无条件地阻止。

（4）非法使用（非授权访问）：某一资源被某个非授权的人，或以非授权的方式使用。

（5）窃听：用各种可能的合法或非法的手段窃取系统中的信息资源和敏感信息。例如对通信线路中传输的信号搭线监听，或者利用通信设备在工作过程中产生的电磁泄漏截取有用信息等。

（6）业务流分析：通过对系统进行长期监听，利用统计分析方法对诸如通信频度、通信的信息流向、通信总量的变化等参数进行研究，从中发现有价值的信息和规律。

（7）假冒：通过欺骗通信系统（或用户）达到非法用户冒充合法用户，或者特权小的用户冒充特权大的用户的目的。黑客大多是采用假冒攻击。

（8）计算机病毒：一种在计算机系统运行过程中能够实现传染和侵害功能的程序。

（9）旁路控制：攻击者利用系统的安全缺陷或脆弱之处获得非授权的权利或特权。例如，攻击者通过各种攻击手段发现原本应保密，但是又暴露出来的一些系统"特性"，利用这些"特性"，攻击者可以绕过防线守卫者侵入系统的内部。

除这些主要威胁以外，还包括授权侵犯、特洛伊木马、陷阱门、抵赖、重放、物理侵入、业务欺骗等。

2. 信息安全的解决手段

针对信息安全面临的主要威胁，可以采取以下主要的解决手段来进行控制。

（1）数据库管理安全防范

在具体的计算机网络数据库安全管理中经常出现各类由人为因素造成的计算机网络数据库安全隐患，对数据库安全造成了较大的不利影响。例如，由于人为操作不当，可能会使计算机网络数据库中遗留有害程序，这些程序十分影响计算机系统的安全运行，甚至会给用户带来巨大的经济损失。基于此，现代计算机用户和管理者应能够依据不同风险因素采取有效控制防范措施，从意识上真正重视安全管理保护，加大计算机网络数据库的安全管理工作力度。

（2）加强安全防护意识

每个人在日常生活中都经常会用到各种用户登录信息，比如网银账号、微博、微信及支付宝等，这些信息的使用不可避免，但与此同时这些信息也成了不法分子的窃取目标。不法分子企图窃取用户的信息，登录用户的使用终端，将用户账号内的数据信息或者资金盗取。更为严重的是，当前社会上很多用户的各个账号之间都是有关联的，一旦窃取成功一个账号，其他账号的窃取便易如反掌，给用户带来更大的经济损失。因此，用户必须时刻保持警惕，提高自身安全意识、拒绝下载不明软件、禁止点击不明网址、提高账号密码安全等级、禁止多个账号使用同一密码等，加强自身安全防护能力。

（3）科学采用数据加密技术

对于计算机网络数据库安全管理工作而言，数据加密技术是一种有效手段，它能够最大限度地避免计算机系统受到病毒侵害，从而保护计算机网络数据库信息安全，进而保障相关用户的切身利益。数据加密技术的特点是隐蔽性和安全性，具体是指利用一些程序完成计算数据库或者数据的加密操作。当前市场上应用最广的计算机数据加密技术主要有保密通信、防复制技术及计算机密钥等，这些加密技术各有利弊，对于保护用户信息数据具有重要的现实意义。因此，在计算机网络数据库的日常安全管理中，采用科学先进的数据加密技术是必要的，它除了能够大大降低病毒等程序的入侵风险，还能够在用户的数据信息被获取后，保护数据信息不出现泄露。需要注意的是，计算机系统存有庞大的数据信息，对每项数据进行加密保护显然不现实，这就需要利用层次划分法，依据不同信息的重要程度合理进行加密处理，确保重要数据信息不会被破坏和窃取。

（4）提高硬件质量

影响计算机网络信息安全的因素不仅有软件质量，还有硬件质量，并且两者之间存在一定区别。硬件系统在考虑安全性的基础上，还必须重视硬件的使用年限问题。硬件作为计算机的重要构成部分，具有随着使用时间增加性能会逐渐降低的特点，用户应注意这一点，日常加强维护与修理。

（5）改善自然环境

改善自然环境是指改善计算机的使用环境。具体来说就是在计算机的日常使用中定期清理其表面灰尘，保证其在干净的环境下工作，可有效避免计算机硬件老化；最好不要在温度过高和潮湿的环境中使用计算机，注重计算机的外部维护。

（6）安装防火墙和杀毒软件

防火墙能够有效控制计算机网络的访问权限，通过安装防火墙，可自动分析网络的安全性，将非法网站的访问拦截下来，过滤可能存在问题的消息，一定程度上增强系统的防御能力，提高了网络系统的安全指数。同时，还需要安装杀毒软件，这类软件可以拦截和中断系统中存在的病毒，对于提高计算机网络安全大有益处。

（7）加强计算机入侵检测技术的应用

入侵检测主要是针对数据传输安全检测的操作系统，通过入侵检测系统（Intrusion Detection System，IDS）的使用，可以及时发现计算机与网络之间的异常现象，通过报警的形式给予使用者提示。为更好地发挥入侵检测技术的作用，通常在使用该技术时会辅以密码破解技术、数据分析技术等一系列技术，确保计算机网络安全。

（8）其他措施

为计算机网络安全提供保障的措施还包括增强账户的安全管理意识、加强网络监控技术的应用、优化计算机网络密码设置、安装系统漏洞补丁程序等。

5.2.3　密码学基础

1. 密码学的基本概念

密码学是一门研究密码与密码活动的本质与规律，以及指导密码实践的学科，主要探索密码编码和密码分析的一般规律，它是一门结合了数学、计算机科学与技术、信息与通信工程等多门学科的综合性学科。它不仅具有信息通信加密和解密功能，还具有身份认证、消息认证、数字签名等功能，是网络空间安全的核心技术。密码学已被应用在日常生活中，包括自动柜员机的芯片卡、计算机使用者存取密码、电子商务等。

2. 密码学的基础理论

在通信过程中，待加密的信息称为"明文"，已被加密的信息称为"密文"，仅有收、发双方知道的信息称为密钥。在密钥控制下，由明文变成密文的过程叫加密，其逆过程叫脱密或解密。在密码系统中，除合法用户外，还有非法的截收者，他们试图通过各种办法窃取机密（又称为被动攻击）或窜改消息（又称为主动攻击）。

密码通信系统如图 5-8 所示。

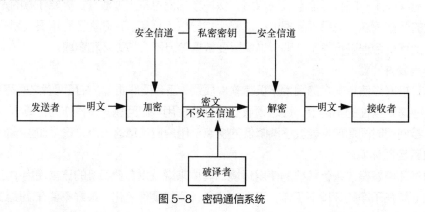

图 5-8　密码通信系统

一个安全的密码体制应该满足：

（1）非法截收者很难从密文中推断出明文；

（2）加密和脱密算法应该相当简便，而且适用于所有密钥空间；

（3）密码的保密强度只依赖于密钥；

（4）合法接收者能够检验和证实消息的完整性和真实性；

（5）消息的发送者无法否认其发出的消息，同时也不能伪造别人的合法消息；

（6）必要时可由仲裁机构进行公断。

5.2.4　拓展知识：密钥和密码有什么区别？

1. 主体不同

（1）密钥：是一种参数，它是在明文转换为密文或将密文转换为明文的算法中输入的参数。

（2）密码：是一种用来混淆的技术，使用者希望将正常的（可识别的）信息转变为无法识别的信息。

2. 特点不同

（1）密钥：信息的发送方和接收方使用同一个密钥去加密和解密数据，如图 5-9 所示。优势是加/解密速度快，适合对大数据量进行加密，但密钥管理困难。

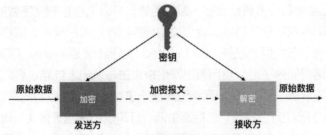

图 5-9　加密和解密的过程

（2）密码：密码除用于信息加密外，也用于数据信息签名和安全认证。密码的应用也不再只局限于为军事、外交斗争服务，广泛应用在社会和经济活动中。

3. 优势不同

（1）密钥：使用的对称加密算法比较简便、高效，密钥简短，但破译极其困难，因为系统的保密性主要取决于密钥的安全性。

（2）密码：密码是隐藏了真实内容的符号序列。就是把用公开的、标准的信息编码表示的信息通过一种变换手段，将其变为除通信双方以外其他人所不能读懂的信息编码。

5.3　物联网安全概述

【情景导入】

2019 年，国内影响最大的物联网安全事件非酒店偷拍莫属，而近些年酒店偷拍事件也层出不穷。面对日益高涨的个人隐私保护需求，各路安全厂商和创业公司纷纷行动起来。除了爆火的 Ping 之外，百度安全 App 和 360 手机卫士都推出了"偷拍检测"功能，但是 App 端检测的一个弊端是只能检测同局域网段的偷拍摄像头，对于独立联网和离线摄像头则无能为力，并不能做到百分之百的检测，充其量只能算是辅助措施，消费者需要对此有足够清醒的认识，必要的时候可采用人工排查或尽量少住酒店等终极方案。

【思考】

（1）你能否简单描述上述案例中涉及的是哪种物联网安全威胁？

（2）列举你身边可能存在的物联网安全威胁。

物联网安全可简单定义为加强物联网设备的安全性和降低其易感性而采取的预防措施。宏观来说，物联网安全包括一切解决或缓解物联网技术应用过程中存在的安全威胁的技术手段和管理手段，也包括这些安全威胁本身及相关的活动。

5.3.1 物联网安全威胁举例

1. "僵尸网络"

"僵尸网络"是一种将各种系统结合在一起的网络，可以远程控制受害者的系统并分发恶意软件。网络犯罪分子利用命令和控制服务器控制僵尸网络，以窃取机密数据、获取网上银行数据，并执行像分布式拒绝服务（Distributed Denial of Service，DDoS）和"网络钓鱼"这样的网络攻击。网络犯罪分子可以利用僵尸网络来攻击与笔记本电脑、台式计算机和智能手机等其他设备相连的物联网设备。Mirai 僵尸网络已经展示了物联网安全威胁的危险性。如今，Mirai 僵尸网络已经感染了大约 250 万台设备，包括路由器、打印机和智能摄像头。攻击者利用僵尸网络对多个物联网设备发起分布式拒绝服务攻击。在目睹了 Mirai 的影响后，一些网络犯罪分子开发了多个先进的物联网僵尸网络，这些僵尸网络可以对易受攻击的物联网设备发起复杂的网络攻击。

2. 分布式拒绝服务

分布式拒绝服务攻击通过发送多个请求试图在目标系统中造成容量过载。与网络钓鱼和暴力攻击不同，实施拒绝服务的攻击者并不打算窃取关键数据。但是，分布式拒绝服务攻击可以用来减慢或禁用服务，以损害企业声誉。例如，遭到拒绝服务攻击的航空公司将无法处理机票预订、检查航班状态和取消机票的请求。在这种情况下，客户可能会转而选择其他航空公司的服务。因此，拒绝服务攻击可能会破坏企业声誉并影响其收入。

3. 中间人

在中间人攻击（Man-in-the-Middle，MITM）中，黑客破坏了两个单独系统之间的通信通道，并试图拦截其中的信息。攻击者控制其通信并向参与系统发送非法信息。这种攻击可以用来"黑进"物联网设备，如智能冰箱和自动驾驶汽车。中间人攻击可用于攻击多个物联网设备，因为它们实时共享数据。利用中间人攻击，攻击者可以拦截多个物联网设备之间的通信，并导致严重故障。例如，像灯泡这样的智能家居配件可以被攻击者利用中间人攻击来改变其颜色或开关状态。这种攻击会给工业设备和医疗设备等物联网设备带来灾难性后果。

4. 身份和数据盗窃

多起数据泄露事件在 2018 年成为头条新闻，这些事件致使数百万人的数据被盗。机密信息，如个人信息、信用卡和借记卡凭证以及电子邮件地址等信息在这些数据泄露事件中被盗。黑客现在可以攻击物联网设备，如智能手表、智能电表和智能家居设备，以获取有关多个用户和组织的额外

V5-6　物联网安全威胁案例

数据。通过收集这些数据，攻击者可以执行更复杂和更详细的身份盗窃。攻击者还可以利用连接到其他设备或企业系统的物联网设备中的漏洞，例如，黑客可以攻击组织中易受攻击的物联网传感器，并访问其业务网络。通过这种方式，攻击者可以渗透多个企业系统并获取敏感的业务数据。

5. 社会工程

黑客利用社会工程操纵人们交出他们的敏感信息，如密码和银行信息。或者，网络犯罪分子可以使用社会工程来访问系统，以便秘密安装恶意软件。通常，社会工程攻击是使用网络钓鱼电子邮件执行的，攻击者必须发出令人信服的电子邮件来操纵他人。然而，在物联网设备中，社会工程攻击可能更容易进行。物联网设备，尤其是可穿戴设备，收集大量个人身份信息（Personal Identifiable Information，PII），然后为用户开发个性化体验。这种设备还利用用户的个人信息来提供用户友好服务，例如，通过语音控制在线订购产品。然而，攻击者可以通过访问 PII 来获取机密信息，如银行详细信息、购买历史记录和家庭地址。这些信息可以让网络犯罪分子利用易受攻击的物联网，针对用户及其家人和朋友实施高级社会工程攻击。通过这种方式，物联网安全威胁（如社会工程）可以用来非法访问用户数据。

6. 高级持续性威胁

高级持续性威胁（Advanced Persistent Threat，APT）是各种组织的主要安全问题。高级持续性威胁是一种有针对性的网络攻击，入侵者可以非法访问网络并长时间不被发现。攻击者旨在监控网络活动，并使用高级持续性威胁窃取关键数据。这种网络攻击很难预防、检测或缓解。随着物联网的出现，大量关键数据可以轻松地在多个设备之间传输，而网络犯罪分子可以将这些物联网设备作为目标，以获得对个人或企业网络的访问权限。通过这种方法，网络罪犯可以窃取机密信息。

7. 勒索软件

勒索软件攻击已经成为最臭名昭著的网络威胁之一。在这种攻击中，黑客使用恶意软件加密企业运营所需要的数据，攻击者只有在收到赎金后才会解锁关键数据。勒索软件可能是最复杂的物联网安全威胁之一。研究人员已经证明了勒索软件对智能恒温器的影响。通过这种方法，研究人员已经表明黑客可以调高温度，并拒绝回到正常温度，直到他们收到赎金。同样，勒索软件也可以用来攻击工业物联网和智能家居设备，例如，黑客可以攻击一个智能家居设备，并向其所有者发送支付赎金的通知。

8. 远程录制

维基解密发布的文件显示，情报机构知道物联网设备、智能手机和笔记本计算机中"零日攻击"的存在。这些文件暗示安全机构正在计划秘密记录公众谈话。网络罪犯也可以利用这些"零日攻击"记录物联网用户的对话，例如，黑客可以攻击组织中的智能摄像头，并记录日常商业活动的视频片段。通过这种方法，网络犯罪分子可以秘密获取商业机密信息。此类物联网安全威胁也将导致严重的隐私侵犯。

5.3.2　物联网安全面临的挑战

虽然物联网带来了设备之间的有效通信、自动运行、节省时间成本等诸多好处，但物联网系统、设备与传统的计算机网络和计算设备相比，在网络安全方面存在明显的差异，因此物联网安全也面临着新的挑战，具体如下。

V5-7　物联网安全面临的挑战

（1）许多物联网设备（如传感器和消费电子产品等）的设计和制造规模是传统互联网设备数量的几个量级，通常都是数以万计，因此这类设备之间潜在的连接数量是空前的。而且，许多物联网设备可以以其独有的、不可预期的动态偶发方式与其他设备建立连接和通信。例如，黑客通过发送简单的查询命令，就可以利用物联网 RFID 技术快速进行位置跟踪。因此，已有的网络安全相关的各类工具、方法和策略需要重新考虑。

（2）物联网应用通常由相同或类似的设备构成，这种同质化特征放大了设备的单一弱点导致的潜在影响。例如，一家公司某品牌的网络控制型照明灯存在通信协议脆弱性，将可能扩展成所有使用同一种通信协议，或者具有相同的关键设计或制造结构的物联网设备都具有这种通信协议脆弱性。另外，这种相似性将极易导致出现"僵尸网络"，暗中控制大量物联网智能终端，进而爆发大规模跨网、跨域网络攻击事件。在《麻省理工科技评论》所公布的 2017 年全球十大突破性技术榜单中，"物联僵尸网络"赫然在列。

（3）物联网设备比常规电子信息设备使用周期更长。一些物联网设备有可能安装在重新设置或更新非常困难或几乎不可能的使用环境中；甚至有些物联网设备的使用寿命超出了设备制造公司的存在时间，导致设备无法获得长期技术支持。这种情况导致，即使物联网设备在安装部署阶段已经有足够适用的安全机制，也并不能保证设备使用的全寿命过程中不受到新的安全威胁。而传统计算机系统可以正常地在整个使用寿命周期内通过系统更新、软件升级等方式进行安全机制的更新，以此应对不断变化的网络安全威胁。因此，对物联网设备进行长期技术支持和管理维护是物联网安全领域一个显著的挑战。

（4）一些物联网设备有意设计成不具备网络更新能力，或者更新过程是烦琐的或不现实的。例如，2015 年某汽车公司试图召回 140 万辆具有可导致攻击者远程无线入侵攻击漏洞的汽车进行修复，这些汽车必须由该公司的经销商进行手动更新，或者必须由车主自己使用 USB 接口进行更新，而现实情况是这款车大多数并没有进行更新，其原因是升级过程给车主带来了不便，并且很多车也运行良好，这样就给网络攻击者留下了永久的漏洞。

（5）物联网设备处于运行状态时，用户对物联网设备内部的工作状态或设备产生的数据流可视度很低或完全不可视。当物联网设备正在执行非预期功能或采集非用户需要的额外数据时，用户却相信物联网设备功能运行正常，从而产生网络安全威胁风险。当设备制造商进行升级时，设备的功能可能会在不被发现的情况下悄悄改变，使用户面临制造商随意进行更改的漏洞。

（6）物联网设备有时会部署在物理安全防护很困难或几乎不可能实现的位置，使攻击者可以直接接触物联网设备。例如，黑客可利用物理方法对 RFID 电子标签进行破坏或对标签信息进行窃取，或者对 RFID 电子标签使用大功率射频电场，使电子标签中电路产生无法承受的超负荷电流，从而导致电子标签烧坏而无法使用等。因此为确保物联网安全，需要考虑设备自带防篡改能力或进行其他的创新设计。

（7）环境传感器等类似的物联网设备，被不明显地嵌入甚至是隐藏到了周围环境中，但用户不会积极地观察设备或监视其运行状态。因此，当网络安全问题发生时，物联网设备也不会有明确的告警方式，使得用户很难知道物联网设备发生的网络安全破坏事件。在网络安全问题被发现或修复之前，这类物联网设备的网络安全破坏事件可能持续了很长时间，用户也许不会意识到，周围的传感器正在潜在地允许网络安全破坏事件发生。例如，国外已报道黑客可以利用智能手机中内嵌的加速度传感器数据来跟踪用户的位置信息，导致用户隐私信息泄露。

（8）目前的物联网系统和设备一般都是由不同规模的公司、企业等团体组织生产的，但是随着开源物联网研发技术的分享与推广，物联网设备的研发与制造将变得越来越普及，个人自主研发或改装的物联网设备将大量上线应用。这类设备的显著特点是不一定或完全不具备工业级的网络安全防护，漏洞或脆弱性将普遍存在且不受控制，很可能成为黑客入侵并控制的对象。

针对上述物联网安全出现的新挑战，未来的物联网安全还有许多问题有待解决，如海量设备随机部署隐患、跨网高隐蔽性攻击风险、多源异构物联网设备存在的巨量漏洞、物联网系统的边缘及终端轻量级防护等。毫无疑问，物联网是一项创新的技术，但也由于它"万物互联"的特性，在物联网安全方面还有很多工作要做。

5.3.3　物联网安全与互联网安全

物联网应用是基于互联网的，所以，互联网安全领域存在的漏洞和攻击方式，物联网应用几乎都存在。物联网安全是互联网安全的延伸，物联网只会带来新的安全风险。

V5-8　物联网安全与互联网安全

物联网安全和互联网安全的区别主要有以下几点。

1．架构的安全风险

物联网云平台本质是平台即服务（Platform as a Service，PaaS），要部署在传统的基础设施即服务（Infrastructure as a Service，IaaS，如亚马逊云、阿里云等）基础之上。物联网云平台由于要负责设备通信和管理，因此会新开放一些端口和 API 等服务，而 IaaS 云安全并不了解这些新开放的端口和服务的用途是什么，所以安全策略难以覆盖。物联网云平台需要企业自己定义新的安全防御策略。

2．协议的安全风险

物联网的通信协议诸如 ZigBee、蓝牙、NB-IoT、2G/3G/4G/5G 等，这些协议在互联网上并没有使用，互联网安全策略也无法覆盖到这些协议，物联网协议带来了协议的安全风险。

3．边界的安全风险

互联网时代更多的应用模式是 C/S，即用户端/服务端模式。这个模式有一个非常清晰的"边界"。企业可以通过部署防火墙、入侵防御系统（Intrusion Prevention System，IPS）等网关类设备来提高企业服务的安全性。但在物联网时代，设备遍布全球各地，黑客可以直接对设备发起攻击，没有"边界"的存在，传统网关类防护设备用处也就不大。

4．系统的安全风险

互联网时代的终端保护（Endpoint Detection&Response，EDR），主要针对 Linux 和 Windows 两类系统，而物联网时代，设备采用的嵌入式操作系统注入 µClinux、FreeRTOS、OpenWRT 等，传统的终端系统安全方案无法用于物联网时代的嵌入式系统。

5．App 的安全风险

互联网时代的 App 主要也是 C/S 模式，但物联网时代，App 不仅要与云端通信，更可能与设备直接通信，"App to Device"这个链路中包含许多如设备身份认证、硬件加解密、空中激活（Over the Air，OTA）升级等安全策略，这也是互联网时代没有的。

6．业务的安全风险

物联网的业务场景会产生许多互联网时代收集不到的数据，比如传感器数据、用户行为数据、生理数据、地理位置数据等。这些数据的产生、传输、处理过程涉及整个业务体系的安全架构，这些数据的收集、传输、处理过程需要新的安全防护策略和监管体系。

7．研发的安全风险

物联网产品的研发流程涉及嵌入式的安全开发，这是互联网应用中不存在的。嵌入式端的开发又涉及嵌入式系统安全、逻辑安全、加/解密安全、认证安全、接口安全、存储安全、协议安全等新的安全风险。

8．合规的安全风险

目前物联网行业还没有一套完整的法规要求，现阶段安全测评都是以结果为导向而非以合规为导向。

9．AI 的风险

在互联网时代，企业服务面临来自黑客（人）的攻击，在物联网时代，企业服务会面临来自 AI 设备的直接攻击。

5.3.4　拓展知识：物联网成信息安全"重灾区"

《经济参考报》2018 年 9 月 6 日刊发题为《物联网成信息安全"重灾区"》的报道。文章称，我们有没有想过，当我们享受着物联网给生活带来的便利时，看不见的安全威胁可能已经发生。

近年来，物联网技术不断发展与创新，深刻改变着传统产业形态和人们生活方式，随着数以亿计的设备接入物联网提供创新、互联的新服务，整个生态系统中的诈骗和攻击行为随之增加，对用户隐私、基础网络环境的安全冲击尤为突出。

在物联网已经逐步成为网络安全"重灾区"的背后，是物联网硬件设备厂商安全意识淡薄、安全投入不足的现状。

1．消费物联网隐私泄露频发

消费物联网是以消费为主线，利用物联网智能设备极大改善或影响人们的消费习惯为目的生产打造的智能设备网络。智能家居（包括智能家庭、家电等）是消费物联网最主要的消费级产品。同时，智能穿戴设备（如手环、眼镜、便携医疗设备）也是消费物联网的主要应用。

《经济参考报》记者了解到，消费物联网场景最贴近数量众多的终端销售者，因此也得到黑色产业链更多的关注。最近针对消费物联网的安全威胁事件日益增多，如英国某医疗公司推出的便携式胰岛素泵就被黑客远程控制，黑客完全可以控制注射计量，而这直接影响使用者的生命安全。2017年，日本国内出现多起针对智能电视的勒索病毒事件。我国国内也出现了多起家用摄像头被黑客控制利用非法获取敏感视频对用户进行敲诈的情况。2017 年 8 月，浙江某地警方破获一个犯罪团伙，该团伙在网上制作和传播家庭摄像头破解入侵软件。警方查获被破解入侵家庭摄像头 IP 近万个，涉及浙江、云南、江西等多个省份。

对很多老百姓而言，安全威胁可能就潜伏在身边。一旦攻击者获得远程控制权限，即便是小小的摄像头也能够成为泄露用户隐私的元凶。为了防范这些威胁，物联网安全的投入正在不断加大，根据国外市场调查与咨询公司 Markets and Markets 的数据，2020 年全球物联网安全市场规模为 125 亿美元，预计 2025 年增至 366 亿美元。

"作为一种新技术，物联网的行业标准以及相关管理刚刚起步，但物联网基数大、扩散快、技术门槛低，已经成为互联网上不得不重视的安全问题。"奇安信科技集团总裁（原 360 企业安全集团总裁）吴云坤在接受《经济参考报》记者采访时表示，目前针对消费物联网的主要威胁有如下几点：第一，利用漏洞或者自动安装软件等隐秘行为窃取用户文件、视频等隐私；第二，传播僵尸程序把智能设备变成被劫持利用的工具；第三，黑客可以通过控制设备，反向攻击企业内部或其运行的云平台，进行数据窃取或破坏。

2. 设备厂商安全意识淡薄

在物联网加速融入人们生产、生活的同时，当前不少物联网设备生产厂商侧重追求新功能，对安全重视严重不足。吴云坤指出，一方面，很多设备和硬件制造商缺乏安全意识和人才。另一方面，物联网设备数量非常庞大，价格低廉是一大特点，很多厂商需要拼命压缩成本，安全方面的投入自然会严重不足，无论是升级、配置还是补丁维护等环节，物联网行业都非常薄弱。

一位业内人士表示，面对层出不穷的网络攻击，设备厂商面临新的挑战，不仅需要保证制造的冰箱、摄像头、路由器等产品的使用性，同时还必须要保证安全性。值得注意的是，物联网应用还较新，在监管机构出台相关法律法规前，厂商缺少足够的动力将安全置于整个产业链中。

"从当下的市场环境看，厂商强调智能化的功能设计，求新求快是物联网行业中的主流，安全反倒是可有可无的选项，这让物联网环境更加具有脆弱性。"吴云坤说。

3. 物联网安全标准亟待设立

在"2018 ISC 互联网安全大会"上，不少专家认为，物联网设备基数庞大，加上安全防护脆弱，可以预见的是，物联网安全威胁将逐渐成为互联网的常态。

奇安信科技集团董事长（原 360 企业安全集团董事长）齐向东在接受《经济参考报》记者采访时表示，在目前互联网高速发展的时期，任何一点安全风险都可能被放大，造成个人信息泄露、财产损失甚至人身安全等问题，给人们生活和社会运行带来影响，而物联网的安全威胁远未见顶。随着物联网在社会生活中的普及，应用场景不断丰富，安全风险也将随之增加。

"关口前移是非常重要的，如果等到信息泄露后再补救，物联网面临的网络威胁问题将无法真正解决。"吴云坤说。他表示，首先物联网设备提供商要保障终端安全，引入安全开发流程提升终端安全性，并在产品上市前进行安全评估，其次物联网平台提供商应重点关注平台安全和设备、移动端与自身的连接是否安全，要从各个维度和环节进行把控，保障数据存储的安全性。

业内专家建议，首先，应加强安全技术标准建设及合规性检测，对因为设备自身漏洞引起的重大泄露事件，要对涉事企业进行巨额罚款等。其次，构建物联网全生命周期立体防御体系。再次，要推进"攻防结合"促进物联网安全技术发展，团结行业力量打造物联网安全生态。

（来源：新华社新媒体）

5.4 物联网信息安全体系

【情景导入】

截至 2022 年年末，我国移动物联网连接数达到 18.45 亿户，万物互联基础不断夯实。不过，当我们探索物联网产业的发展机遇之时，却往往忽视了其背后的安全难题。2020 年，因物联网设备自身漏洞被黑客攻击导致信息泄露或设备无法

V5-9 物联网信息安全体系

正常运行的事件依然频发，基于物联网终端的攻击事件不断"见诸报端"，物联网安全形势依然严峻，其安全防护体系建设仍然任重道远。几个值得关注的物联网安全风险案例如下。

2020 年 1 月，一位使用智能摄像头的用户发现，当自己视频内容传输到网上时，他从中发现了许多从其他人家中获取的静止图像。这些图片包括人们睡觉的静止画面，甚至还有摇篮里的婴儿。尽管厂家很快修复了相关软件 bug，但事实上，很多的智能家居科技厂家所生产的智能摄像头产品都曾曝出过类似的安全隐患。

2020 年 2 月，美国安全公司 ESET 的一名研究员发现了一个存在于 Broadcom 和 Cypress Wi-Fi 芯片中的严重安全漏洞，黑客利用该漏洞成功入侵之后，能够截取和分析设备发送的无线网络数据包，能让攻击者解密周围空中传输的敏感数据。Broadcom 和 Cypress 是拥有较高全球市场份额的两大品牌，他们的 Wi-Fi 芯片被广泛用于笔记本电脑、智能手机以及众多的物联网设备。

2020 年 6 月，德国一家安全公司研究员发现，全球最大信号灯控制器制造巨头 SWARCO 存在严重安全漏洞，黑客可以利用这个漏洞破坏交通信号灯，甚至随意切换交通信号灯，造成交通瘫痪，乃至引发交通事故，并给人们的生命安全埋下隐患。

上述的 2020 年物联网安全风险案例仅是呈现在大众面前的冰山一角，更多隐藏在冰山之下的安全事件此刻仍然正在发生着。随着物联网产业日渐成熟，严峻的物联网安全问题正在对社会秩序与公共安全造成严重威胁。

【思考】

（1）你能否描述上述案例中遭遇了哪种信息安全，这种安全发生在物联网的哪一层架构？
（2）列举你身边可能发生过的跟物联网有关的信息安全事件。

5.4.1　物联网安全层次模型

当前国内外通用的物联网架构将物联网分成感知层、网络层和应用层 3 部分。为构建整个物联网安全架构，需要分别考虑感知层安全问题、网络层安全问题和应用层不同业务中的安全问题。

从物联网的架构出发，物联网安全的总体需求就是信息采集安全、信息传输安全、信息处理安全和信息利用安全的综合，最终目标是确保信息的保密性、完整性、真实性和网络的容错性。物联网的安全层次模型如图 5-10 所示。物联网有 3 个重要特征。第一，全面感知，利用 RFID、传感器、二维码等随时随地获得传感节点所感知的事物的信息。第二，互联互通，利用互联网、电信网、广播电视网等，将获取到的实时信息按时准确地发送出去。第三，智慧运行，采用模糊识别技术、云计算技术等各种智能处理手段，对接收到的海量信息和数据进行识别和处理，从而实现对物体的实时智能控制。物联网安全需要对物联网的各个层次实现有效的安全保障，需要确定相应的安全问题及解决方案，还要对各个层次的安全防护手段进行统一的管理和控制。

物联网安全还存在各种非技术因素。目前，物联网在我国的发展表现为行业性太强，公众性和公用性不足；重数据收集，轻数据挖掘与智能处理；产业链长，但每一环节规模效益不够，商业模式不清晰。物联网是一种新的应用，要想得以快速发展，一定要建立一个社会各方共同参与和协作的组织模式，集中优势资源，这样物联网应用才会朝着规模化、智能化和协同化的方向发展。物联网安全的普及需要各方的协调及各种力量的整合，这就需要国家的政策以及相关立法走在前面，以便引导物联网朝着安全、健康、稳定的方向发展。

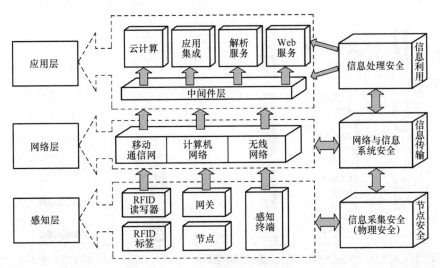

图 5-10　物联网的安全层次模型

　　物联网安全研究是一个新兴的领域，任何安全技术都伴随具体的需求而生，因此物联网的安全研究将始终贯穿于人们的生活之中。未来的物联网安全研究将主要集中在开放的物联网安全体系、物联网个体隐私保护模式、物联网终端安全功能、物联网安全相关法律的制定等几个方面，人们的安全意识教育也将是影响物联网安全的一个重要因素。从技术角度来说，需要对物联网的安全尺度和特有安全问题进行分析，提出物联网安全的体系架构，全面解决物联网存在的安全隐患。

5.4.2　物联网感知层安全

1. 感知层安全问题

　　我们知道物联网安全除了在传统安全的基础上，还增加了感知层的安全，那么感知层的安全问题有哪些？它所对应的安全技术有哪些？需要采用什么样的安全体系才能较好地解决这些安全问题？这些问题的研究对如何更好地解决物联网感知层的安全问题会显得比较重要。

　　通过分析我们知道云、管、端各层所涉及的安全问题及所属的技术范畴如下。

　　从图 5-11 可知，感知层的安全问题主要包括秘钥管理漏洞、设备伪造、源码安全、固件完整性、敏感信息泄露等。

2. 感知层安全体系

　　在感知层安全体系结构中，我们可以从图 5-12 中提炼出轻量级安全技术所涵盖的范围，即整体安全防护、终端设备加固和轻量级加解密。

　　因此，虽然是轻量级的安全技术，但是里面包括的内容却不是轻量级的，它是一整套面向感知层、面向边缘侧的安全体系，它应包括安全的设备、安全的传输和安全的管控。

　　安全的设备要保障设备本身安全可信、自主可控，规避上述安全问题，成为一个安全可信的节点，进而构成一个安全可信的网络。

　　安全的传输要保障设备与设备、设备与平台之间能建立一个安全可信的传输通道，而轻量级的加解密，则进一步增加认证与传输数据的安全性。

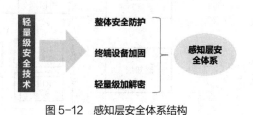

图 5-11　云、管、端各层所涉及的安全问题及所属的技术范畴　　图 5-12　感知层安全体系结构

5.4.3　物联网网络层安全

1．网络层面临的安全问题

物联网网络层所涉及的安全问题包括 Web 应用漏洞、重放攻击、通信劫持、访问鉴权漏洞、明文传输等，可归纳为以下几个方面的安全威胁。

（1）物联网终端自身安全

随着物联网业务终端的日益智能化，物联网应用更加丰富，同时也增加了终端感染病毒、木马或恶意代码的渠道。并且，网络终端自身系统平台缺乏完整性保护和验证机制，平台软/硬件模块容易被攻击者篡改，一旦被窃取或篡改，其中存储的私密信息将面临泄露的风险。

（2）承载网络信息传输安全

物联网的承载网络是一个多网络叠加的开放性网络，随着网络融合的加速及网络结构的日益复杂，物联网基于无线和有线链路的数据传输面临更大的威胁。攻击者可随意窃取、篡改或删除链路上的数据，并伪装成网络实体截取业务数据及对网络流量进行主动与被动的分析。

（3）核心网络安全

未来，全 IP 化的移动通信网络和互联网及下一代互联网将是物联网网络层的核心载体。对于一个全 IP 化开放性网络，将面临传统的 DoS 攻击、DDoS 攻击、假冒攻击等网络安全威胁，且物联网中业务节点数量将大大超过以往任何服务网络,在大量数据传输时将使承载网络堵塞,产生 DDoS攻击。

2．网络层安全技术需求

（1）网络层安全特点

物联网安全区别于传统的 TCP/IP 网络，具有以下特点。

① 物联网是在移动通信网络和互联网基础上的延伸和扩展的网络，但由于不同应用领域的物联网具有不同的网络安全和服务质量要求，使得它无法复制互联网成功的技术模式。针对物联网不同

应用领域的专用性，需客观地设定物联网的网络安全机制，科学地设定网络安全技术研究和开发的目标和内容。

② 物联网的网络层将面临现有 TCP/IP 网络的所有安全问题，还因为物联网感知层所采集的数据格式多样，来自各种各样感知节点的海量的多源异构数据，使带来的网络安全问题更加复杂。

③ 物联网对于实时性、安全可靠性、资源保证性等方面有很高的要求。如医疗卫生领域的物联网必须要求具有很高的可靠性，保证不会因为物联网的误操作而威胁患者的生命。

④ 物联网需要严密的安全性和可控性，具有保护个人隐私、防御网络攻击的能力。

（2）物联网的网络安全需求

物联网的网络层主要用于实现物联网信息的双向传递和控制。物联网应用承载网络主要以互联网、移动通信及其他专用 IP 网络为主，物联网网络层对安全的需求可以涵盖以下几个方面。

① 业务数据在承载网络中的传输安全。需要保证物联网业务数据在承载网络传输过程中内容不被泄露、篡改及流量不被非法获取。

② 承载网络的安全防护。物联网中需要解决如何对脆弱传输点或核心网络设备的非法攻击进行安全防护的问题。

③ 终端及异构网络的鉴权认证。在网络层，为物联网终端提供轻量级鉴别认证和访问控制，实现对物联网终端接入认证、异构网络互连的身份认证、鉴权管理等是物联网网络层安全的核心需求之一。

④ 异构网络下终端安全接入。物联网应用业务承载包括互联网、移动通信网、WLAN 等多种类型的承载网络，针对业务特征，对网络接入技术和网络架构都需要进行改进和优化，以满足物联网业务网络安全应用需求。

⑤ 物联网应用网络统一协议栈需求。物联网需要一个统一的协议栈和相应的技术标准，以此杜绝通过篡改协议、协议漏洞等安全风险来威胁网络应用安全。

⑥ 大规模终端分布式安全管控。物联网应用终端的大规模部署，对网络安全管控体系、安全管控与应用服务统一部署、安全检测、应急联动、安全审计等方面提出了新的安全需求。

3. 网络层安全解决方案

物联网的网络层安全解决方案应包括以下几方面内容。

① 建立物联网与互联网、移动通信网络相融合的网络安全体系结构，重点对网络体系架构、网络与信息安全、加密机制、密钥管理体制、安全分级管理体制、节点间通信、网络入侵检测、路由寻址、组网及鉴权认证和安全管控等进行全面设计。

② 建设物联网安全统一防护平台，完成对终端安全管控、安全授权、应用访问控制、协同处理、终端态势监控与分析等管理。

③ 优化物联网系统各应用层次之间的安全应用与保障措施，重点规划异构网络集成、功能集成、软/硬件操作界面集成及智能控制、系统级软件和安全中间件等技术应用。

④ 建立全面的物联网网络安全接入与应用访问控制机制，满足物联网终端产品的多样化网络安全需求。

5.4.4 物联网应用层安全

物联网应用层面临的安全威胁主要如下。

① 超大量终端提供了海量的数据，来不及识别和处理。

② 智能设备的智能失效，导致效率严重下降。

③ 自动处理失控。

④ 终端设备无法实现灾难控制和从灾难中恢复。

⑤ 非法的人为干扰造成了终端故障。

⑥ 设备从网络中逻辑丢失。

目前，面向物联网应用层安全架构的构建拟整合云服务，并且通过科学分析网络信息数据，来保障物联网环境安全，云计算项目与物联网应用层安全架构的整合实践是拓展该领域发展空间的重要策略。

总之，随着现代科技的发展，即便科技将人们的隐私暴露于众，甚至时刻都可能面临恶意的侵袭，但 IT 业界的管理者们正在紧锣密鼓地钻研并实践面向物联网应用层的安全管理措施，在平台之上构建起超级物联网应用体系模型，进而为广大物联网用户保驾护航。

5.4.5 物联网安全策略

V5-10 物联网
安全策略

随着物联网设备的不断涌现，用户所遇到的严重的物联网安全问题不容忽视。针对物联网涌现的各种安全问题，我们可以采取如下安全实施策略。

1. 使用强密码

让消费者面临安全漏洞的第一件事是在智能设备上使用弱密码。许多人常常在设备上继续使用默认密码。这可能导致 Mirai 僵尸网络的攻击，这种攻击通常在互联网上搜索受默认密码和用户名保护的物联网设备。因此，人们需要为所有物联网设备设置非常强大的密码，并定期更改密码。而为每个设备设置不同的密码可以保证物联网更加安全。

2. 了解隐私政策

为了达到安全的目的，制造商和消费者都可以发挥作用。企业在设计设备的早期阶段可以将安全性考虑在内，这是因为消费者需要放心购买安全的产品。企业还应采取安全措施保护用户、设备、服务器和网络连接。更重要的是，必须雇用合格的工作人员，以便专业地处理隐私问题。另外，消费者应该知道如何使用设备收集的数据，以及可以访问的数据。提供明确和合适的隐私政策的组织往往比其他组织更有优势。如果一个设备或应用程序要求一个似乎不合适的许可，请立即拒绝。

3. 实施最新的加密协议

大多数在过去 20 年制造的物联网设备仍然在运行所配套的软件。由于这个原因，它们的固件很难完成人工升级或自动升级。事实上，人们需要不惜一切代价避免过时的加密算法，并用适当的加密协议保持双向通信的安全，确保所有的物联网设备上的固件都更新到最新版本。

4. 建立安全的互联网连接

人们迫切需要确保网络和通信渠道在各个方面都是安全的。智能手表和健身追踪器等可穿戴设备支持 Wi-Fi 和蓝牙连接，它们通过这些通道传输数据。人们想使用可穿戴式设备时，无须连接到智能手机就可使用。为了安全起见，建议用户在其路由器和设备上关闭通用即插即用（Universal Plug and Play，UPnP）功能。采取这种方法可以确保防止不安全的外部连接。需要云服务的物联网设备处于泄露敏感信息的高风险之中。数据分发服务（Data Distribution Service，DDS）是组织使用的物联网技术之一，因为它允许各种设备和云端之间的安全数据通信。与高级消息队列协议（Advanced Message Queuing Protocol，AMQP）和 Java 消息服务（Java Message Service，JMS）相比，它具有更强的性能。

5. 采用物联网设备的安全最佳实践

尽管消费物联网和工业互联网的重要性不同，但仍然有一些基本的安全要求。手持设备，特别是智能手机，将作为物联网设备和网络连接的控制中心。人们在采取措施保护智能手机时，请务必制定网络安全计划。设备要连接任何可用网络，就极有可能会面临风险。社交媒体平台可以在人们使用可穿戴设备时显示人们所在的位置，因此请谨慎使用。

物联网在为我们的生活、工作带来了极大的便利的同时也存在着多种多样的信息泄露隐患，为保证物联网的健康发展，保证用户信息的安全，必须对物联网中的安全问题给予高度重视并采取有效措施，推动物联网的可持续发展。

5.4.6 拓展知识：物联网未来的 9 个主要安全挑战

物联网是数字转型时代最热门的技术之一，其能够将一切都连接到互联网。它是智能家居、自动驾驶汽车、智能电表和智能城市背后的核心技术。但是物联网的未来将面临 9 个主要的安全挑战。

挑战一：过时的硬件和软件

由于对物联网设备的使用越来越多，这些设备的制造商专注于制造新的设备，而对安全性的关注不够。这些设备绝大多数都没有得到及时更新，而其中一些甚至从未进行过更新。这意味着，这些产品在购买时是安全的，但当黑客发现一些 bug 或安全问题时，这些产品就很容易受到攻击。

如果这些问题不能通过定期更新硬件和软件来解决，那么这些设备仍然容易受到攻击。对于每一个连接到互联网的设备，定期更新是必须进行的。没有更新不仅会导致客户的数据被泄露，还会导致制造商的数据被泄露。

挑战二：使用弱凭证和默认凭证

许多物联网公司正在销售设备，并向消费者提供默认账户凭证——比如管理员用户名。黑客只需要用户名和密码就可以攻击设备。当他们知道用户名时，就会通过暴力攻击来"感染"设备。

Mirai 僵尸网络攻击就是一个例子，因为这些设备使用的是默认账户凭证。消费者应该在获得设备后立即更改默认认密码，但大多数制造商都没有在说明指南中说明如何进行更改。如果不更新默认密码，所有设备都可能受到攻击。

挑战三：恶意软件和勒索软件

物联网产品的迅速发展将使网络攻击的排列变得不可预测。如今，黑客已经变得很聪明，他们可以锁定并入侵消费者正在使用的物联网设备。

例如，黑客可能通过入侵一个带有 IoT 功能的摄像头来窃取来自家庭或办公室的机密信息，通过后台软件来恶意操控和使用摄像头，获取隐私或机密的视频或图片，这类后台软件是恶意软件。

或者攻击者可以安装一个软件来加密网络摄像头系统，不允许用户访问任何信息。由于该系统包含个人数据，他们可以要求用户支付一大笔钱来恢复他们的数据。当这种情况发生时，这类软件被称为勒索软件。

挑战四：预测和预防攻击

网络犯罪分子正在积极寻找新的安全威胁技术。在这种情况下，不仅需要找到漏洞并在它们出现时进行修复，还需要学习预测和预防攻击。

现代云服务可利用威胁情报来预测安全问题。其他技术包括 AI 支持的监视和分析工具。然而，在物联网中应用这些技术是复杂的，因为连接的设备需要立即处理数据。

挑战五：很难发现设备是否受到影响

虽然不可能保证 100%不受安全威胁和入侵，但物联网设备的问题是，大多数用户并不知道他们的设备是否被黑客入侵。

当存在大规模的物联网设备时，即使对服务提供商来说，也很难对所有设备进行监控。这是因为物联网设备需要应用程序、服务和通信协议。由于设备的数量正在显著增加，要管理的东西的数量也在不断增加。因此，许多设备在用户不知情的情况下被黑客攻击且继续运行。

挑战六：数据保护和安全挑战

在这个相互连接的世界中，数据的保护变得非常困难，因为数据在几秒内就能在多个设备之间传输。前 1min 它存储在移动设备中，下 1min 它就可能存储在网络上，然后存储在云端。

所有这些数据都是通过互联网传输的，这可能导致数据泄露。并不是所有传输或接收数据的设备都是安全的。一旦数据泄露，黑客可以将其卖给其他侵犯数据隐私和安全的公司。此外，即使数据没有从用户一方泄露，服务商也可能不遵守法规和法律，这也可能导致安全事故发生。

挑战七：使用海量数据治理

从数据收集和联网的角度来看，物联网设备产生的数据量将因为过高而无法处理。毫无疑问，这需要使用人工智能和自动化数据治理工具来解决。物联网管理员和网络专家将不得不制定新的规则，以便能够很容易地检测到流量模式。然而，使用这些工具会有一点风险，因为在配置时，即使是最轻微的错误也可能导致停机。这对医疗、金融服务、电力和交通运输行业的大型企业至关重要。

挑战八：家庭安全

今天，越来越多的家庭和办公室通过物联网连接变得智能化。大型建筑商和开发商正在用物联网设备为公寓和整栋大楼供电。虽然家庭自动化是一件好事，但并不是每个人都知道物联网安全的最佳实践。

一旦 IP 地址被暴露，将会导致用户的住宅地址和其他联系方式也被暴露。攻击者或相关方可以将此信息用于不良目的。这使得智能家居面临潜在的风险。

挑战九：自动驾驶车辆的安全

就像家庭一样，自动驾驶汽车或使用物联网服务的汽车也面临风险。智能汽车可能被黑客劫持，一旦他们攻击系统，就可以控制汽车，这对乘客来说是非常危险的。

毫无疑问，物联网是一项应该被称为"福利"的技术。但由于它把所有的东西都连接到互联网上，这些东西很容易受到某种安全威胁。大公司和网络安全研究人员正竭尽全力为消费者打造完美的产品，但仍有很多工作要做。

（来源：CSDN 资讯）

【知识巩固】

1. 单项选择题

（1）在通信系统中，被加密的信息称为（　　）。
　A. 密码　　　　　　B. 明文　　　　　　C. 密文　　　　　　D. 密钥

（2）（　　）是一种将各种系统结合在一起的网络，可以远程控制受害者的系统并分发恶意软件。
　A. 流氓软件　　　　B. 僵尸网络　　　　C. 黑客软件　　　　D. 病毒

（3）DDoS 是（　　）。
　A. 分布式拒绝服务　B. DOS 系统　　　　C. 中间人　　　　　D. 恶意服务

（4）物联网安全威胁中的中间人简称（　　）。
　A. DDoS　　　　　B. MITM　　　　　　C. MMIM　　　　　　D. PII

（5）在物联网安全威胁中黑客是利用（　　）来操纵人们的敏感信息。
　A. 电子标签技术　　B. 社会工程　　　　C. 高持续性威胁　　D. 纳米技术

（6）各种组织的主要安全问题是（　　）。
　A. API　　　　　　B. APT　　　　　　C. MITM　　　　　　D. DDoS

（7）物联网安全体系结构不包括（　　）。
　A. 感知层　　　　　B. 网络层　　　　　C. 应用层　　　　　D. 会话层

（8）以下不是信息安全主要威胁的是（　　）。
　A. 信息泄露　　　　B. 信息传输　　　　C. 非授权访问　　　D. 计算机病毒

（9）默认密码可能会导致（　　）攻击。
　A. 黑客　　　　　　B. 僵尸网络　　　　C. 智能处理　　　　D. 互联网

（10）物联网云平台本质是一个平台即服务，简称为（　　）。
　A. PaaS　　　　　　B. IaaS　　　　　　C. BaaS　　　　　　D. Paos

2. 多项选择题

（1）信息安全的属性包括（　　）。
　A. 保密性　　　　　B. 完整性　　　　　C. 可用性　　　　　D. 不可抵赖性

（2）信息系统主要是指（　　）受到保护。
　A. 硬件　　　　　　B. 人　　　　　　　C. 数据　　　　　　D. 物理环境

（3）业务流分析主要是通过对系统进行长期监听，分析（　　）参数来发现有价值的信息和规律。
　A. 通信频度　　　　B. 信息流向　　　　C. 通信总量的变化　D. 通信对象

（4）密码学具有（　　）等功能。
　A. 加密　　　　　　B. 身份认证　　　　C. 消息认证　　　　D. 数字签名

（5）服务器提供的安全服务功能分为以下（　　）3 块。
　A. 信息安全服务　　B. 系统安全服务　　C. 物联网服务　　　D. 访问授权服务

3. 简答题

（1）信息安全具有哪些属性？

（2）物联网主要遭受哪些安全威胁？

（3）物联网安全层次模型包括哪些层，每一层可能遭遇哪些威胁？

（4）针对物联网面临的各种安全威胁，可以采取哪些安全实施策略？

【拓展实训】

请以4～6人为一组，以小组为单位开展以下活动。

活动1：小组内开展头脑风暴或者小组讨论，主题为在当今的全屋智慧家庭系统中，物联网主要遭受哪些具体的安全威胁，可以采取哪些安全实施策略？

活动2：针对活动1中的讨论结果，请以小组为单位用思维导图的形式对安全威胁和策略进行总结。

【学习评价】

课程内容	评价标准	配分	自我评价	老师评价
信息安全基础	能叙述信息安全的概念和主要威胁	20分		
密码学基础	能够简单描述密码系统模型	10分		
物联网安全概述	了解物联网的安全威胁	20分		
物联网信息安全层次模型	掌握物联网的安全层次模型	25分		
物联网安全实施策略	了解物联网安全实施策略	25分		
	总分	100分		

模块6
通过智慧医疗认识物联网与前沿技术的关系

06

【学习目标】

1. 知识目标
（1）学习与物联网相关的前沿技术，如云计算、人工智能、大数据等。
（2）学习物联网与各种前沿技术之间的关系。

2. 技能目标
（1）掌握云计算、人工智能、大数据技术的概念及基础。
（2）掌握物联网与各种前沿技术之间的支撑、协作关系。

3. 素质目标
培养与物联网相关前沿技术的基础性信息素养能力。

【思维导图】

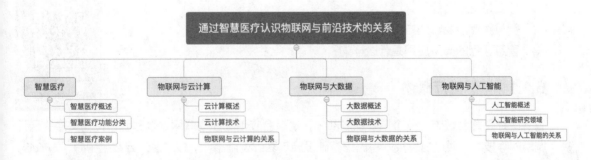

【模块概述】

当前的中国，云计算、数据分析和挖掘、人工智能、物联网等相关技术正在与实体经济加速融合。中国经济的数字化转型对于中国发展为一个成熟、高效、稳健运行的经济体，实现跨越式发展，具有重大意义。

本模块以物联网作为切入点，给大家介绍云计算、大数据、人工智能这 3 个目前频繁出现的前沿技术概念，并讲解物联网与它们的关系。

6.1 智慧医疗

【情景导入】

未来的一天，早晨起床后，你通过卫生间自动完成尿样分析，并将信息传送到医生办公室。随后你站在体重秤上，它能告诉你身体中脂肪占比，告诉你增加或减少了多少重量，提醒你注意医生提出的饮食指示并提供今天的食谱建议。智能语音提醒你该服用今天的药了，它顺便还帮你约了今天下午的医生。

下午，你通过计算机跟医生办公室取得联系，医生通过计算机问诊，同时通过另一个显示屏调阅你的全部病历，你谈了治疗的情况和身体锻炼的情况，医生也看到了你平时的食谱和身体的各项指标。你还告诉医生你感到喉部有些不适。面谈结束后，医生安排你 1h 后去你所在社区的护理站检查。在这 1h 里，医生会查看你的病历，调阅其他有类似病史的患者病历，并通过计算机浏览最新的相关研究成果。

1h 后，你如约来到社区护理站，护士通过计算机与医生取得联系后，将数字式听诊器放在你胸前，医生通过该听诊器在自己的终端上远程听诊。随后，护士将小型摄像机送进你口中，这样医生就能看到你的喉部了。医生向药店传送处方，药将会在 1h 后送到你家里。

上述的场景其实离我们已经不远，我们的医疗场景正在快速地变化。那么，智慧医疗是什么样的？它又具体涉及哪些功能？让我们一起来学习。

【思考】

（1）什么是智慧医疗？

（2）智慧医疗涉及哪些方面的功能？

（3）智慧医疗的典型应用是什么样的？

V6-1 智慧医疗
概述与功能分类

6.1.1 智慧医疗概述

智慧医疗是智慧城市的一个重要组成部分，是综合应用医疗物联网、数据融合传输交换、云计算、城域网等技术，通过信息技术将医疗基础设施与基础设施融合，以"医疗云数据中心"为核心，跨越原有医疗系统的时空限制，并在此基础上进行智能决策，实现医疗服务最优化的医疗体系。

智慧医疗将个体、器械、机构整合为一个整体，将病患人员、医务人员、保险公司、研究人员等紧密联系起来，实现业务协同，增加社会、机构、个人的三重效益。同时，通过移动通信、移动互联网等技术将远程挂号、在线咨询、在线支付等医疗服务推送到每个人的手中，使看病更加方便。

随着人均寿命的延长、出生率的下降和人们对健康的日益关注，现代社会人们需要更好的医疗系统。这样，远程医疗、电子医疗（E-Health）就显得非常急需。借助物联网/云计算技术、人工智能的专家系统、嵌入式系统的智能化设备，可以构建起完善的物联网医疗体系，使全民平等地享受顶级的医疗服务，解决或减少由于医疗资源缺乏导致的看病难、医患关系紧张、事故频发等问题。

早在 2004 年，物联网技术便应用于医疗行业，当时美国食品药品监督管理局（Food and Drug Administration，FDA）采取大量实际行动促进 RFID 的实施和推广，政府相关机构通过立法，规范 RFID 技术在药物的运输、销售、防伪、追踪体系中的应用。美国医院采用基于 RFID 技术的新生儿管理系统，利用 RFID 电子标签和阅读器，确保新生儿和儿科病人的安全。2008 年底，IBM 提出了"智慧医疗"概念，设想把物联网技术充分应用到医疗领域，实现医疗信息互联、共享协作、临床创新、诊断科学以及公共卫生预防等。

6.1.2　智慧医疗功能分类

1. 健康监护

个人和家庭成员的健康问题已成为人们日益关心的问题，物联网传感器等技术不断向着精准化、小型化、便利化的方向进步，个人和家庭的健康监护已经逐渐成为智慧医疗中非常重要的部分，各类智能健康监护系统已经在为各种慢性病患者和亚健康人群提供服务。

医疗传感器节点被用来测量各种人体生理指标，比如心电、心率、体温、血压、脉搏、血糖和血氧等，传感器还可以对某些医疗设备的状况或者治疗过程情况进行动态监测，所获得的数据信息通过无线通信的方式被传输到健康监护网关。受监护家庭或病房的网络设备可以对收到的传感器数据信息进行保存和处理，并将数据显示在该设备的液晶显示屏（Liquid Crystal Display，LCD）上，也可以根据需要选择采用多种方式进行远程数据传输通信，比如通过和 PC 连接的 USB 口，或通过 3G 接入远程以太网的方式接入远程网络，传送到远程端的信息将由远程端的监护中心或者医院管理中心的专业医疗人员进行统计与分析，并及时对患者进行信息反馈，提出忠告和建议等。

2. 远程医疗

由于医疗资源具有配置不合理、分布不均衡的特点，远程医疗具有信息成本低廉、受众面广、不受时间和空间限制的优势，可跨越时间和地域造成的阻碍，使得更多的患者能够享有稀缺的医疗资源，从而实现医疗资源合理配置的目的。从广义上讲，远程医疗包括远程诊断、远程会诊、远程监护、远程手术、远程咨询、远程教育和远程信息服务等医学活动；从狭义上讲，远程医疗包括远程影像学、远程诊断与会诊，以及远程护理等医疗活动。

远程医疗基于电子健康档案及远程网络，提供远程诊断、远程会诊、远程教学等服务。实现多个医疗机构的医生在异地利用网络技术、多媒体技术和信息技术等科技手段与患者进行视频、语音交流，完成病例资料调阅等工作，为患者提供诊断和治疗服务，或者利用医学专家资源为学员开展远程教学。

3. 智能急救

当今，自然灾害、城市突发事件等的应急急救体系对信息化提出了更高的要求，智能急救可实现更及时、更准确、更有效的急救服务。针对突发情况下分散、随机、复杂的场景中对患者进行精确定位，并实现远程体征病情监测，从而在第一时间实施救治是智慧医疗急救中的主要目标。运用移动通信和物联网技术，急救医疗机构、救灾部队等应急服务机构，可以充分利用各种传感器和信息采集设备等新兴技术设备来实时监测伤员的血压、体温、心率和体位等各种生命体征参数，并结合精确的地理位置信息和高清图像视频信息，通过 4G、5G、Wi-Fi、互联网和专网等多种接入方式，借助具有一定安全保障的传输网络，将地理位置信息、体征监测信息和视频图像信息的多元化信息流发送至急救监护调度中心。调度中心服务器在收集伤员体征监测、位置和图像信息的基础上，结合医疗专家知识库或通过医生的实时参与，对以上信息进行融合、判断，制定出医疗急救方案，做出相应的远程急救干预等操作。如此构建起的智能急救监护业务系统可应用于消防、灾害急救和社会医院等急救服务机构，从而形成医院、急救中心、社区家庭/个人三位一体的急救业务模式。

4．药品监控

药品是特殊商品，药品安全问题尤其重要。RFID 技术应用于医疗行业，可以对药品进行跟踪检查。在药品追溯方面，利用物联网技术可以对流通过程中单个药品唯一的身份进行标识和追踪，及时、准确地采集与共享药品信息，有效解决药品流通中存在的安全、成本和管理等问题；在药品防伪方面，应用 RFID 技术，把符合 EPC 标准的标签贴于药品的包装瓶上，能实现药品流向追踪、防伪等功能；在服药追踪方面，应用传感器可以收集患者服药后的各项生命体征数据，便于收集信息和采取措施。

6.1.3 智慧医疗案例

1．移动医护

随着信息化技术的发展，医疗行业的竞争日趋激烈，医院之间的竞争已经从医疗技术、设备条件的竞争转移到医院工作效率和管理水平的竞争，如何提升医院的管理水平和医护人员的工作效率，成为许多医院争相解决的难题。

V6-2 智慧医疗案例

移动医护系统是基于物联网、云计算、大数据分析、智能识别等技术，融合智能护士 PDA、移动护理软件、医用平板、移动医生软件、移动护士工作站的整体医护解决方案。移动医护系统以移动网络技术为载体，依托医院现有医院信息系统（Hospital Information System，HIS），通过移动护理 App，将医护业务整合延伸到移动手持终端，形成一个实时、动态的工作平台。医护人员通过手持终端随时随地采集、查询、核对、录入医嘱信息或患者信息，利用无线网络进行信息的传输或共享，方便快捷、安全可靠。

移动医护系统（见图 6-1）通过 Wi-Fi 和 4G 网络，无缝对接 HIS、电子病历（Electronic Medical Record，EMR）系统等，通过蓝牙通信，对接其他医疗测量诊断设备。

通过护士 PDA 终端扫描识别患者腕带及药品等手段，可保证临床信息处理的准确性和时效性，实现了病人信息的采集、医嘱执行等操作。将护理信息系统的工作范围，以 Wi-Fi 或 4G 的方式延伸到病人床旁，实现移动护理。

通过医疗平板，医生可以查看病人信息、电子病历、检查检验单等，也可移动观片、下达医嘱等，保证临床处理的时效性。

通过移动医护管理平台（见图 6-2）实现病人管理、科室排班、事件上报、档案记录、权限管理等功能。

移动医护信息系统的使用，在管理上有效衔接了各个工作环节，降低了医院运营成本，避免了重复工作，提高了工作效率，减少了差错产生。同时通过详细记录医护人员的工作量，提高医护人员工作积极性；通过规范和详细记录作业流程，减少该环节的医疗差错；通过改善患者体验，提升医院形象。

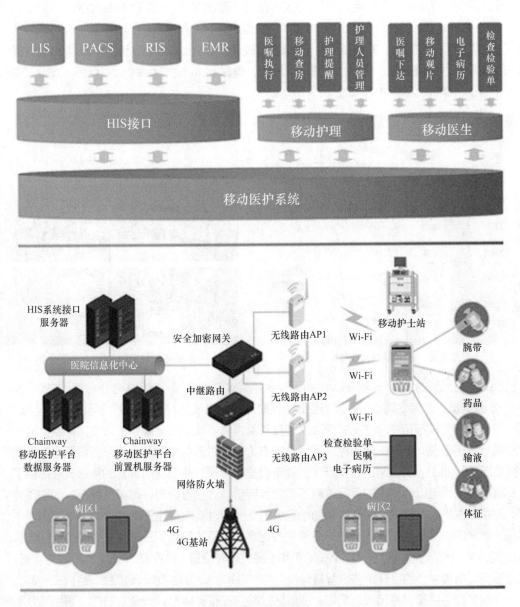

图6-1　移动医护系统

2. 智慧医院

多伦多 Humber River 医院位于加拿大多伦多西北部，是一家公立综合医院，建筑面积 15.8 万平方米，共有床位 656 张。院方的建设愿景是清洁、绿色和数字化，通过应用最新技术，全面提升病患护理体验，同时提高医院运行效率、准确性、可靠性和安全性。

多伦多 Humber River 医院被誉为"北美第一家全方位数字化医院"，该院在智能化建设方面的特点可以用 3 个词来概括：有思维、能感知、可执行。

（1）"有思维"的指挥中心

Humber River 医院为超过 85 万人口提供综合性的门/急诊治疗和住院医疗服务，业务异常繁忙，对设备管理及资源调配提出巨大挑战。医院借鉴了美国国家航空航天局（National Aeronautics and Space Administration，NASA）的指挥中心理念（在火箭发射过程中，集中监控各类天气、运行状态、影像等相关数据，并对随时可能来临的突发事件做出及时响应和资源调整），通过集成平台集中监视和管理海量设备、物流、人流、信息流，确保 Humber River 医院有序、安全、高效地运转。智慧医院集成化指挥中心如图 6-3 所示。

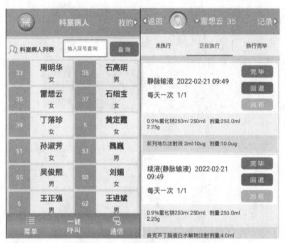

图 6-2 移动医护管理平台

图 6-3 智慧医院集成化指挥中心

就像人类有思维的大脑一样，Humber River 医院"有思维"的指挥中心也分为"左脑"和"右脑"：一方面侧重于建筑设施及后勤服务管理，实时感知院内设施及后勤服务的运行状态，通过分析判断，进行自动化执行和资源调配，保障医院具备像人体一样的"健康"生命支撑体系；另一方面侧重于医疗服务管理，感知主要医疗服务区域的态势，实时协调和调配诊疗服务资源，使医院表现出"智慧行为"。此外，其日常运行所产生的海量数据和记录为整个医院运营的持续改进提供了分析和优化基础，从而可以让医院的运行过程不断自我完善。对患者而言，可减少等待时间和改善护理体验；对临床医护人员来说，则可以帮助他们腾出更多的时间来专注于患者。

Humber River 医院实现这一统一思维的基础是"智慧的整合"——该医院除传统弱电集成及信息化集成外，还通过中间件在 14 个关键系统（涵盖设施设备、诊疗及 IT 等）之间建立了超过 15 项集成应用。指挥中心的目标是将"智慧科技"与"感知到的数据和知识/流程"结合在一起，为医院运营及服务提供决策支持和应急响应，战胜困扰医院在服务能力、安全、舒适、质量和效率等方面的挑战。

（2）"能感知"的护理中心

Humber River 医院的建设理念之一是彻底重造病患护理，而支撑其实现的基础，除"有思维的大脑"外，更需要遍布院内的有感知能力的智能化应用（用于感知设备、空间、人的状态等）。以 RTLS 技术为例，该医院的室内定位标签总规划容量高达 27000 个，是目前世界上最大的医院室内定位应用之一（截至目前已经使用了 1000 个以上的资产定位标签及 8000 个人员定位标签）。借助 RTLS 感知能力，当佩戴有定位功能工牌的医护人员进入任何病房时，病房位置及进入的时间信息等就会传输至中央护士站进行记录，从而实现所有医护路径的可追溯以及医疗资源优化管理，如图6-4所示。此外，结合智能病床的感知能力，当有跌倒风险的患者试图离床（例如独立前往洗手间等），报警信号就会自动发往距离最近的护理人员或护士呼叫移动终端，提示护理人员或护士立即做出反应协助有跌倒风险的患者。正是这样众多能感知的智能化设备、系统间的集成与联动，才真正实现了智慧医院的主动响应和持续优化，切实提升了医护效率，减少了医疗差错。

图6-4　以集成化床边终端为中心的智能病房

同时，智慧医院也应该是能被感知的。在病房内，Humber River 医院安装了带有摇臂的触摸式集成化床边终端，作为智能病房的统一交互界面，能够同时为患者及医护人员服务。患者可以通过此终端与医护人员及医院进行交互，例如环境控制、呼叫医护人员、在 EMR 膳食建议范围内点餐、播放娱乐及教育节目、了解医院及医护人员信息、获取服药提醒等功能；医护人员可以通过此终端随时访问病历信息、病人体征信息、输入更新检查检验结果、进行药品输液扫码等，辅助日常护理工作。

此外，在病房门口的显示屏中展示了患者的过敏、感染控制、跌倒风险及手部卫生等信息，提醒医护及访客进入病房前需采取相应措施，而这些数据将随着患者的入院、治疗推进、出院而自动更新。

（3）"可执行"的高效运营

拥有思维、能够感知的智慧医院，还需要自动化执行来保证智慧行为的正确性和精准性，我们称之为"可执行"。例如 Humber River 医院中的配药系统会根据医嘱系统自动进行配药，并按照病区位置由自动导引车（Automated Guided Vehicle，AGV）送至各病区；病区分药站可以通过 RFID 药品检查系统，辅助检查配药盘中药品的正确性（最快每秒检查 150 项药品）；加上集成化床边终端的扫码及 EMR 比对，可以在高效率运作下保证最低的用药差错率。

类似的自动化流程也被使用在护理检验环节——患者日常采血检验通过扫码检验、气动物流、实验室自动分配、检验结果电子传递等一系列自动化流程，从检验到结果递交的时间将由原来的 3h

缩短至 1h。

以上只是 Humber River 医院中的部分智慧元素举例，事实上有思维（具有针对运营目标的思维判断和辅助决策）、能感知（能够感知环境态势变化，同时可被用户感知）、可执行（自动化或半自动化执行保证智慧行为的正确性和精准性）是密不可分的，贯穿于整个医院的运营之中，只有将 3 部分结合才能够真正实现智慧医院"物联运维"。

对于"智慧医院"的理解其实来源于"人体构成"与"医院构成"的对比。人体作为智慧载体，包括智慧的源泉（大脑）、智慧的外在表现形式（骨骼形态、肌肉、皮肤等），以及智慧生命支撑体系（血液循环、呼吸系统、肠胃代谢等），并通过神经网络将这些生理和心理器官、系统有机地连接成为一个智慧整体。

同样，智慧医院也像人体一样由各个部件构成。信息化 IT 系统扮演着"大脑"的角色，作为智慧的源泉，对医疗服务及业务流程起到核心指导作用。智慧医院外在表现为各种医疗服务（"肌肉皮肤"），并依附于医疗功能及医疗工艺流程（"骨骼形态"）设置。智慧医院的存在同样需要众多内在支撑体系，能源动力相当于人体的"血液循环"；暖通空调相当于的"呼吸系统"；物流医废管理相当于"肠胃代谢"等。人体通过神经网络将各个生理和心理器官、系统有机地连接成为一个智慧整体；智慧医院同样可以有目的地连接、协调和平衡各个设备、系统的"神经系统"，我们称之为"物联运维"（以物联技术为基础、以运营维护为目标），它使得医院成为一个智慧整体。

6.1.4　拓展知识：你不知道的医学界"黑科技"

1. 达芬奇机器人手术系统

达芬奇机器人手术系统是以美国麻省理工学院研发的机器人外科手术技术为基础，与 IBM、Heartport 公司进一步联合开发的智能机器人，通过微创的方法，实施复杂的外科手术。目前，美国 FDA 已经批准将达芬奇机器人手术系统用于成人和儿童的普通外科、胸外科、泌尿外科、妇产科、头颈外科以及心脏手术。而我国，许多大型三甲医院都已经开展了达芬奇机器人手术，比如成都的华西医院，先后共成功开展普外胃肠外科及胆囊外科手术、泌尿外科手术、胸外科手术等。但是，这个机器人必须在主刀医生的操控下进行手术，主刀医生坐在控制台中，位于手术室无菌区之外，使用双手（通过操作两个主控制器）及脚（通过脚踏板）来控制器械和一个三维高清内窥镜。

2. Google 深度学习算法检测癌症

病理诊断是疾病诊断的"金标准"，患者后续的治疗都需要在病理诊断的指导下进行，特别是肿瘤，所以病理医生被称为医生中的医生。但是，病理医生的培养是一个漫长的过程，病理诊断主观性很强，与医生的经验水平有很大关系，不同病理学家对同一患者给出的诊断结果，可能存在实质性的差异，造成误诊。

为了解决这个问题，Google 研究院创建了一个自动检测算法，发现在乳腺癌转移定位中，这个算法表现相当不错。该算法的定位得分达到 89%，明显超过病理学家，病理学家的得分仅为 73%。但是，这个算法目前还处于科研阶段，从临床验证到监管批准，还有很多困难需要克服。

3. 胶囊体温计

体温是衡量身体健康的一个重要指标，也是判断疾病预后的一个重要因子。平时我们多采用口腔温度、直肠温度和腋窝温度测量体温，这 3 种方式测出的体温多为体表温度，存在一定的偏差，且仅测出一个实时温度，不能准确反映出温度的变化。

英国医院开始启用一种可以吞咽的迷你智能体温计，更精确监控患者体温。它大小如同一粒普通药丸，患者吞下后，体温计经过消化道，通过内置传感器探测体温，每隔 30s 向手持监控设备发送体温信息。体温计通常在 1~3 天后排出体外。这款智能体温计的测量范围为 25℃ 至 45℃。医生可以提前设置"警戒线"，一旦患者体温越界，体温计会发送警报，显示在监控器上。有助于改善对患者的护理，让医护人员在患者病情加重前获得"预警"，从而挽救患者生命。

（来源：健康界，有删改）

6.2 物联网与云计算

【情景导入】

物联网本质上是物物相连的互联网。互联网是物联网的基础，也是核心，在互联网的基础上，将用户端不断延伸到物物之间。物联网业务量逐渐增加，从而对数据存储、分析计算的能力提出更高要求，由此便有了云计算技术的快速发展。

作为 IT 业界的两大焦点，其实云计算、物联网两者之间区别比较大，不过它们也是相互关联、相互依赖的，首先通过物联网技术采集到海量数据，然后云计算对海量数据进行智能分析和处理。其中云计算是物联网发展的基石，同时物联网作为云计算的用户，物联网又不断推动云计算的发展。

在云计算技术的支持下，物联网的数据分析处理能力不断增强，技术不断完善。由此可见，物联网与云计算关系非常密切，它们相辅相成，相互影响。

【思考】

（1）云计算与物联网有什么关系？为什么在本书中需要了解云计算？

（2）什么是云计算？如果没有物联网，云计算会怎么样？如果没有云计算，物联网会怎么样？

6.2.1 云计算概述

V6-3 云计算
概述

云计算（Cloud Computing）的概念最早在 1963 年被提出，直到 2007 年左右，云计算才开始兴盛。随着互联网的发展，1995 年，埃里森宣布个人计算机（Personal Computer，PC）已死，取而代之的将是互联网计算机（Network Computer，NC），甲骨文研发的这个"互联网计算机"没有硬盘，软件在网络上运行，无须下载软件，所有数据和程序存储在远端服务器的数据库中，它不需要安装操作系统。这个"互联网计算机"其实就是云计算的另一个雏形。当时的网速慢，且网络不普及，根本无法支撑线上操作。同时，云端并没有提供 Microsoft Office 一类的普遍应用，加之后来 PC 降价，导致"互联网计算机"经过两年试验后，最终宣告失败。

直到 2006 年，Google、亚马逊和 IBM 先后提出了云端应用，才使得云计算的概念重回人们视野。2006 年 3 月，亚马逊推出弹性计算云（Elastic Compute Cloud，EC2）服务。2006 年 8 月 9 日，Google 首席执行官埃里克·施密特（Eric Schmidt）在搜索引擎大会首次提出"云计算"

的概念。Google"云端计算"源于 Google 工程师克里斯托弗·比希利亚所做的"Google101"项目。2007 年 10 月，Google 与 IBM 开始在美国大学校园推广云计算的计划。2008 年 2 月 1 日，IBM 宣布将在中国无锡太湖新城科教产业园为中国的软件公司建立全球第一个云计算中心（Cloud Computing Center）。2009 年 1 月，阿里软件在江苏南京建立首个"电子商务云计算中心"。同年 11 月，中国移动云计算平台"大云"计划启动。到现在，云计算已经发展到较为成熟的阶段。

　　云计算是分布式算法的一种，如图 6-5 所示，是将相当巨大量的数据通过网络中的"云"计算处理程序（包含储存、计算、虚拟化等）分解成多个小程序。然后，通过网络中的服务器组成的系统对其进行分析和处理，将得到的结果返回给用户。早期的云计算就是简单的分布式计算，解决任务分发、结果合并等，可以在很短的时间内（几秒）完成对数以万计的数据的处理，从而提供强大的网络计算服务。

图 6-5　云计算

　　现阶段所说的云服务已经不单单是一种分布式计算，而是分布式计算、效用计算、负载均衡、并行计算、网络存储、热备份冗杂和虚拟化等计算机技术混合演进并跃升的结果，是基于互联网相关服务的叠加、使用和交付，云计算可以将虚拟的资源通过互联网提供给每一个有需求的客户，从而实现拓展数据处理。

　　通俗的理解是，云计算的"云"就是指存在于互联网上的服务器集群上的资源，包括硬件资源（服务器、存储器、CPU 等）和软件资源（应用软件、集成开发环境等），所有的处理都由云计算提供商所提供的计算机群来完成。云计算通过互联网来提供动态易扩展、可配置的，且经常是虚拟化的资源（资源包括网络、服务器、存储、应用软件、服务）共享池，这些资源能够被快速提供，只需投入很少的管理工作，或与服务供应商进行很少的交互。

6.2.2　云计算技术

大多数情况下，云计算可以划分为云储存和云计算两个层次，所以云计算最关键的能力是数据存储能力（云储存）和分布式计算能力（云计算）。在实际的计算工作处理过程中，计算机会主动将计算进行拆分，利用虚拟的资源库的分布式模型进行计算，对分析统计后的数据信息进行整理和存储。云计算技术主要包括虚拟化技术、云计算构架技术、资源调度技术以及并行计算技术。

1. 虚拟化技术

所谓虚拟化技术则是将物理上的资源汇集起来，然后进行统一的表示，包括服务器虚拟化、存储虚拟化和网络虚拟化等。大多数的计算机组件都不是在硬件上运行的，而是虚拟运行的。通过虚拟的运行不但可以节约资源、提高利用率，还具有多变性，能够根据用户的不同需求进行不同的响应。虚拟化运行一般都是在"云"基础上进行的，利用底层的服务与应用程序来实现相关功能。虚拟化技术同样也应用在 CPU、操作系统和服务器等方面。网络虚拟化技术的应用能够进一步改善云计算的工作效率和效果。

对虚拟化技术而言，其是云存储和云计算服务的关键与基础。虚拟化技术将原先运行于真实环境或业态中的组件和计算机系统，以一种合理、高效的方式，移植或融入带有虚拟化的各类环境中。因此，在下层环境中，上层不会直接运行，而是在有虚拟化成分的环境层中运行。虚拟化层以一种比较稳妥的方式，消除上、下两层之间的耦合关系，使上层在运行方面不会对下层产生依赖。通过虚拟化处理，不仅能够整合服务，而且能节省开销，实现资源的最大化利用。

2. 云计算构架技术

云计算构架技术用于研究适合于云计算的系统软硬件构架。云计算构架主要有显示层、中间层、基础设施层以及管理层 4 个层面的构架。由包含账号管理、服务等级协定（Service Level Agreement，SLA）监控、计费管理、安全管理、负载均衡、运维管理 6 种技术的管理层去更好地管理和维护横向的显示层、中间层以及基础设施层 3 层架构。云计算各层架构如图 6-6 所示。

图 6-6　云计算各层架构

3. 资源调度技术

资源调度技术解决物理或虚拟计算资源的自动化分配、调度、配置、使用、负载均衡、回收等资源管理问题。信息系统仿真在大多数情况下会处在多节点并发执行环境中，要保证系统状态的正确性，必须保证分布数据的一致性。云计算中的分布式资源管理技术可圆满解决这一问题。Google公司的 Chubby 是十分著名的分布式资源管理系统，该系统实现了 Chubby 服务锁机制，使得解决分布一致性问题不再仅仅依赖一个协议或者是一个算法，而是有了一个统一的服务。

4. 并行计算技术

针对大数据或复杂计算应用，解决数据或计算任务切分和并行计算算法设计问题，云计算采用并行编程模式。在并行编程模式下，并发处理、容错、数据分布、负载均衡等细节都被抽象到一个函数库中，通过统一接口，用户大尺度的计算任务被自动并发和分布执行，即将一个任务自动分成多个子任务，并行地处理海量数据。

6.2.3　物联网与云计算的关系

"物联网"与"云计算"这两个名词经常一起出现，会让大家觉得这两种技术的关系很紧密。有的地方一提到物联网就想到传感器的制造和物联信息系统。其实云计算和物联网两者之间本没有什么特殊的关系，物联网只是云计算平台的一个普通应用，物联网和云计算之间是应用与平台的关系。物联网的发展依赖于云计算系统的完善，从而为海量物联信息的处理和整合提供可能的平台条件，云计算的数据处理和管理能力将有效地解决海量物联信息存储和处理问题。没有云计算平台支持的物联网其实价值并不大，因为小范围传感器信息的处理和数据整合是早就有了的技术，如工控领域的大量系统都是这样的模式，没有被广泛整合的传感器系统是不能被准确地称为物联网的。所以云计算技术对物联网技术的发展有着决定性的作用，没有统一数据管理的物联网系统将丧失其真正的优势，物物相联的范围是十分广阔的，可能是高速运动的列车、汽车，甚至是飞机，当然也可能是家中静止的电视、空调、茶杯，任何小范围的物物相联都不能被称为真正的物联网。

同时对于云计算平台来说物联网并不是特殊的应用，只是其所支持的所有应用中的一种而已。云计算平台对待物联网系统与对待其他应用是完全一样的，并没有任何区别，因为云计算并不关心应用是什么。

对于物联网技术来说它需要解决的核心问题是：云计算平台的成熟和传感器技术的发展。有些地方仓促推出物联网项目，不考虑其核心问题的解决，将会使物联网技术陷入困境。当然对于一些行业性的、区域性的物联网项目，还是值得根据实际情况去做一些尝试的，这样既能满足现在的需要也能为今后的全面数据整合提供有益的经验。

6.2.4　拓展知识：我国云计算市场的"四朵云"

国际分析机构 Canalys 发布的"2021 年中国云计算市场报告"显示，中国的云基础设施市场规模已达 274 亿美元，由阿里云、华为云、腾讯云和百度智能云组成的"中国四朵云"占据 80% 的中国云计算市场，稳居主导地位。

近年来，我国数字经济建设取得巨大成就。作为新型基础设施的重要组成部分，云计算市场空间将越来越大，技术创新和产业发展步伐不断加快，服务模式更加多元化。随着云网融合、云边协同逐步推进，云计算的应用广度、深度持续拓展，将在推动经济发展质量变革、效率变革、动力变革等方面发挥重要作用。

我国云计算产业近年来年增速超过 30%，是全球增速最快的市场之一。远程办公、在线教育、网络会议等需求的爆发式增多，推动了云计算市场快速发展。艾媒咨询最新发布的报告显示，2021年我国云计算市场规模已超 2300 亿元，预计 2023 年将突破 3000 亿元。

云计算技术快速发展。目前，国内云计算骨干企业在大规模并发处理、海量数据存储等关键核心技术和容器、微服务等新兴领域不断取得突破，部分指标已达到国际先进水平。比如，12306 铁路购票网站通过部署混合云将查询业务分担到云端，在保证本地数据安全的同时，支撑起春运期间最高每秒 40 万次的查询需求。

云计算应用场景不断拓展。随着政务云、金融云、能源云、交通云广泛普及，政府和企业上云比例和应用深度大幅度提升。比如，在政务领域，全国超九成省级行政区和七成地市级行政区均已建成或正在建设政务云平台。

目前"四朵云"侧重领域各有不同。阿里云在国内起步最早，起初主要应用于阿里的电商平台，近年来不断推出和升级了多款自研产品和技术，已建立起从底层数据中心到上层产品解决方案的整套云架构。华为云具备软硬件集成交付能力，在政务云和私有云领域始终保持领先地位，并不断扩大互联网企业的客户群。腾讯云基于在社交、游戏、视频和金融等方面的业务积累和经验，主要深耕音视频直播、文娱游戏行业，并在金融云市场位居前列。百度智能云将 AI 技术与云基础设施服务结合，聚焦智能服务突出差异化，着眼于"云智一体"的技术和产品，在制造、金融、能源等领域积极实践。

云计算的市场格局正发生深刻变化，除了"四朵云"，电信运营商、金山等云服务商也在加大投入，推动市场竞争日趋激烈。

6.3 物联网与大数据

【情景导入】

由于遍布全球的众多传感器和智能设备，物联网引发了数据或大数据的"淹没"。只有大数据技术和框架才能处理这样庞大的数据量，这些数据量可以传输各种类型的信息。物联网的数量增长越多，就需要更多的大数据技术。在这个领域内，机构需要将重点转移到实时易于访问的丰富数据上。这些数据会影响客户群，并可通过挖掘产生有意义的结论。来自传感器的数据需要进行各种方式的处理，以便实时发现和理解，以推进业务目标。现有的大数据技术可以有效利用传入的传感器数据，将其存储起来，并使用人工智能进行高效分析。实际上，对于物联网处理，大数据是"燃料"而人工智能是"大脑"。

【思考】

（1）大数据与物联网有什么关系？为什么在本书中需要学习了解大数据？

（2）什么是大数据？如果没有物联网，大数据会怎么样？如果没有大数据，物联网会怎么样？

6.3.1 大数据概述

V6-5 大数据概述与大数据技术

近年来，计算机技术与信息技术得到突飞猛进的发展，涉及的领域逐年扩大，更多维度地影响着人们的学习与生活。计算机技术与信息技术行业系统规模越来越大，给该行业所产生的数据带来爆炸性增长，数据规模从之前的 KB、MB 和 GB 直接上升到数百 TB 甚至是数十、数百 PB。

大数据（Big Data）是一个宽泛的概念，对其定义也不尽相同。单单从字面表达的意思来看，大数据指的是数据量规模很大的数据集合。大数据这一概念来源已久。维基百科对大数据的定义是：大数据是具有很大规模的、超过传统意义上数据量的数据集合。处理这种大规模的数据量，单单使用当前的主流软件工具是很难在短时间内做到的。《大数据》一书的作者涂子沛认为大数据指的是"那些海量数据和全面的综合数据。庞大的数量超出了传统规模，传统的软件工具难以捕获、存储、分析和处理。整体而言，它的数据集具有完整的记录和过程，用于生成和开发事物"。美国国家标准与技术研究院（National Institute of Standards and Technology，NIST）认为："大数据具有大规模、快速增长率（Velocity）和各种多样性（Variety），需要一个可扩展体系结构来有效存储、分析和处理的广泛的数据集。"著名咨询公司迈肯锡全球研究机构认为："大数据是一种超出传统数据库软件工具收集、存储、管理和分析能力的数据集。"这样的观点给予大数据规模之大的特点。著名 Gartner 公司分析认为，"从某种意义上说，大数据是一种信息资产，需要新的处理模型才能拥有更强的决策能力，洞察发现能力以及利用大规模、高增长和多样化信息资产的流程优化能力。从对象的角度来看，大数据是一种超出典型数据库软件管理、收集、存储等的大型数据集，从技术角度来看，大数据集成了各种有价值的信息技术；在应用程序级别，大数据是特定集成大数据技术的宝贵信息。"

上述几个定义都突出了大数据的"大"，这是大数据的一个重要特征。但并不是一定要超过特定 TB 值的数据集合才是大数据。对大数据真正本质的认识应忽略大数据具有的"大"的表面特征，认识到大数据代表的是一种全新思维方式和世界观，这种思维方式与世界观不同于传统，是以被数据化的、数据的角度去认识世界、改造世界。

1. 大数据产生：Big Data 名词由来

通过检索，有记录最早以"Big Data"为题公开发表文章的是 I.拉克希米博士（Dr.I. Lakshmi）在 1930 年 06 月所发表的"A SURVEY ON REVOLUTION OF BIG DATA PROCESS ANALYTICS"。大数据或称巨量资料，指所涉及的资料量规模巨大到无法通过目前主流软件工具，在合理时间内达到撷取、管理、处理，并整理成为有价值的信息。大数据技术，是指从各种各样类型的数据中，快速获得有价值信息的能力。

2. 4V 特征定义

大数据在 IT 领域的应用是所有方面中最早的，主要指的是大量数据的统一体，也指的是在一定时间和阶段内无法通过常规软件和工具进行信息处理。现阶段大数据的理解主要分为两种：其一是大数据可以提高决策力来适应现在的多元化信息社会，其二则认为大数据的数据总规模和处理方式都远远超过了传统模式。

相较于传统的数据，人们将大数据的特征总结为 4 个 V，即体量大（Volume）、速度快

（Velocity）、模态多（Variety）和价值化（Value）。但大数据的主要难点并不在于数据量大，因为通过对计算机系统的扩展可以在一定程度上应对数据量大带来的挑战。其实，大数据真正难以对付的挑战来自数据类型多样、要求及时响应和数据的真实性。因为数据类型多样使得一个应用往往既要处理结构化数据，同时还要处理文本、视频、语音等非结构化数据，这对现有数据库系统来说难以应付；在快速响应方面，在许多应用中时间就是利益；在真实性方面，数据真伪难辨是大数据应用的最大挑战。追求高数据质量是对大数据的一项重要要求，最好的数据清理方法也难以消除某些数据固有的不可预测性。

（1）Volume——体量大

数据集合的规模不断扩大，已从 GB 级到 TB 级再到 PB 级，甚至开始以 EB 和 ZB 来计数。根据信息传播中心（Information Dissemination Center，IDC）做出的估测，数据一直都在以每年 50% 的速度增长，也就是说每两年就增长一倍（大数据摩尔定律）。根据 IDC 分布的《数据时代 2025》预测，全球数据量将从 2018 年的 33ZB 增至 2025 年的 175ZB，增长超过 5 倍；中国平均增速快于全球 3%，预计到 2025 年将增至 48.6ZB，占全球数据量的比例由 23.4% 提升至 27.8%。数据量在不断刷新，逐渐实现由 TB、PB 级别到 EB、ZB 级别的飞跃，如表 6-1 所示。数据量巨大，一方面对存储、管理、利用等方式都提出了挑战，要求研发适应大数据管理的方法和技术；另一方面，若不能好好利用已收集到的数据，那么空有一堆无用的数据，即使数据量再大也不能称为大数据。

表 6-1　数据单位换算关系表

单位	换算关系	单位	换算关系
B（Byte，字节）	1B=8bit	PB（Petabytes，拍字节）	1PB=1024TB
KB（Kilobytes，千字节）	1KB=1024Byte	EB（Exabytes，艾字节）	1EB=1024PB
MB（Megabytes，兆字节）	1MB=1024KB	ZB（Zettabytes，泽字节）	1ZB=1024EB
GB（Gigabytes，吉字节）	1GB=1024MB	YB（Yottabytes，尧字节）	1YB=1024ZB
TB（Trillionbytes，太字节）	1TB=1024GB		

（2）Velocity——速度快

数据产生、分析和处理的速度在持续加快，数据流量大。速度加快的原因主要是数据产生、分析和处理的时效性要求，以及需要将流数据融合到实时业务流程和实时决策过程中。数据处理快速化包含两方面的速度：第一，数据产生和更新的速度快；第二，要求对数据分析和处理的速度快。数据采集、传输、处理的即时快速化，处理方式从批处理转向流处理是大数据应用区别于传统数据应用的重要特征。在大数据的商业应用中，处理数据的效率就是企业的生命，甚至认为达不到秒级，商业价值就会大打折扣。例如，2018 年"双十一"当天，天猫平台的交易量达 2135 亿元，全国网络零售交易额突破 3000 亿元，"双十一"开场仅 2min5s，总交易额超 100 亿元。这样庞大的交易额的背后反映的是交易与支付数据的激增，这就要求企业具有很强的数据处理能力来应对超大规模的数据量。

（3）Variety——模态多

如今，社交网络、物联网、移动计算、在线广告等新的渠道和技术不断涌现，产生大量半结构化或者非结构化数据，如可扩展标记语言（Extensible Markup Language，XML）、邮件、博客、即时消息等，导致了新数据类型的剧增。企业需要整合并分析来自复杂的传统和非传统信息源的数据，包括企业内部和外部的数据。随着传感器、智能设备和社会协同技术的爆炸性增长，数据的类型无法计数，包括：文本、微博、传感器数据、音频、视频、点击流、日志文件等。当前我们利用大数据技术所处理的数据的模态多样化现象相当明显，具体数据类型有：结构化、半结构化和非结构化等。

（4）Value——价值化

大数据由于体量不断加大，单位数据的价值密度在不断降低，然而数据的整体价值在提高。有人甚至将大数据等同于黄金和石油，表示大数据当中蕴含了无限的商业价值，通过对大数据进行处理，找出其中潜在的商业价值，将会产生巨大的商业利润。例如，一些便携医疗设备可以通过人的佩戴产生脉搏、体温、血压等大量数据，医疗中心可以实时监控佩戴人的健康状况，在佩戴者发生危险时可以及时救援。从上述例子可以看出，大数据具有很高的商业价值，但是数据基数大，加之密度低，所以需要从这海量的数据中进行提取、分析，使用有用的数据。

近年来，还有一些学者和业界人士将大数据的特征描述为"5V"，即 Volume（大量数据）、Variety（多样性数据）、Velocity（高速数据流）、Veracity（数据的准确性和可信度）和 Value（数据价值）。其中，"Veracity"指数据的质量和可靠性，这也是大数据的一个重要特征，在人工智能和机器学习等领域中这个特征尤为显著。

无论是 4V 还是 5V，大数据的特征都强调了数据规模、类型、传输速度和价值等方面的重要性，这也反映了当今社会对数据的重视和依赖。对于企业和组织来说，了解大数据的特征和应用，可以更好地应对数据挖掘、业务分析、决策制定等方面的挑战和机遇。

3. 大数据应用

按照数据开发应用深入程度的不同，可将众多的大数据应用分为 3 个层次。

第一层，描述性分析应用，是指从大数据中总结、抽取相关的信息和知识，帮助人们分析发生了什么，并呈现事物的发展历程。如美国的 DOMO 公司从其企业客户的各个信息系统中抽取、整合数据，再以统计图表等可视化形式，将数据蕴含的信息推送给不同岗位的业务人员和管理者，帮助其更好地了解企业现状，进而做出判断和决策。

第二层，预测性分析应用，是指从大数据中分析事物之间的关联关系、发展模式等，并据此对事物发展的趋势进行预测。如微软公司纽约研究院研究员戴维·罗思柴尔德（David Rothschild）通过收集和分析赌博市场、好莱坞证券交易所、社交媒体用户发布的帖子等大量公开数据，建立预测模型，对多届奥斯卡奖项的归属进行预测。2014 年和 2015 年，均准确预测了奥斯卡 24 个奖项中的 21 个，准确率达 87.5%。

第三层，指导性分析应用，是指在前两个层次的基础上，分析不同决策将导致的后果，并对决策进行指导和优化。如无人驾驶汽车分析高精度地图数据和海量的激光雷达、摄像头等传感器的实时感知数据，对车辆不同驾驶行为的后果进行预判，并据此指导车辆的自动驾驶。

作为人口大国和制造大国，我国产生数据的能力极强，大数据资源极为丰富。随着数字中国建设的推进，各行业的数据资源采集、应用能力不断提升，将会导致更快、更多的数据积累。

我国互联网大数据领域发展态势良好，市场化程度较高，一些互联网公司建成了具有国际领先水平的大数据存储与处理平台，并在移动支付、网络征信、电子商务等应用领域取得国际先进甚至领先的重要进展。然而，大数据与实体经济融合还远远不够，行业大数据应用的广度和深度明显不足，生态系统亟待形成和发展。

6.3.2 大数据技术

大数据技术是指大数据的应用技术，主要包括大数据技术平台、大数据处理过程、数据挖掘与可视化 3 个方面的应用技术。

1. 大数据技术平台

为了方便最终用户的使用，将用于解决大数据处理的采集、挖掘、预处理、存储、管理、分析等技术问题的算法和模型进一步封装，形成了比较简单易用的操作平台，即大数据技术平台。

目前大数据技术平台有很多，归纳起来可以按照以下方式进行分类。

（1）从大数据处理的过程来分：包括数据存储、数据挖掘分析以及为完成高效分析挖掘而设计的计算平台，它们完成数据采集、ETL（Extract Transformation Load，抽取、转换、装载）、存储、结构化处理、挖掘、分析、预测、应用等功能。

（2）从大数据处理的数据类型来划分：可以分为针对关系型数据、非关系型数据（图数据、文本数据、网络型数据等）、半结构化数据、混合类型数据处理的技术平台。

（3）从大数据处理的方式来划分：可以分为批量处理、实时处理、综合处理技术平台。其中批量处理是对成批数据进行一次性处理，而实时处理（流处理）对处理的延时有严格的要求，综合处理是指同时具备批量处理和实时处理两种方式。

（4）从平台对数据的部署方式看：可以分为基于内存的、基于磁盘的技术平台。前者在分布式系统内部的数据交换在内存中进行，后者则通过磁盘文件的方式进行。

此外，技术平台还有分布式、集中式之分，云环境和非云环境之分等。阿里云大数据技术平台构建在阿里云云计算基础设施之上，为用户提供了大数据存储、计算能力，大数据分析挖掘以及输出展示等服务，用户可以容易地实现商业智能（Business Intelligence，BI）、人工智能服务，具备一站式数据应用能力。

选择一个合适的大数据技术平台是非常重要的，它能够使大数据应用开发更加容易，让开发人员更集中精力在业务层面的数据分析与处理上。一些共性的基础问题，例如数据如何存储、如何检索、如何统计等，就可以由平台来完成。选择合适的大数据技术平台应当考虑以下因素：①平台的功能与性能；②平台的集成度；③平台是否符合技术发展趋势。

2. 大数据处理过程

大数据的处理过程可以分为大数据采集、大数据存储、结构化处理、隐私保护、大数据挖掘、可视化展示等，如图 6-7 所示。各种领域的大数据应用一般都会涉及这些基本过程，但不同应用可能会有所侧重。对于互联网大数据而言，由于其具有独特完整的大数据特点，除共性技术外，采集技术、结构化处理技术、隐私保护也非常突出。

3. 数据挖掘与可视化

数据挖掘（Data Mining，DM）就是从大量的、不完全的、有噪声的、模糊的、随机的实际应用数据中，提取隐含在其中的、人们事先不知道的、但又是潜在有用的信息和知识的过程。这个定义包括好几层含义：数据源必须是真实的、大量的、含噪声的；发现的是用户感兴趣的知识；发现的知识要可接受、可理解、可运用；并不要求发现任意时刻、任意环境都适用的万能知识或者精确知识，仅支持发现特定的问题。

图6-7 大数据处理过程

大数据引领着新一波的技术革命，大数据查询和分析的实用性和实效性对于人们能否及时获得决策信息非常重要，决定着大数据应用的成败。但产业界面对大数据常常显得束手无策。一是因为数据容量巨大，类型多样，数据分析工具面临性能瓶颈。另一原因在于，数据分析工具通常仅为IT部门熟练使用，缺少简单易用、让业务人员也能轻松上手实现自助自主分析即时获取商业信息的工具。因此，数据可视化技术正逐步成为大数据时代的"显学"。对大数据进行分析以后，为了方便用户理解也需要有效的可视化技术，这其中交互式的展示和超大图的动态化展示值得重点关注。

大数据可视化，不同于传统的信息可视化，面临最大的一个挑战就是规模。如何提出新的可视化方法帮助人们分析大规模、高维度、多来源、动态演化的信息，并辅助人们做出实时的决策，成了这个领域最大的挑战。为了解决这个问题，我们可以依赖的主要手段有两种，即数据转换和视觉转换。现有研究工作主要聚焦在4个方面。

（1）通过对信息流进行压缩或者删除数据中的冗余信息对数据进行简化。

（2）通过设计多尺度、多层次的方法实现信息在不同的解析度上的展示，从而使用户可自主控制展示解析度。

（3）用创新的方法把数据存储在外存，并让用户可以通过交互手段方便地获取相关数据。

（4）提出新的视觉隐喻方法以全新的方式展示数据。

对大数据进行探索和可视化仍然还处在初始阶段，特别是对于动态多维度大数据流的可视化技术还非常匮乏，非常需要扩展现有的可视化算法，研究新的数据转换方法以便能够应对复杂的信息流数据。也需要设计创新的交互方式来对大数据进行可视化交互和辅助决策。

6.3.3 物联网与大数据的关系

V6-6 物联网与大数据的关系

物联网与大数据的关系还是非常紧密的，主要体现在以下几个方面。

（1）物联网为大数据的来源。大数据的数据来源主要有3个方面，分别是物联网、Web系统数据收集和传统信息系统数据收集，其中物联网是大数据的主要数据来源。

（2）大数据是物联网体系的重要组成部分。物联网的体系结构分成6个部分，分别是设备、网

218

络、平台、分析、应用和安全，其中分析部分的主要内容就是大数据分析。大数据分析是大数据完成数据价值化的重要手段之一，目前的分析方式有两种，一种是基于统计学的分析方式，另一种是基于机器学习的分析方式。当大数据与人工智能技术结合之后，智能体就可以把决策通过物联网平台发送到终端，当然决策也可以是人工做出的。

（3）物联网平台的发展进一步整合大数据和人工智能。当前物联网平台的研发正处在发展期，随着相关标准的陆续制定，未来物联网平台将进一步整合大数据和人工智能，物联网未来必然是数据化和智能化的。

6.3.4　拓展知识：截至 2021 年的 32 个物联网的统计数据

物联网的全球繁荣已经不是什么秘密——全球已经部署了约 215 亿台物联网设备。因而产生了巨量的大数据，让我们来看一些有趣的物联网统计数据。

1.　物联网市场统计

- 2020 年物联网市场的估计价值为 7420 亿美元。（IDC）
- 相比之下，2017 年的物联网市场价值为 1000 亿美元。（IDC）
- 到 2025 年，物联网市场的价值将高达 1.6 万亿美元。（IDC）
- 2019 年至 2025 年的 6 年间，全球物联网支出总额将达到 15 万亿美元。（Dataprot）
- 北美、西欧和中国占物联网使用量的 67%。（SafeAtLast）

2.　物联网设备统计

- 据估计，截至 2021 年，活跃的物联网设备已超过 100 亿台。（Dataprot）
- 据一些报道，截至 2021 年，全球共有 215 亿台联网设备。（TechJury）
- 到 2025 年底，这一数字预计将超过 750 亿。（Dataprot）
- 事实上，到 2025 年，每分钟将有 152200 台物联网设备接入物联网。（Dataprot）
- 到 2025 年，物联网设备可能产生高达 73.1ZB 的数据。（Dataprot）

3.　物联网生产力统计

- 到 2025 年，物联网解决方案有可能产生 4 万亿到 11 万亿美元的经济价值。（Dataprot）
- 物联网通过创造一个减少能源浪费和提高员工生产力的环境，帮助组织平均降低 15%的成本。（Albany Business Review）
- 大约 83%的组织通过引入物联网技术提高了效率。（Dataprot）
- 此外，高达 94%的零售商认为实施物联网的好处大于风险。（Dataprot）

4.　物联网安全统计

- 7.7%的物联网设备用于安全领域。（SafeAtLast）
- 2018 年，全球物联网设备遭遇 8.13 亿起恶意软件事件。（Forbes）
- 2019 年，这一数字达到了 29 亿。（Forbes）
- 到 2020 年，物联网硬件约占受感染设备总数的三分之一。（Forbes）
- 2020 年全球物联网安全市场规模为 125 亿美元，预计 2025 年增至 366 亿美元。（Markets and Markets）
- 路由器是最有针对性的物联网设备，因为它们充当智能设备与互联网连接的网关。仅仅入侵

一个路由器就可以让黑客访问任何使用它的不安全设备。（Symantec）

- 只有 48% 的企业能够检测到他们的物联网设备是否遭到攻击。（Gemalto）

5. 工业物联网（Industrial Internet of Things，IIoT）统计

- 40.2% 的物联网设备用于商业和制造。（SafeAtLast）
- 2020 年，全球工业物联网市场规模达到 813.39 亿美元，预计 2027 年将达到 3038.59 亿美元，年复合增长率为 20.74%。（QYResearch）
- 到 2030 年，工业物联网可能为全球经济增加多达 14.2 万亿美元。（i-SCOOP）
- 最大的工业物联网贡献预计将来自工厂，增加 1.2 万亿至 3.7 万亿美元的价值。（Dataprot）
- 58% 的制造商表示，物联网是工业运营数字化转型的战略必需品。（IDC）

6. 消费物联网（Consume Internet of Things，CIoT）、商业物联网和医疗物联网（Internet of Health Things，IoHT）统计

- 8.3% 的物联网设备用于零售。（SafeAtLast）
- 到 2026 年，消费者物联网市场有望达到 1420 亿美元，年复合增长率为 17%。（Dataprot）
- 虽然北美目前是消费物联网设备的最大市场，但亚太地区的需求增长最快。（Dataprot）
- 30.3% 的物联网设备用于医疗保健行业。（SafeAtLast）
- 截至 2017 年，30% 的医疗保健组织将物联网用于敏感数据。（Thales）
- 截至 2019 年，86% 的医疗保健组织以某种方式使用物联网技术。（i-SCOOP）

（来源：51CTO）

6.4 物联网与人工智能

【情景导入】

关于人工智能，最近在电视、电影、网页、新闻上可能都会越来越频繁地见到或者听说，那么人工智能到底是怎么样的呢？到底有什么过人之处？广为人知的人工智能可能是围棋机器人"Alpha Go"，下围棋赢了所有的人类高手，紧随其后的下一版围棋机器人"Alpha Go Zero"不依靠任何人类数据，而是通过从零开始自我学习的方式：它仅仅被告知从零开始学围棋的原理，然后加入了若干种算法。在第 3 天，就以 100∶0 的成绩打败了他的"前辈"——战胜李世石的"Alpha Go Lee"；到第 21 天，打败了战胜柯洁的"Alpha Go Master"；到第 40 天，就打败了过去的所有"Alpha Go"，这是连科学家自己都觉得惊艳的成绩。

"Alpha Go"用了 40 层策略网络和价值网络，前者用于分析局面，预测下一步行动，帮助缩小选择面，后者则用于评估这步棋的胜率。同时，快速走子系统也在运行，以在稍微牺牲走棋质量的前提下，提升运算速度。最后，再用一种搜索算法把以上三者连接起来。但是，"Alpha Go Zero"则直接去掉了快速走子系统，策略网络与价值网络也被结合到一起，关于人类围棋知识的系统基本都被删掉了。因此，在自我对弈初期，由于没有任何前期学习的数据，Alpha Go Zero 常常会走出一些不按套路或莫名其妙的走法，但是这也让它在棋局后期会走出很多出其不意的高明走法。"Alpha Go Zero"采用了强化学习技术，从随机对局开始，不依靠任何人类专家的对局数据或者人工监管，而是让其通过自我对弈来提升棋艺。

"Alpha Go Zero"向人们展示了即使不用人类的数据，人工智能也能够取得进步。最终这些技术会被用于解决现实问题，将会增进人类的认知，从而改善每个人的生活。

【思考】

（1）什么是人工智能？你觉得人工智能最后是否会对人类造成威胁？

（2）人工智能跟物联网有什么关系？

人工智能是新一轮产业变革的核心驱动力，将进一步释放历次科技革命和产业变革积蓄的巨大能量，并创造新的强大引擎，重构生产、分配、交换、消费等经济活动各环节，形成从宏观到微观各领域的智能化新需求，催生新技术、新产品、新产业、新业态、新模式。人工智能正在与各行各业快速融合，助力传统行业转型升级、提质增效，在全球范围内引发全新的产业浪潮。

我国政府高度重视人工智能的技术进步与产业发展，人工智能已上升为国家战略。《新一代人工智能发展规划》提出"到 2030 年，使中国成为世界主要人工智能创新中心"。自 2006 年深度学习算法被提出，人工智能技术应用取得突破性发展。2012 年以来，数据的爆发式增长为人工智能提供了充分的"养料"，深度学习算法在语音和视觉识别上实现突破，令人工智能产业落地和商业化发展成为可能。人工智能市场前景广阔，预计到 2025 年，人工智能应用市场总值将达 1270 亿美元。

6.4.1　人工智能概述

人工智能（Artificial Intelligence，AI）是研究、开发用于模拟、延伸和扩展人的智能的理论、方法、技术及应用系统的一门新的技术科学。当前，人工智能理论研究一直呈现"三足鼎立"的趋势：其一，研究在计算机平台上编制软件来解决

V6-7　人工智能概述与研究领域

诸如定理证明、问题求解、机器博弈和信息检索等复杂问题；其二，针对人工神经网络进行研究；其三，对感知-动作系统以及多智能体进行研究。人工智能虽然是计算机科学的一个分支，但它的研究不仅涉及计算机科学，还涉及脑科学、神经生理学、心理学、语言学、逻辑学、认知（思维）科学、行为科学和数学以及信息论、控制论和系统论等许多学科领域。因此，人工智能实际上是一门综合性的交叉学科和边缘学科。

世界各地对人工智能的研究很早就开始了。"AI"这个说法最早是在 1956 年的一次会议上提出的，但人工智能的真正实现要从计算机的诞生开始算起，这时人类才有可能以机器实现人类的智能。在此以后，因为一些科学家的努力使它得以发展。但人工智能的进展并不像我们期待的那样迅速，因为人工智能的基本理论还不完整，我们还不能从本质上解释我们的大脑为什么能够思考，这种思考来自什么，这种思考为什么得以产生等一系列问题。但经过长期的发展，人工智能正在以它巨大的力量影响着人们的生活。

6.4.2　人工智能研究领域

人工智能涉及的知识领域很多，各个领域的思想和方法有许多可以互相借鉴的地方。随着人工智能理论研究的发展和成熟，人工智能的应用领域更为宽广，应用效果更为显著。从应用的角度看，

人工智能的研究主要集中在以下几个方面。

1. 专家系统

专家系统是一个拥有大量专门知识与经验的程序系统。它应用人工智能技术，根据某个领域一个或多个人类专家提供的知识和经验进行推理和判断，模拟人类专家的决策过程，以解决那些需要专家解决的复杂问题。目前在许多领域，专家系统已取得显著效果。专家系统与传统计算机程序的本质区别在于，专家系统所要解决的问题一般没有算法解，并且经常要从不完全、不精确或不确定的信息基础上得出结论。它可以解决的问题一般包括解释、预测、诊断、设计、规划、监视、修理、指导和控制等。

专家系统从体系结构上可分为集中式专家系统、分布式专家系统、协同式专家系统、神经网络专家系统等，从方法上可分为基于规则的专家系统、基于模型的专家系统、基于框架的专家系统等。

人工智能研究的是计算机和知识的关系。用机器去模拟人的智能，使机器具有类似于人的智能，实质是研究如何构造智能机器和智能系统，以模拟、延伸、扩展人类的智能，并制造与人类智能相似的方式做出反应的新的智能机器。

2. 自然语言理解

自然语言理解是研究实现人类与计算机系统用自然语言进行有效通信的各种理论和方法。由于目前计算机系统与人类的交互还只能使用严格限制的各种非自然语言，因此解决计算机系统能否理解自然语言的问题，一直是人工智能研究领域的重要研究课题之一。

实现人机间自然语言通信意味着计算机系统既能理解自然语言文本的意义，也能生成自然语言文本来表达给定的意图和思想等。而语言的理解和生成是一个极为复杂的解码和编码过程。一个能够理解自然语言的计算机系统看起来就像一个人一样，它需要有上下文知识和信息，并能用信息发生器进行推理。理解口头和书写语言的计算机系统的基础就是表示上下文知识结构的某些人工智能思想，以及根据这些知识进行推理的某些技术。

虽然在理解有限范围的自然语言对话和理解用自然语言表达的小段文章或故事方面的系统已有一定的进展，但要实现功能较强的理解系统仍十分困难。从目前的理论和技术情况看，它主要应用于机器翻译、自动文摘、全文检索等方面，而通用的和高质量的自然语言理解系统仍然是较长期的努力目标。

3. 机器学习

机器学习是人工智能的一个核心研究领域，它使计算机具有智能的根本途径。学习是人类智能的主要标志和获取知识的基本手段。计算机领域著名科学家希尔伯特·西蒙认为："如果一个系统能够通过执行某种过程而改进它的性能，这就是学习。"

机器学习研究的主要目标是让机器自身具有获取知识的能力，使机器能够总结经验、修正错误、发现规律、改进性能，对环境具有更强的适应能力。为了达成目标，通常要解决如下几方面的问题。

（1）选择训练经验。它包括如何选择训练经验的类型，如何控制训练样本序列，以及如何使训练样本的分布与未来测试样本的分布相似等问题。

（2）选择目标函数。所有的机器学习问题几乎都可简化为学习某个特定的目标函数的问题，因此，目标函数的学习、设计和选择是机器学习领域的关键问题。

（3）选择目标函数的表示。对于一个特定的应用问题，在确定了理想的目标函数后，接下来的任务是必须从很多（甚至是无数）种表示方法中选择一种最优或近似最优的表示方法。

目前，机器学习的研究还处于初级阶段，也是一个必须大力开展研究的阶段。只有机器学习的研究取得进展，人工智能和知识工程才会取得重大突破。

4．自动定理证明

自动定理证明又叫机器定理证明，它是数学和计算机科学结合的研究课题。数学定理的证明是人类思维中演绎推理能力的重要体现。演绎推理实质上是符号运算，因此原则上可以用机械化的方法来进行。数理逻辑的建立使自动定理证明的设想有了更明确的数学形式。1965 年，鲁滨逊（Robinson）提出了一阶谓词演算中的归结原理，这是自动定理证明的重大突破。1976 年，美国的阿佩尔（Appel）等 3 人利用高速计算机证明了 124 年未能解决的"四色问题"，表明利用电子计算机有可能把人类思维领域中的演绎推理能力提升到前所未有的境界。我国数学家吴文俊在 1976 年底开始研究可判定问题，即论证某类问题是否存在统一算法解。他在微型计算机上成功地设计了初等几何与初等微分几何中一大类问题的判定算法及相应的程序，其研究处于国际领先地位。后来，我国数学家张景中等人进一步推出了"可读性证明"的机器证明方法，再一次轰动了国际学术界。

自动定理证明的理论价值和应用范围并不局限于数学领域，许多非数学领域的任务，如医疗诊断、信息检索、规划制定和难题求解等，都可以转化成相应的定理证明问题，或者与定理证明有关的问题，所以自动定理证明的研究具有普遍意义。

5．自动程序设计

自动程序设计是指根据给定问题的原始描述，自动生成满足要求的程序。它是软件工程和人工智能结合的研究课题。自动程序设计主要包含程序综合和程序验证两方面内容。前者实现自动编程，即用户只需告知机器"做什么"，无须告诉"怎么做"，后面的工作由机器自动完成；后者是程序的自动验证，自动完成正确性的检查。

目前，程序综合的基本途径主要是程序变换，即通过对给定的输入、输出条件进行逐步变换，构成所要求的程序；程序验证是利用一个已验证过的程序系统来自动证明某一给定程序 P 的正确性。假设程序 P 的输入是 x，它必须满足输入条件（x）；程序的输出是 z=P（x），它必须满足输出条件（x, z）。判断程序的正确性有 3 种类型，即终止性、部分正确性和完全正确性。

目前，在自动程序设计方面已取得一些初步的进展，尤其是程序变换技术已引起计算机科学工作者的重视。现在国外已陆续出现一些实验性的程序变换系统，如英国爱丁堡大学的程序自动变换系统 POP-2 和德国默森技术大学的程序变换系统 CIP 等。

6．分布式人工智能

分布式人工智能是分布式计算与人工智能结合的产物。它主要研究在逻辑上或物理上分散的智能动作者如何协调其智能行为，求解单目标和多目标问题，为设计和建立大型复杂的智能系统或计算机协同工作提供有效途径。它所能解决的问题需要整体互动所产生的整体智能来解决。其主要研究内容有分布式问题求解（Distributed Problem Solving，DPS）和多智能体系统（Multi-Agent System，MAS）。

DPS 的方法是，先把问题分解成任务，再为之设计相应的任务执行系统。而 MAS 是由多个智能体（Agent）组成的集合，通过 Agent 的交互来实现系统的表现。MAS 主要研究多个 Agent 为了联合采取行动或求解问题，如何协调各自的知识、目标、策略和规划。在表达实际系统时，MAS 通过各 Agent 间的通信、合作、互解、协调、调度、管理及控制来表达系统的结构、功能及行为特性。由于在同一个 MAS 中各 Agent 可以异构，因此多智能体（Multi-Agent）技术对于复杂系统具有无可比拟的表达力。它为各种实际系统提供了一种统一的模型，能够体现人类的智能，具有更大的灵活性和适应性，更适合开放和动态的世界环境，因而备受重视，相关研究已成为人工智能、计算机科学和控制科学与工程的研究热点。

7. 机器人学

机器人学是机械结构学、传感技术和人工智能结合的产物。1948 年美国成功研制了第一代遥控机械手，17 年后第一台工业机器人诞生，从此相关研究不断取得进展。机器人的发展过程如下：第一代为程序控制机器人，它以"示教–再现"方式，一次又一次学习后进行再现，代替人类从事笨重、繁杂与重复的劳动；第二代为自适应机器人，它配备有相应的传感器，能获取作业环境的简单信息，允许操作对象的微小变化，对环境具有一定适应能力；第三代为分布式协同机器人，它装备了视觉、听觉、触觉等多种传感器，在多个平台上感知多维信息，并具有较高的灵敏度，能对环境信息进行精确感知和实时分析，协同控制自己的多种行为，具有一定的自学习、自主决策和判断能力，能处理环境发生的变化，能和其他机器人进行交互。

从功能上来考虑，机器人学的研究主要涉及两方面：一方面是模式识别，即给机器人配备视觉和触觉传感器，使其能够识别空间景物的实体和阴影，甚至可以辨别出两幅图像的微小差别，从而实现模式识别的功能；另一方面是运动协调推理，机器人的运动协调推理是指外界的刺激驱动机器人行动的过程。

机器人学的研究促进了人工智能思想的发展，由此产生的一些技术可在人工智能研究中用来建立世界状态模型和描述世界状态变化的过程。

8. 模式识别

模式识别研究的是计算机的模式识别系统，即用计算机代替人类或帮助人类感知模式。模式通常具有实体的形式，如声音、图片、影像、语言、文字、符号、物体和景象等，可以用物理、化学及生物传感器进行采集和测量。但模式所指的不是事物本身，而是从事物获得的信息，因此，模式往往表现为具有时间和空间分布的规律、趋势、特征等信息。人们在观察、认识事物和现象时，常常寻找它与其他事物和现象的相同与不同之处，根据使用目的进行分类、聚类和判断，人脑的这种思维能力就构成了模式识别的能力。

模式识别呈现多样性和多元化趋势，可以在不同的概念粒度上进行，其中生物特征识别成了模式识别的新热点，包括语音识别、文字识别、图像识别、人物景象识别和手语识别等；人们还要求通过识别语种、乐种和方言来检索相关的语音信息，通过识别人种、性别和表情来检索所需要的人脸图像，通过识别指纹（掌纹）、人脸、签名、虹膜和行为姿态来识别身份。普遍利用小波变换、模糊聚类、遗传算法、贝叶斯理论和支持向量机等方法进行识别对象分割、特征提取、分类、聚类和模式匹配。模式识别是一个不断发展的新学科，它的理论基础和研究范围也在不断发展。

9. 博弈

计算机博弈主要研究下棋程序。在 20 世纪 60 年代就出现了很有名的西洋跳棋和国际象棋的程序，并达到了大师的水平。进入 20 世纪 90 年代，IBM 以其雄厚的硬件基础，支持开发了后来被称为"深蓝"的国际象棋系统，并为此开发了专用的芯片，以提高计算机的搜索速度。1996 年 2 月，"深蓝"与国际象棋世界冠军卡斯帕罗夫进行了第一次比赛，经过 6 个回合的比赛之后，"深蓝"以 2 : 4 告负。1997 年 5 月，经过改进后，"深蓝"第二次与卡斯帕罗夫交锋，并最终以 3.5 : 2.5 战胜了卡斯帕罗夫，在世界范围内引起了轰动。

博弈问题为搜索策略、机器学习等领域的研究课题提供了很好的实际背景，所发展起来的一些概念和方法对人工智能的其他领域也很有用。

10. 计算机视觉

计算机视觉是各个应用领域（如制造业、检验、文档分析、医疗诊断和军事等）中各种智能系统不可分割的一部分。计算机视觉涉及计算机科学与工程、信号处理、物理学、应用数学、统计学、神经生理学和认知科学等多个领域的知识，已成为一门不同于人工智能、图像处理和模式识别等相关领域的成熟学科。计算机视觉研究的最终目标是，使计算机能够像人那样通过视觉观察和理解世界，具有自主适应环境的能力。

计算机视觉研究的任务是理解图像，这里的图像是利用像素所描绘的景物。其研究领域涉及图像处理、模式识别、景物分析、图像解释、光学信息处理、视频信号处理及图像理解。这些领域可分为如下 3 类：第一类是信号处理，即研究把一个图像转换为具有所需特征的另一个图像的方法；第二类是分类，即研究如何把图像划分为预定类别，分类是从图像中抽取一组预先确定的特征值，然后根据用于多维特征空间的统计决策方法决定一个图像是否符合某一类；第三类是理解，即在给定某一图像的情况下，一个图像理解程序不仅描述这个图像本身，而且描述该图像所描绘的景物。

计算机视觉的前沿研究领域包括实时并行处理、主动式定性视觉、动态和时变视觉、三维景物的建模与识别、实时图像压缩传输和复原、多光谱和彩色图像的处理与解释等。计算机视觉已在机器人装配、卫星图像处理、工业过程监控、飞行器跟踪和制导及电视实况转播等领域获得了极为广泛的应用。

11. 软计算

通常把人工神经网络计算、模糊计算和进化计算作为软计算的 3 个主要内容。一般来说，软计算多应用于缺乏足够的先验知识，只有一大堆相关的数据和记录的问题。

人工神经网络（Artificial Neural Network，ANN）是一种应用类似于大脑神经突触连接的结构进行信息处理的数学模型。在这一模型中，大量的节点相互连接构成网络，即"神经网络"，以达到处理信息的目的。人工神经网络模型及其学习算法试图从数学上描述人工神经网络的动力学过程，建立相应的模型；然后在该模型的基础上，对于给定的学习样本，找出一种能以较快的速度和较高的精度调整神经元间连接权值，使系统达到稳定状态，满足学习要求的算法。

模糊计算处理的是模糊集合和逻辑连接符，以描述现实世界中类似人类处理的推理问题。模糊集合包含论域中所有元素，但是具有[0,1]区间的可变隶属度值。模糊集合最初由美国加利福尼亚大学教授拉特飞·扎德（L.A.Zadeh）在系统理论中提出，后来经扩充并应用于专家系统中的近似计算。

进化计算是通过模拟自然界中生物进化机制进行搜索的一种算法，以遗传算法（Genetic Algorithm，GA）、进化策略等为代表。遗传算法是一种随机算法，它是模拟生物进化中"优胜劣汰"自然法则的进化过程而设计的算法。该算法模仿生物染色体中基因的选择、交叉和变异的自然进化过程，通过个体结构不断重组，形成一代代的新群体，最终收敛于近似优化解。1975 年，霍兰（Holland）出版了《自然与人工系统中的适应性》一书，系统地阐述了遗传算法的基本理论和方法，奠定了遗传算法的理论基础。

12. 智能控制

智能控制是把人工智能技术引入控制领域，建立智能控制系统。1965 年，美籍华裔科学家傅京孙首先提出把人工智能的启发式推理规则用于学习控制系统。十多年后，建立实用智能控制系统的技术逐渐成熟。1971 年，傅京孙提出把人工智能与自动控制结合起来的思想。1977 年，美国人萨里迪斯（G.N.Saridis）提出把人工智能、控制论和运筹学结合起来的思想。1986 年，我国的蔡自兴教授提出把人工智能、控制论、信息论和运筹学结合起来的思想。根据这些思想已经研究出一些智能控制的理论和技术，可以构造用于不同领域的智能控制系统。

智能控制具有两个显著的特点：首先，智能控制同时具有知识表示的非数学广义模型和传统数学模型混合表示的控制过程，并以知识进行推理，以启发来引导求解过程；其次，智能控制的核心在高层控制，即组织级控制，其任务在于对实际环境或过程进行组织，即决策和规划，以实现广义问题求解。

13. 智能规划

智能规划是人工智能研究领域近年来发展起来的一个热门分支。智能规划的主要思想是，对周围环境进行认识与分析，根据自己要实现的目标，对若干可供选择的动作及所提供的资源限制实行推理，综合制定实现目标的规划。智能规划研究的主要目的是建立高效实用的智能规划系统。该系统的主要功能可以描述为，给定问题的状态描述、对状态描述进行变换的一组操作、初始状态和目标状态。

最早的规划系统就是通用问题求解系统，但它不是真正面向规划问题而研制的智能规划系统。1969 年，格林（G.Green）通过归结定理证明的方法来进行规划求解，并且设计了 QA3 系统，这一系统被大多数智能规划研究人员认为是第一个规划系统。1971 年，美国斯坦福研究所的菲克斯（Fikes）和尼尔森（Nilsson）设计出了斯坦福研究院问题解决器（Stanford Research Institute Problem Solver，STRIPS）系统，该系统在智能规划的研究中具有重大的意义和价值，他们的突出贡献是引入了 STRIPS 操作符的概念，使规划问题求解变得明朗。此后，到 1977 年先后出现了 HACKER、WARPLAN、INTERPLAN、ABSTRIPS、NOAH、NONLIN 等规划系统。

尽管这些以 NOAH 为代表的系统部分排序规划技术被证明具有完备性，即能解决所有的经典规划问题，但由于大量实际规划问题并不遵从经典规划问题的假设，所以部分排序规划技术未得到广泛的应用。为消除规划理论和实际应用间存在的差距，进入 20 世纪 80 年代中期后，规划技术研究的热点转向了开拓非经典的实际规划问题。然而，经典规划技术，尤其是部分排序规划技术仍是开发规划新技术的基础。

6.4.3 物联网与人工智能的关系

V6-8 物联网与
人工智能的关系

物联网与人工智能的关系还是非常紧密的，主要体现在以下几个方面。

（1）物联网为人工智能提供主要的数据。物联网是大数据的数据来源，所以没有物联网也就没有大数据，而大数据是人工智能的重要基础，所以从这个角度来说，物联网也是人工智能的重要基础。

（2）人工智能为物联网提供强有力的数据扩展。通过物联网完成设备间数据的收集及共享，而人工智能是将数据提取出来后做出分析和总结，促使互联设备间更好地协同工作。

（3）人工智能让物联网更加智能化。在物联网应用中，人工智能技术在某种程度上可以帮助互联设备应对突发情况。当设备检测到异常情况时，人工智能技术会为它做出如何采取措施的进一步选择，这样可以大大提高处理突发事件的准确度。

（4）人工智能有助于物联网提高运营效率。人工智能通过分析、总结数据信息，从而解读企业服务生产的发展趋势并对未来事件做出预测。例如，利用人工智能监测工厂设备零件的使用情况，从数据分析中发现可能出现问题的概率，并做出预警提醒，这样一来，会从很大程度上减少故障影响，提高运营效率。

6.4.4　拓展知识：ChatGPT——变革与风险

美国人工智能公司 OpenAI 的大语言模型——生成型预训练变换模型（Chat Generative Pre-trained Transformer，ChatGPT）在推出约两个月后，就达到 1 亿月活跃用户，成为历史上增长最快的消费者应用程序。相关专家预计，ChatGPT 不仅是新一代聊天机器人的突破，也将为信息产业带来巨大变革，但由此带来的学术造假、技术滥用、舆论安全等风险亦不容忽视。

1. 成为新一代操作系统平台的雏形

多语言撰写充满想象力的诗歌，编写可运行的程序，快速生成论文摘要，自动制作数据表格，纠正文章中的语法和表达错误，把一周大事写成新闻综述……ChatGPT 不仅能理解很多人类问题和指令，流畅展开多轮对话，也在越来越多的领域中显示出解决多种通用问题的能力。

ChatGPT 还轻松通过一些对人类难度较高的专业级测试：它新近通过了谷歌编码 L3 级（入门级）工程师测试；分别以 B 和 C+的成绩通过了美国宾夕法尼亚大学沃顿商学院 MBA 的期末考试和明尼苏达大学四门课程的研究生考试；通过了美国执业医师资格考试……业界形容它的诞生是人工智能时代的"iPhone 时刻"，意味着人工智能迎来革命性转折点。

"ChatGPT 的成功不应仅仅被看作新一代聊天机器人的突破，而应该重视其对人工智能乃至整个信息产业带来的革命。"北京智源人工智能研究院院长黄铁军接受记者专访时说，人工智能领域的过去十年是深度学习的十年，但产业总体上并没有出现移动互联网和云计算级别的爆发，"ChatGPT的出现，具有划时代意义，大模型+ChatGPT 已成为新一代操作系统平台的雏形"。

黄铁军说，ChatGPT 在技术路径上采用了"大数据+大算力+强算法=大模型"路线，又在"基础大模型+指令微调"方向探索出新范式，其中基础大模型类似大脑，指令微调是交互训练，两者结合实现逼近人类的语言智能。ChatGPT 应用了"基于人类反馈的强化学习"训练方式，用人类偏好作为奖励信号训练模型，促使模型越来越符合人类的认知理解模式。

"这样的 AI 可帮助人类进行真实创造，尤其是帮助人类提高创造效率，比如提高获取信息的效率或提出新颖想法，再由人解决其真实性问题。创造效率的提高将产生巨大效益和多方面影响，可以改变世界信息化格局。"中国科学技术大学机器人实验室主任陈小平对记者说。

2. 引发新一轮人工智能科技竞赛

ChatGPT 的问世正在人工智能领域引发新一轮科技竞赛。北京时间 2023 年 2 月 8 日凌晨，微软推出由 ChatGPT 支持的最新版本必应搜索引擎和 Edge 浏览器，宣布要"重塑搜索"。微软旗下 Office、Azure 云服务等所有产品都将全线整合 ChatGPT。

北京时间 2023 年 2 月 7 日，百度官宣正在研发的大模型类项目"文心一言"，随后会对公众开放。阿里巴巴、京东等国内企业也表示正在或计划研发类似产品。

人工智能大模型领域的全球竞争已趋白热化。黄铁军认为，ChatGPT 未来有望演变成新一代操作系统平台和生态。这种变革类似移动互联网从个人计算机到手机的转变，大部分计算负荷将由以大模型为核心的新一代信息基础设施接管。这一新范式将影响从基础设施到应用各层面，引发整个产业格局的巨变，大模型及其软硬件支撑系统的生态之争将成为未来十年信息产业焦点。

值得注意的是，ChatGPT 有时会"一本正经地胡说八道"，存在事实性错误、知识盲区和常识偏差等诸多问题，还面临训练数据来源合规性、数据使用的偏见性、生成虚假信息、版权争议等人工智能通用风险。多家全球知名学术期刊为此更新编辑准则，包括任何大型语言模型工具都不会被接受为研究论文署名作者等。

"学术论文的署名作者须满足至少两个条件，其一是在论文工作中做出'实质性贡献'，其二是能承担相关的责任。目前这两个条件 ChatGPT（以及其他 AI 系统）都不满足。"陈小平说。

ChatGPT 也有应用在舆论信息战方面的潜力。加拿大麦吉尔大学研究团队曾使用 ChatGPT 前代模型 GPT-2 阅读加拿大广播公司播发的约 5000 篇有关某社会热点的文章，然后要求其生成关于这一热点的"反事实新闻"。连 OpenAI 也警告使用 ChatGPT 的用户，它"可能偶尔会生成不正确的信息"或"产生有害指令或有偏见的内容"。

"针对这些问题，需要我们在发展技术的同时，对于 ChatGPT 应用边界加以管控，建立起对人工智能生成内容的管理法规，对利用人工智能生成和传播不实不良内容进行规避。同时加强治理工具的开发，通过技术手段识别人工智能生成内容。这对于内容检测和作品确权，都是重要前提。"北京瑞莱智慧科技有限公司副总裁唐家渝说。

（来源：新华网）

【知识巩固】

1. 单项选择题

（1）云计算是对（　　）技术的发展和运用。

    A. 并行计算　　　　B. 网格计算　　　　C. 分布式计算　　　　D. A、B、C 都是

（2）云计算技术的研究重点是（　　）。

    A. 服务器制造　　　B. 将资源整合　　　C. 网络设备制造　　　D. 数据中心制造

（3）（　　）是一种通过 Internet 以服务的方式提供动态可伸缩的虚拟化的资源的计算模式。

    A. 并行计算　　　　B. 网格运算　　　　C. 云计算　　　　　D. 效用计算

（4）大数据的起源是（　　）。

    A. 金融　　　　　　B. 互联网　　　　　C. 电信　　　　　　D. 公共管理

（5）下列关于大数据特点的说法中，错误的是（　　）。

    A. 数据规模大　　　B. 数据类型多　　　C. 处理速度快　　　D. 价值密度高

（6）（　　）提供的支撑技术，有效地解决了大数据分析、研发的问题，比如虚拟化技术、并行计算、海量存储及管理等。

    A. 点计算　　　　　B. 云计算　　　　　C. 面计算　　　　　D. 线计算

（7）AI 的英文缩写是（　　）。

    A. Automatic Intelligence　　　　　　　B. Artifical Intelligence

    C. Automatic Information　　　　　　　D. Artifical Information

（8）人工智能是一门（　　）。

    A. 数学和生理学　　　　　　　　　　B. 心理学和生理学

    C. 语言学　　　　　　　　　　　　　D. 综合性的交叉学科和边缘学科

（9）要想让机器具有智能，必须让机器具有知识。因此，在人工智能中有一个研究领域，主要研究让机器自身具有获取知识的能力，使机器能够总结经验、修正错误、发现规律、改进性能，对环境具有更强的适应能力，这门研究分支学科叫（　　）。

    A. 专家系统　　　　B. 机器学习　　　　C. 神经网络　　　　D. 模式识别

（10）下列不是人工智能的研究领域的是（　　）。

    A. 机器学习　　　　B. 模式识别　　　　C. 计算机视觉　　　　D. 编译原理

2. 多项选择题

（1）云计算的催生主要有（　　）3种原因。

    A. 互联网用户大量增加　　　　　　　B. 数据中心面对安全威胁

    C. 海量信息处理带来的技术挑战　　　D. 机房维护成本高

（2）云计算的关键特征的是（　　）。

    A. 按需自助服务　　　　　　　　　　B. 无处不在的网络接入

    C. 与位置无关的资源池　　　　　　　D. 更安全的数据保护

（3）大数据的4V特征包括（　　）。

    A. 海量化　　　　B. 快速化　　　　C. 价值化　　　　D. 多样化

（4）人工智能包括（　　）等主要技术。

    A. 语音识别　　　　B. 图像识别　　　　C. 自然语言理解　　　　D. 大数据分析

（5）虚拟化技术在（　　）方面发挥关键作用。

    A. 服务器虚拟化　　　　B. 存储虚拟化　　　　C. 网络虚拟化　　　　D. 桌面虚拟化

3. 简答题

（1）请阐述大数据的4个基本特征（4V特征）。

（2）定义并解释什么是"云计算"？

（3）定义并解释什么是"大数据"？

（4）定义并解释什么是"人工智能"？

（5）请描述"云计算""大数据""人工智能""物联网"的关系？

【拓展实训】

活动1：探究更多前沿技术与物联网的关系。

活动2：探究各前沿技术在各领域应用的典型案例。

（1）全班学生按照4~6人分组，每组选择一项活动开展探究；

（2）小组讨论，搜集资料；

（3）每组派代表进行资料成果展示；

（4）教师总结。

【学习评价】

课程内容	评价标准	配分	自我评价	老师评价
云计算概述	能叙述云计算的概念	10分		
云计算技术	了解并能说出云计算的关键技术：虚拟化技术、云计算构架技术、资源调度技术以及并行计算技术	10分		
物联网与云计算的关系	能够描述物联网与云计算的关系	10分		
大数据概述	能叙述大数据的概念	10分		
大数据技术	了解并能说出大数据的关键技术：大数据技术平台、大数据处理过程、数据挖掘与可视化等	10分		
物联网与大数据的关系	能够描述物联网与大数据的关系	10分		
人工智能概述	能叙述人工智能的概念	10分		
人工智能技术	了解并能说出人工智能的关键技术：如专家系统、自然语言理解、机器学习、自动定理证明等	20分		
物联网与人工智能的关系	能够描述物联网与人工智能的关系	10分		
总分		100分		

参考文献

[1] 秦志光, 刘峤, 刘瑶, 等. 智慧城市中的大数据分析技术[M]. 北京: 人民邮电出版社, 2015.

[2] 李林. 智慧城市大数据与人工智能[M]. 南京: 东南大学出版社, 2020.

[3] 张光河, 刘芳华, 沈坤花, 等. 物联网概论[M]. 北京: 人民邮电出版社, 2014.

[4] 黄玉兰. 物联网[M]. 北京: 人民邮电出版社, 2016.

[5] 吕天文. 中国战略性新兴产业研究与发展[M]. 北京: 机械工业出版社, 2018.

[6] 曾宪武, 包淑萍. 物联网导论[M]. 北京: 电子工业出版社, 2016.

[7] 徐辉, 吕菲. 物联网导论[M]. 北京: 电子工业出版社, 2019.

[8] 刘云浩. 物联网导论[M]. 北京: 科学出版社, 2013.

[9] 物联网产业技术创新战略联盟. 中国物联网产业发展概况[M]. 北京: 人民邮电出版社, 2016.

[10] 燕鹏飞. 智能物流[M]. 北京: 人民邮电出版社, 2017.

[11] 魏凤, 刘志硕. 物联网在中国:物联网与现代物流[M]. 北京: 电子工业出版社, 2012.

[12] 廖建尚, 何丹, 程小荣. 物联网识别技术[M]. 北京: 电子工业出版社, 2019.

[13] 黄玉兰. 物联网射频识别（RFID）核心技术教程[M]. 北京: 人民邮电出版社, 2016.

[14] 王爱英. 智能卡技术——IC 卡、RFID 标签与物联网[M]. 4 版. 北京: 清华大学出版社, 2015.

[15] 李道亮. 物联网与智慧农业[M]. 北京: 中国农业出版社, 2014.

[16] 廖建尚. 物联网平台开发及应用: 基于 CC2530 和 ZigBee[M]. 北京: 电子工业出版社, 2016.

[17] Joseph Yiu. ARM Cortex-M3 与 Cortex-M4 权威指南[M]. 北京: 清华大学出版社, 2015.

[18] 贾海瀛. 传感器技术与应用[M]. 北京: 高等教育出版社, 2021.

[19] 孙知信. 物联网关键技术与应用[M]. 西安: 西安电子科技大学出版社, 2020.

[20] 于宝明, 金明. 物联网技术与应用[M]. 南京: 东南大学出版社, 2012.

[21] 李建松, 唐雪华. 地理信息系统原理[M]. 2 版. 武汉: 武汉大学出版社, 2015.

[22] 解运洲. NB-IoT 技术详解及行业应用[M]. 北京: 科学出版社, 2017.

[23] 王爱英. 物联网传感技术与应用[M]. 北京: 人民邮电出版社, 2014.

[24] 刘火良, 杨森. STM32 库开发实战指南[M]. 北京: 机械工业出版社, 2013.

[25] 王彬, 冯立华, 王斌, 等. 物联网与智能家居[M]. 北京: 电子工业出版社, 2021.

[26] 吕慧, 徐武平, 牛晓光. 物联网通信技术[M]. 北京: 机械工业出版社, 2016.

[27] 余智豪, 马莉, 胡春萍. 物联网安全技术[M]. 北京: 清华大学出版社, 2016.

[28] 雷吉成. 物联网在中国: 物联网安全技术[M]. 北京: 电子工业出版社, 2012.

[29] 李善仓, 许立达. 物联网安全[M]. 北京: 清华大学出版社, 2018.

[30] 张雪锋. 信息安全概论[M]. 北京: 人民邮电出版社, 2020.

[31] 李子臣. 密码学——基础理论与应用[M]. 北京: 电子工业出版社, 2019.

[32] 张为民, 赵立君, 刘玮. 物联网与云计算[M]. 北京: 电子工业出版社, 2012.

[33] 胡云冰. 人工智能导论[M]. 北京: 电子工业出版社, 2021.

[34] 李如平. 人工智能导论[M]. 北京: 电子工业出版社, 2020.

[35] 刘鹏. 大数据 [M]. 北京: 电子工业出版社, 2017.

[36] 刘鹏. 云计算 [M]. 3 版. 北京: 电子工业出版社, 2015.